The Shadow Warriors of Nakano:
A History of The Imperial Japanese Army's Elite Intelligence School

陸軍中野学校の光と影

インテリジェンス・スクール全史

スティーブン・C・マルカード 著
秋場涼太 訳

芙蓉書房出版

日本について学ぶ契機を与えてくれた、祖父（ラモン・C・マルカード）に捧ぐ

日本語版刊行にあたって

スティーブン・C・マルカード

　私が帝国陸軍中野学校の歴史について執筆を始めたのは、一九九〇年代後半のことだった。この本を書こうとした背景には、かつての大学での研究があった。当時、自宅の本棚やファイルの中には、大日本帝国のインテリジェンスや軍事に関する書籍や記事がどんどん溢れていった。私の目の前には、日本国外では本として取り上げられたことのない大きな主題が広がっていた。こうして中野学校に関して、初めての英語の本を書こうと決めたのだ。歴史に強い関心はあっても本を書いた経験のない私は、非常に険しい山の頂きを目指す登山家のような心境で、この挑戦を始めたのだった。

　ヴァージニア大学の学生であった一九八〇年代初期、卒業後にフランス語専攻という能力だけで堅実な人生を歩むことができるか悩んでいた私は、副専攻に国際関係論を追加し、日本語を学ぶことで可能性を広げることを思い付いた。国際関係論を専攻することで、フランス語教諭という仕事から、外交官や国際情勢分析官などの仕事へ幅を広げることができると考えていた。そして、なぜ日本語を学ぼうと思ったのか。初めて日本語の授業を受けた一九八一年、日本企業は日に日に世界中の自動車、船舶、鉄鋼などの高付加価値産業の市場でシェアを拡大していた。アジア四小龍（韓国、台湾、香港、シンガポール）の経済も波に乗っており、アジアでの可能性を検討することにしたのだ。

　三年間の日本語の授業を受け卒業した後、文部科学省の英語フェローとして、熊本県八代市近郊の三つの高校で一年間に渡って外国語指導助手（ＡＬＴ）を務めた。米国に戻り、コロンビア大学国際公共政策大学院に進み国際関係論の修士号を取得した。言語に重点を置き、コロンビア大学での二年間の日本語学習に加えて、ミドルベリー大学の日本語学校で夏期講習も受けていた。また、日本興業銀行ニューヨーク支店の調査企画部でのアルバイトに就き、銀行の報告書類の英訳を担当していた。

帝国陸軍中野学校について知ったのはいつだっただろうか。第二次世界大戦の際、ビルマで従軍した英国軍の将校で日本語学者でもあるルイス・アレンの戦記を読んだのがきっかけだったかもしれない。中野学校に関する書物を初めて読んだのは、コロンビア大学在学中か、それから間もなくしてのことだったと思う。当時、アジアのインテリジェンス史に関心を持ち、大陸浪人や南満州鉄道調査部、帝国海軍の在米情報将校などの日本の情報史についての書物を読んでいた。

中野学校についてはそのほとんどが日本語で書かれており、この魅力的な歴史が日本の国外ではほとんど知られていないことに私は気が付いた。そこで、中野学校の歴史を英語で書くことにしたのだ。そして更なる中野学校の情報を積極的に探し始めた。東京にいた頃は、三省堂書店や八重洲ブックセンターなどの立派な書店の棚を見て回った。国立国会図書館では、本や雑誌の記事を探した。米国では、米国議会図書館や国立公文書館、マッカーサー記念館のアーカイブスなどで調査を行った。

この本の執筆には多くの困難があった。帝国陸軍は第二次世界大戦末期にほぼ全ての記録を破棄しており、資料がほとんど残っていなかったのだ。若手研究者であった当時の私には、週末にこの本の執筆を進めるのがやっとで、日本政府の公文書を調査する時間があまりなかったし、アジアの他の地域やワシントンＤＣ以外の米公文書館での調査の時間や予算もなかった。日本で書かれた中野学校に関する多くの回顧録や歴史書、雑誌記事がこの本の基礎となったが、それらを読み解き、内容を英語にするのには相当の時間を要した。大学でフランス語を専攻していたこともあり、フランス領インドシナでの体験談を読むことができたが、その他の言語に疎かったため、ほかにも得られた情報があったのではないかと考えていた。

一九八〇年代に英国の二人の歴史家が、インテリジェンスを世界史における「失われた次元」と表現した*1。特に、日本のインテリジェンスについては、日本人以外にその言語を読める人がほとんどいないため、日本国外ではその傾向が強いのではないかと思う。このような感覚が帝国陸軍中野学校の歴史について書こうとする動機となり、世界に向けて発信したいという思いになった。

幸いなことに、近年では日本国内外の著作家たちが日本のインテリジェンスに注目するようになった。冷戦の終結とその後の日本を取り巻く国際環境の変化を受けて、元政府高官たちは新たな課題に対応するため、日本のインテリジェンス能力をより強固なものにすることを提言している*2。学者達もまた、日本の歴史や時事問題に「失われた次元」を補完するため執筆活動を行っている*3。日本国外でも、学者達は日本のインテリジェンスに対する理解を深めるために貢献している*4。

自国の歴史に関心のある日本人にとって、本書は第二次世界大戦や、その後の冷戦期に日本や各地域で起きた出来事について、「失われた次元」の一部を補完するものである。中野学校のOBや帝国陸軍の退役軍人達の回顧録は、日本の読者には馴染み深いものかもしれないが、米国の保存資料やその他の日本国外の資料は新しい情報源となるだろう。また、一九四五年八月一五日の天皇の玉音放送や、九月二日の降伏式典で終わる大日本帝国の歴史に慣れている読者にとって、本書は一九三〇年代から今世紀初頭までの出来事を包括する新たな視点を与えるだろう。そして、帝国陸軍中野学校の創設とその後の要員達の活動を、戦時、平時という国際情勢の文脈の中で描いた私の試みは、インテリジェンスを単なる異常、冒険、悪などとして描いた他の書籍を読んだ日本人読者にとっても興味深いものとなるだろう。

まえがきにも記したように、本書の執筆に協力いただいた方々へ改めて感謝の意を表したいと思う。今回は、本書の日本での出版を実現してくれたthe University of Nebraska Pressと芙蓉書房出版の方々にも感謝したい。翻訳者として、本書を日本語に翻訳してくれた秋場涼太《あきばりょうた》氏にも感謝している。最後に、読者の皆様がこの本を読み終えた時に、読んだ甲斐があったと思っていただければ、これ以上の達成感はないだろう。

（二〇二一年四月五日記）

註

1 Christopher Andrews and David Dilks, eds. *The Missing Dimension: Governments and Intelligence Communities in the Twentieth Century* (1984).

2 一例として。大森義夫『国家と情報　日本の国益を守るために』、（ワック、二〇〇六年）。

3 一例として。小谷賢『日本軍のインテリジェンス　なぜ情報が活かされないのか』、（講談社選書メチエ、二〇〇七年）。

4 一例として。Richard J. Samuels. *Special Duty: A History of the Japanese Intelligence Community* (2019). 日本訳版：リチャード・J・サミュエルズ、小谷賢訳『特務　日本のインテリジェンス・コミュニティの歴史』、（日本経済新聞出版、二〇二〇年）

陸軍中野学校の光と影　目次

まえがき

一九四五年九月二日、アジアにおける第二次世界大戦が終結を迎えた。日本の降伏は、ダグラス・マッカーサー元帥をはじめとする連合国代表団を前に、降伏文書への署名をするという形が取られた。巨大戦艦ミズーリ上で行われたこの調印式は、日本の完敗を印象付けるため、効果的に計算された数百機もの米軍機が轟音をあげて上空を通過するなかで執り行われた。日本政府が目論んだアジア圏全域に対する日本帝国の拡大は、灰と化した。

日本の大敗は、連合国の中でもヨーロッパ諸国にとってアジア圏における彼らの帝国を取り戻す契機でもあるように見られた。米国はこの大戦の前にフィリピンの独立を約束するも、米国の同盟諸国はアジアにおける再支配を目論んでいた。結局のところ、ヨーロッパの強国が四世紀以上に渡ってアジアを支配してきたのだ。一四九八年にポルトガル人海洋探検家のヴァスコ・ダ・ガマがインドに到達してから、ヨーロッパ人はアジア圏のほぼ全域を征服、または実効支配していった。唯一、日本だけが西洋諸国への服従から逃れることに成功し、自身の帝国として強国と肩を並べたのだ。大戦初期のヒトラーの勝利に望みをかけ、日本の指導者達は、英国、オランダ、フランス、米国を、それぞれのアジア圏植民地から立ち退かせるために参戦した。第一次世界大戦では、日本は戦勝国側に付き、ドイツ帝国の支配していた太平洋諸島を英国と分配した。しかし、第二次世界大戦では、敗戦国側に付くこととなる。この選択は「罪を犯すよりも愚かである」というフランス人政治家の言葉を借りるのであれば、日本は過ちに加担したのだ。

敗北へと向かう最中ではあったが、大日本帝国はアジア圏におけるヨーロッパ支配の時代に終止符を打ったのだ。戦時下、日本軍はアジア主義という魔神の栓を開けてしまった。アジア人は西洋の植民地軍がアジア人の力によって一掃されるのを目の当たりにした。戦後のアジアで初めて指導者として台頭した民族主義者達は、戦時中、日本と共闘する中でその力を体感した。彼らは、植民地の隷属に戻ることを拒むアジア主義に目覚めた民衆を統率した。戦争は、アジア全域において、民族主義という火種を消し去ることのできない大火としてしまったのだ。こうして戦後、英国、オランダ、フランスの各植民地再建は失敗に終わった。戦時中、インド大帝国を手中に収めていた英国は、一九四七年にインドの強い独立への要求を前に、亜大陸を諦めることとなった。一九四二年に日本に降伏したビルマは、一九四七年に英国から独立する道を選んだ。オランダは、インドネシア群島における再征服の失敗の後、一九四九年にインドネシアの独立を認めた。かつてのインドシナの帝国を取り戻すというフランスの野望は、一九五四年のディエンビエンフーの戦いでの敗北を機に消滅することとなった。

戦後、日本は先の大戦から復興し、再びアジアの大国としてその影響力を行使し始めた。一九五二年に日本へ主権が返還され、日本は貿易と援助を通じてアジアにおける存在感を強めた。今日のアジアでは、日本はかつてのヨーロッパの支配者達をはるかに凌駕する影響力を持つようになった。日本が戦時中に築き上げた帝国を失ってから長い年月が経った現在、アジア圏における日本の存在は、産業、商業、技術分野において非常に重要なものとなっている。政治的にも激しい争論となる軍事分野でも、特筆すべき点がある。それは日本が国連の平和維持活動への参加など、国際安全保障活動を通じてその存在感を強めていることである。

開戦時の帝国陸軍内部には、西欧列強を東南アジア諸国から一掃するため、情報将校、コマンドーとして戦った軍人たちがいた。その多くは米英軍との戦いで戦死した。また戦後、ソビエトの捕虜となり命を落とした者もいた。一方で、生き残った者の中には、ソビエトとの冷戦の影で米情報将校と共闘した者もいた。そして、日本を再建し、失われた領土を取り戻し、日本の歴史を取り戻すために奔走した者もいた。

一九三七年、大日本帝国陸軍は宣戦布告のない戦争を中国に対して起こす一方で、ソ連に対する戦いへの備えをしていた。当時、情報任務に適した要員が不足しており、帝国陸軍は陸軍きっての秀才達に、情報収集と隠密作戦の訓練を実施する機関の設立を命じた。翌年、一九人の予備役で構成された選抜部隊が一年間の秘密訓練を開始した。時を同じくして、軍当局は首都郊外に隠密作戦を支援する研究機関を設立した。この訓練機関はその頃には、東京都中野区の地にちなんで「中野学校」と称され、一九四五年の終戦を迎える夏に解体されるまでの間、帝国陸軍が誇る最高峰の情報専門家数十名によって、二五〇〇人以上が訓練された。また、中野学校の要員が必要とする秘密装備や特殊武器を開発するため、登戸《のぼりと》研究所と関連機関で数千人規模が動員されていた。

中野要員は、その才能を活かし、南米から南太平洋を股にかけて情報収集を行い、世界中で数え切れないほどの任務に従事していた。中には、インドや東南アジアでのヨーロッパの植民地支配を弱体化させるために隠密作戦を展開した者がいた。その一方で、ソ連の国境沿いで戦時下を過ごし、ソビエトの侵攻の兆候を監視していた者もいた。日本の傀儡《かいらい》帝国であった中国北東部の満州国では、共産ゲリラの討伐にあたる者もいた。他にもニューギニア、フィリピン、沖縄でコマンドーとして強襲に参加した要員らがいた。日本本土では、中野要員は国内反戦勢力への警戒警備を実施し最終本土決戦へ備え、住民を遊撃戦補助要員として訓練した。

一九四五年八月、米国の原爆投下、ソビエト参戦を受け、日本が降伏を余儀なくされた後も、影の戦士達の戦いは続いた。大戦末期、不運にも満州で赤軍に捕獲された中野要員は、ソビエト管轄の広大な収容所で捕虜として死を迎えた者もいる。一九四五年にソビエトの情報機関の捜査網にかかりながらも生き残った日本の情報将校達は、一九五六年になってようやく抑留から解放され日本へ帰国した。米国の情報機関は、進行する冷戦下において中野学校出身の退役軍人に目を向け、彼らの能力を利用しようとした。占領期間、さらには朝鮮戦争の間を通して、数多くの帝国陸軍の情報退役軍人らが米陸軍を支援した。

日本が主権を取り戻した後、戦後の自衛隊や警察の情報機能に対して才能を発揮した者がいた。戦時下の日本とパートナーを組んでいた国との関係を再構築するのに貢献した者もいた。例を挙げれば、一九六〇年代のビルマで、中野学校の「ＯＢ」達は、戦前から日本の隠密作戦に参加していたビルマ指導者のネ・ウィンと日本との関係構築に貢献した。この他にも、失われた領土を取り戻す試みとして、米国からの沖縄奪還や、ロシアからの北方領土奪還への継続的な活動に従事していた。中野学校の退役軍人達は、第二次世界大戦における日本の犯罪的侵略に対する連合国側の判決は、戦勝国の正義を貫くものだと主張している。日本の与党やマスコミの有力者とコネのある中野ＯＢ達は、第二次世界大戦の本質をめぐる議論を国民に投げかけていた。国内外のリベラル派の間では、依然として日本が侵略戦争という不法行為を行ったという判決に基づく見解が支持されている。しかし、この中野ＯＢ達が主張する見解が、日本国内の世論を大きく覆したのだった。

戦時中や戦後の活躍にも関わらず、こうした中野出身者の多くは影を潜めたままである。唯一世界で広く知られている人物が小野田寛郎《おのだひろお》少尉である。小野田は、一九七四年にフィリピンのジャングルから生還し、世界の注目を集めた。日本では長年にわたって中野学校に関する数多くの記事や書籍が登場したが、それ以外の国では中野学校に関してほぼ公になることはなかった。これは、米国の戦略情報部（ＯＳＳ）や英国の特殊作戦執行部（ＳＯＥ）などに相当する日本の情報機関の活躍や史実が、世界のインテリジェンス史から完全に抜け落ちてしまっていることを意味する。インテリジェンス・コミュニティにとっての大きな痛手である。

この本を書いた目的の一つは、中野学校の歴史に光を当てることである。ＯＳＳやＳＯＥに引けを取ることなく、中野学校出身者達は戦時下そしてその後の日本に仕えた。彼らの歴史は語り継がれるに値するものだ。もう一つの目的は、米国やその他の国の読者に日本のインテリジェンス史についてより良い理解を持ってもらうことだ。日本が二〇世紀の大国の一つとしての地位を獲得したこと、また、インテリジェンスにおける日本の非常に優れた能力の双方を考慮に入れると、日本のインテリジェンス史というものは、より注目すべきものである。この本がこうした理解を生むことに貢献できるとしたら、著者として非常に嬉しい。

終わりに、本書を執筆するにあたり、ご協力いただいた方々に感謝の意を表したい。Chalmers Johnson氏、Theodore Cook氏、Bruce Cumings氏、Carter Eckert氏、Frank Gibney氏、Michiko Wilson氏からは、励ましの言葉を頂いた。Edward Drea氏、Michael Haverstock氏、Edward Lincoln氏、Andrew Oros氏、Richard Samuels氏、James Slutman氏、Nathan White氏からは各章の評論をいただいた。James Zobel氏には、ダグラス・マッカーサー記念館の史料館を案内いただいた。日本では、故末次《すえつぐ》一郎氏を補佐していた馬場めぐみ氏を介して、中野学校のOBへ連絡を取り、写真を寄贈いただいた。小野田寛郎氏と妻の町枝《まちえ》氏からは、写真と原稿への評論を惜しみなく提供いただいた。Mary Sunaga氏からは、貴重な資料を多数提供頂いた。妻の理恵には、この本に協力してくれた日本の方々への対応や執筆当初から最後まで励まし続けてくれたことに感謝している。著者のエージェントであるRichard Valcourt氏には、出版社を見つけていただいた。Donald McKeon氏、Donald Jaobs氏、そしてBrassey出版社の優秀なスタッフには、原稿を本にしていただいた。この執筆に協力いただいた、一人一人に感謝の意を表したい。

スティーブン・C・マルカード

序説

一九九六年春のある日、年老いた日本の退役軍人が、列を成して彼を見送るフィリピン人の子供たちに手を振っていた。小野田寛郎《おのだひろお》は背広を身にまとっていたが、以前ルバング島に姿を現した際は、彼なりの正装で帝国陸軍の菊の御紋入りの小銃を持っていた。一九七四年三月、小野田はフィリピンでの任務を終えるため、ジャングルからその身を現した。マスコミは「投降」という言葉で表現したが、小野田にとってそれは正しい表現ではなかった。彼は、戦時中の任務を終了するよう命ぜられ、任を解かれた後にジャングルを離れたのであり、投降した訳ではないのだ。三〇年近く前の一九四四年一二月、中野学校二俣《ふたまた》分校で遊撃戦の訓練を修了したばかりの小野田少尉は、軍用機でマニラへ向かった。このフライトは、西ミンドロ州ルバング島への赴任につながる旅の始まりであった。

一九九六年五月二一日、小野田はマニラ経由でルバングへ向かった。五〇年ほど前は軍人として赴いたが、今回はフィリピン空軍の招待客として、ルソン本島の南西に位置する小さな島、ルバングへ向かった。この島では、一九七二年に小野田の戦友がフィリピンのパトロール隊に射殺されていた。その場所に建てられた記念碑に小野田は花を手向けた。その夜、小野田は西ミンドロ州のジョセフィーヌ・ラミレス・サトウ知事主催のレセプションに出席した。そして二日後には地元のボーイスカウト、ガールスカウトの集いで、自然の大切さと彼が日本で行っている青少年のための自然塾キャンプについて話をした。マニラに戻った小野田は空軍博物館を訪れ、小銃をはじめとする装備品の展示を見てまわった。また、フィデル・ラモス大統領をマラカニアン宮殿に表敬訪問した。一九七四年にジャングルから帰還した時も、日本への帰国前に当時のフェルディナンド・マルコス大統領を訪問していた[*1]。

小野田のフィリピン訪問は、日本で最も有名な軍人に世間の注目を集めた。中野学校の精神を示すことにもなったこの訪問では、中野学校を代表する「ＯＢ」達の謝罪ではなく、戦死した同志達の記憶を讃えることが目的であった。戦勝国がなんと言おうと、日本の兵士は祖国のために戦い、そして命を落とした。小野田の二俣分校の同級生である末次《すえつぐ》一郎は、小野田が戦い抜いた三〇年戦争で命を落とした者たちを追悼するため、この訪問をとりまとめた[*2]。

末次をはじめとするまとめ役からすると、小野田のルバング訪問は、過去の行いを悔い改めることではなく、戦死した同志たちへの敬意を表す行いであった。フィリピン滞在中、小野田は彼や彼の指揮下の兵士が多数のフィリピン人を殺害したとされる事件や窃盗についての記者団からの質問を、表情を変えずに聞いていた。小野田は、一軍人として自己の任務を遂行するために行動したと主張した。小野田の戦友が銃撃戦の末に命を落とした場所に建てられた平和記念碑は、福田赳夫《たけお》元首相らの日本の保守派が一九八一年に設置したのだ。

さらに小野田は、地元の市長に奨学金として一万ドルを贈呈した。その一方で、親族の殺害や窃盗などの疑惑の行為に抗議し補償を求める声を無視した。それは、戦後の日本政府が採った戦時補償政策に沿ったものだった。日本の立場は、一九五二年のサンフランシスコ講和条約とアジア諸国と結んだいくつかの二国間協定により、すべての案件は解決されたとするものであった。小野田も政府の立場と同様に、過去への償いを示す準備があった。しかしながら、当事者への謝罪と賠償金は、また別の問題であった。

小野田のルバング訪問は、アジア諸国が日本との関係を大切にしていることも示した。フィリピンの高官達は、日本の権力の回廊へと繋がる日本人退役軍人のためにレッドカーペットを敷いた。サトウ知事の夫は日本人で、かつてルバングで小野田の捜索隊に参加していた。一九九五年の秋、そのサトウ知事は小野田をルバングへ再度招待するため日本に赴き、尊敬の証として小野田をルバングの名誉市民とした。マニラでは、フアン・ポンセ・エンリレ氏をはじめとする上流階級が小野田を歓迎するために集まった。フィリピンにとって日本は、長きに渡り、海外投資と援助の重要な提供元であった。フィリピンと日本の結びつき、中野学校出身者と日本のリーダーとの結びつき、これらが一九七四年と一九九六年の小野田の待遇を説明している。フィリピンの二人の大統領や政治家が、なぜ元帝国陸軍の少尉に好意的に接したのか、その適切な説明は他に見当たらない。戦争で多くを失った日本は、平和の中で多くを取り戻していった。日本がアジア圏で確固たる地位を回復したことに尽力した者の中に、中野学校のＯＢ達がいた。そして、日本の影の戦士達は、戦時中も平時も重要な影響力を行使していたのだ。

註

１　この小野田のルバング再訪については、一九九六年五月から六月にＡＰ通信、太平洋版星条旗新聞、朝日新聞、ジャパン・タイムズ、毎日新聞、産経新聞、東京新聞、読売新聞に掲載された記事から引用。

２　小野田寛郎、著者との会談、二〇〇一年七月五日。

1 中野学校計画

帝国陸軍は数十年の間に目覚ましい進歩を遂げた。一八六八年の明治維新を筆頭に、一八七一年の武士階級廃止、その二年後の一八七三年には徴兵制が導入された。新設されたばかりの帝国陸軍は、設立直後に士族の反乱を制圧した。これは海外への大いなる挑戦の前哨戦だった。日本の将官達は、一八九五年に中国、一九〇五年にロシアを破り、大陸での戦いを勝利に導いた。日本は第一次世界大戦では連合国側について参戦し陸軍はシベリアへ出兵した。そして一九三一年、満州に駐留していた関東軍は、日本の権益を守るため、その領土の大部分を制圧し、ソ連との不可避な戦争に備えた。たった六〇年の間に、帝国陸軍は世界有数の地上軍へと成長した。

これに伴い、軍事情報もまた整備されていった。封建時代のスパイや情報要員といえる「目付や忍者」の時代から、陸軍参謀本部の情報中枢である第二部へ報告をする「駐在武官」の時代へ進化を遂げていった。このように多くの将校が影で暗躍し、軍の勝利に大きく貢献した。日露戦争前夜、モスクワに駐在していた明石《あかし》元二郎《もとじろう》大佐は、ロシアの後方となるヨーロッパで地域情勢を攪乱させる大規模な作戦を指揮していた。明石の反ロシア革命家ネットワークには、後にロシア帝国を崩壊させたボリシェヴィキのウラジーミル・イリイチ・レーニンも含まれていた*1。

中国語に堪能で策謀に長《た》けたもう一人の情報将校、土肥原賢二《どひはらけんじ》大佐は、関東軍の満州制圧の際に中心的役割を果たした。土肥原は、中国最後の皇帝を天津から満州へと脱出させ、満州国という傀儡帝国樹立への道を切り開くことに貢献した。

新時代に向けたインテリジェンスの強化

土肥原をはじめ陸軍将校の活躍もあり、満州国を建国し、中国北部を支配した日本は、中国の標的となった。日本の首脳部は、その統治下にいた現地の軍事指導者や政府関係者の間で台頭しつつある民族主義をいかに封じ込めるか、頭を悩ませていた。蔣介石《しょうかいせき》は中国南部を拠点に、中国全土を掌握しようとしていた。しかし、日本は一八九五年から保持してきた領土、資産、特権を放棄する気は毛頭なかった。

日本は、拡大する中国の脅威に対し、表舞台、裏舞台共に多くの力を投じる必要が出てきた。帝国陸軍は、軍の変革スピードを加速させながら、情報の領域でも多くの資源を投入していった。一九三七年七月に盧溝橋付近で発生した日中軍間の銃撃戦は、主戦へと発展していった。蔣介石は日本の圧力に屈することを拒否した。同年九月、帝国陸軍は東京の手狭な敷地にあった陸軍士官学校を神奈川県の相武台《そうぶだい》の広い校舎へ移転させた。これは、成長する軍の統率に必要な多くの将校を育成するためだった。同年一一月、日本の首脳部は中国における戦争を遂行するため、大本営の活動を活性化させていた。

この大本営の本格始動の一か月前の一〇月、帝国陸軍は陸軍参謀本部第二部内に八つ目の課を設置し、謀略（隠密作戦）の優先度を高めた。広大な中国で戦局が泥沼化していく中、新設された八課は中国の抵抗勢力の転覆を企図した作戦を中心に展開していた。八課の初代課長には影佐《かげさ》禎昭《さだあき》大佐が任命された。広島県出身の影佐大佐は、陸軍大学校では優秀な成績を収め、帝国陸軍有数の中国専門家だった。眼鏡越しに見える落ち着いた眼差しと、薄毛のために目立つ額は、その知性を際立たせていた。影佐は、帝国大学の法学・政治学の科目を受講できるという、ごく一部の将校に与えられた栄誉を認められていた。

八課に着任前、影佐は第二部中国課で勤務していた。万華鏡の変化を見るかのように権力闘争における勢力の移り変わりを厳に分析するよりも、日本側に付いた中国の軍閥と共に謀略を立案、遂行することで知られるこの課で、影佐はその卓越した知性で同僚を圧倒した。後に、ある将校は、中国課にいる「活動中の要員」とは「影佐だけが異なる」と書き残している。また、影佐は部下に「中国課のバカどもを教育するために来た」と自分の考えを率直に述べていた。蔣介石のライバルであり、中国国民党の有力指導者であった汪兆銘《おうちょうめい》を離党させ、一九四〇年三月に南京に設置された親日の南京国民政府（汪兆銘政権）を主導したのも影佐であった。後に影佐は汪政権の軍事顧問を務めることになる*2。

技術開発

帝国陸軍は、破壊工作に大きな関心を寄せる一方で、隠密工作に必要とされる強固な技術基盤の構築に向けて動き出した。一九三七年一一月、神奈川県の登戸《のぼりと》（川崎市生田）に研究所のための土地を調達した。その地名で知られる登戸研究所は、正式には第九陸軍技術研究所と称され、第二部八課直属にして唯一の陸軍技術施設であった。

敷地内に点在する木造の建物の中で、陸軍技術者が軍事情報活動を支援するための装備を開発していた。登戸研究所の研究者は、特殊インク、小型カメラ内蔵のシガーライター、缶詰や石炭に偽装した爆発物など様々な装備品を開発した。他の技術研究所が前線用兵器の開発に向けた研究をしている一方で、登戸研究所では影の軍事闘争に向けた装備の研究開発が日夜行われていた*3。総力戦では、正面からの攻撃だけでは不十分である。石炭に偽装した爆薬でボイラーを吹き飛ばし、機密情報を盗み、指導者を暗殺することで敵線後方より弱体化させた。こうした隠密行動は、戦線後方にある聖域（敵の攻撃がない安全な場所）という概念を消し去ることができる。第二次世界大戦下、日本のコマンドー部隊は、ニューギニアでオーストラリア兵、米兵を強襲する際に登戸製焼夷弾を使用していた。一九四五年までに勤務要員が一〇〇〇人近くに上るなど登戸研究所の重要性は増大した＊4。

中野学校計画

日本は中国の反撃に加え、ソビエト戦線での対応に追われていた。日本の情報将校は一九三四年以来シベリアの封鎖された国境に対峙《たいじ》していた。帝国陸軍の作戦立案担当者はソ連に対する警戒を緩めることなく、広大な土地を持つ中国を掌握下に置くという困難な課題に取り組んでいた。また国内では、外国の情報将校や工作員の発見や対処に追われていた。

これらの課題を克服するため、日本は新しい手法や体制に目を向けた。帝国陸軍は一九三四年に、軍事伝書使（クーリエ）制度を制定し、将校がソ連極東とモスクワを結ぶシベリア鉄道に乗車し、車窓から得られる情報を収集する形でクーリエを務めた＊5。スターリン体制下のロシアでは大陸を横断することが不可能なため、列車の旅というのは情報収集のための数少ない手段の一つであった。また満州国では、一九三七年七月に関東軍が白系ロシア人で構成された軍事情報部隊「浅野部隊」を組織した。戦時下、この部隊が偵察、強襲、情報収集を担った＊6。

東京では、帝国陸軍が「山」機関を設立し防諜能力の強化を図った。この秘匿機関計画の中心にいたのは、共に軍事情報に精通した秋草俊《あきくさしゅん》中佐と福本亀治《ふくもとかめじ》少佐であった。「山」は、本来の姿を隠すため、差し障りのない軍務局別館と名付けられ、一九三七年の春から防諜活動を展開した。「山」について公表されている情報はほとんどないが、「山」の要員が違法無線通信の探知、工作員ネットワークの運用、鍵のピッキング、郵便物の傍受など基本的な防諜活動に従事していた記録は残されている。秋草が初代隊長を務めた後、同年一二月に宇都宮直賢《うつのみやなおかた》中佐にその座を引き継いだ*7。

大本営ならびに八課の設立直後の一九三七年一二月、陸軍は隠密作戦用の訓練施設を設立した。軍務局は準備委員会の組織から始めた。陸軍省軍務局軍事課長の田中新一大佐は、その下準備に三人の優秀な将校を選んでいた。第二部五課長（ソ連）から赴任してきた秋草俊中佐、東京憲兵隊の特別高等警察（特高）課長の福本亀治少佐、そして、兵務課の上級参謀将校の岩畔豪雄《いわくろひでお》中佐である。三人は情報と政治に精通し、一九三七年の初めには、軍務局長の阿南惟幾《あなみこれちか》少将の指揮の下、「山」機関の設立を実行していた*8。

陸軍のソ連専門家の中でも第一人者であった秋草俊が、謀略の訓練施設の初代校長に任命されたのは必然のことであった。丸眼鏡をかけ、知的な目を持ち、長い髪をした物腰が穏やかな秋草中佐は、軍人というよりも教授や会社の重役のような風貌をしていた。情報の領域で仕事をするのに適した容姿であることが伺える。秋草は一九一四年に陸軍士官学校第二六期を卒業、在学中はロシア語を専攻していた。その後、通訳として第三師団に所属し、シベリアへの介入に従事した。ウラジオストクなどでの陸軍特務機関での任務を通じて、その語学力と専門性に磨きをかけた。その後一九二六年、秋草は一年間のロシア語研修のため東京外語学校へ派遣された*9。

語学研修後、秋草はハルビンへ一年留学した。帰国後、第二部で対ソ連の情報活動に従事し、一九三三年に再度ハルビンへ派遣され、小松原《こまつばら》道太郎《みちたろう》少将の代理としてハルビン特務機関で勤務した。秋草は、ここで約四年に渡って対ソ工作に従事し、特に白系ロシア人コミュニティの形成に取り組んだ。ロシア人との親交が長く、そつなく会話できる数少ない日本人将校の一人であった秋草は、満州国内に点在していた白系ロシア人グループを関東軍管理下の白系露人事務局として組織化した。ロシア人協力者には、ロシアファシスト党の党首であるコンスタンチン・ロジャエフスキーなども含まれていた*10。また秋草は、シベリア国境がソ連に封鎖された際にも、臨機応変に対応し、その才能を発揮した。この国境閉鎖時に取った対応に、ハルビン特務機関による資料からの情報搾取作戦（Document Exploitation）〔訳注：資料から情報収集およびその分析評価を行い、目的に合うインテリジェンスを生み出す手段のこと」が立案された。これは、ソ連の出版物から有用な情報を収集するためであった。戦場からの命令書、日刊紙、科学雑誌などの外国文書は、秋草をはじめとする外国語に優れた情報将校らに豊富な情報を多くもたらした。工作員を集めたり、亡命者を尋問したりする機会が限られ、国境が封鎖された状況下では、文書による情報搾取作戦が威力を発揮する＊11。

秋草の対外情報活動を称賛していたのは、防諜分野のベテランであった福本亀治少佐だった。広島県出身の福本少佐は、一九一七年に陸軍士官学校第二九期を憲兵将校として卒業。また、帝国大学で政治学も専攻した。福本は、日本を代表する大学で陸軍のエリートプログラムに参加した数少ない将校の一人でもある。後に彼は中野学校の設立に従事し、憲兵隊の中で出世していった。一九四〇年に中野学校の副司令に任命された後、一九四四年に中国へ渡り、漢口の憲兵隊を指揮した。終戦間際の一九四五年七月、福本は第六方面軍の憲兵隊司令として日本に帰国した。

三人目の委員に選ばれた岩畔豪雄は、帝国陸軍屈指の戦略思想家であり、政治家でもあった。整えられた髭、短く刈り上げられた髪、眼鏡で縁取られた鋭い眼光は、岩畔の知性と野心を感じさせた。福本同様に広島県出身で、一九一八年に陸軍士官学校第三〇期を卒業している。期待の若手歩兵将校で、エリートの陸軍大学校に入学し、一九二六年の卒業時には成績最優秀でその頭角を現し始めた。その後、関東軍、陸軍参謀本部、陸軍省で参謀将校として行政経験を積んだ。一九三六年に陸軍省兵務局へ配属され、より体系的で専門的な情報活動を提唱した＊12。情報領域における技術支援で、岩畔は登戸研究所設立に一役買っていた＊13。

長きに渡り、陸軍は情報収集や転覆工作の体系的訓練課程を整備してこなかった。経験や訓練の乏しい将校達は、場当たり的に隠密作戦を行うことが多かった。加えて、陸軍は黒龍会をはじめとする国家主義団体や海外の日本人などを頼っていた。岩畔自身、国家主義者の大川周明《しゅうめい》により運営されるアジア主義活動家養成学校を支援していた。南満州鉄道株式会社調査局の主宰として大陸を良く見てきたイスラム教の第一人者である大川は、岩畔が頼れる優れた専門性を持つ人材の一人であった。だが、岩畔は陸軍がよりしっかりとした基盤の上で情報活動を行うことを望んでいた＊14。

岩畔の見解では、これまで陸軍は無謀な非正規作戦をあまりにも多く展開しており、結果的に日本の国益を損なっていた。戦後になって受けた取材で岩畔は、一八九五年の朝鮮閔妃《ミンピ》暗殺のような無策な作戦から日本が得られた利益がどれほど少なかったかを説明している。岩畔が問題視したように、帝国陸軍は「真のスペシャリスト」を育成し、隠密作戦のための強固な基盤を整備する必要があった＊15。岩畔はこれを確信し、一九三六年に「諜報、謀略の科学化」という意見書を参謀本部に提出した。軍事情報に対して、より「合理的」、より「科学的」な姿勢を訴求した点が功を奏し、一九三七年秋、岩畔は第二部執務室に上級参謀将校として配属され、一〇月にその執務室は第八課（謀略）に昇格した＊16。

秋草、福本、岩畔の三人は協働して、陸軍初の情報将校養成施設の立ち上げ準備にあたった。「後方勤務要員養成所」という名称は兵站の訓練所を連想させるが、これは本来の機能を隠蔽するためであった。陸軍省の予算を使い、陸軍将校クラブ（偕行社）や靖国神社のそばの愛国婦人会別館に仮教室を調達した。入口には「陸軍省分室」という看板が掲げられていた。そこでは、陸軍省と参謀本部から引き抜かれた将校が講師を務めていた。

一九三八年八月、新機関の校長に秋草、副校長に福本が就任した。秋草はこの学校にふさわしい人物だったが、帝国軍人が酒を愛し、緑茶を嗜《たしな》む時代に、断酒しコーヒーを楽しむなど陸軍将校にしては型破りだった。出来たばかりの学校を軌道に乗せようと、公的な資金不足を補うため、私物を質屋に入れていたとも言われている。彼の考えは、陸軍本来の考えに逆らっていた。西洋文化にも精通していた秋草は、フランク・ロイド・ライトが設計し記念碑的なランドマークになっていた帝国ホテルに学生を連れていき、食事の際の西洋のテーブルマナーや嗜みを身に付けさせていた。一般的な陸軍将校に情報活動は「肩身が狭すぎる」と考え、秋草は一期生には予備役を招集した＊[17]。

第一期生は秀才の集まりだった。募兵官は六〇〇人の候補者から六〇人まで絞り込み、さらに審査を通過したごく少数の者が陸軍将校クラブに呼び出され、秘密裏に試験が行われた。結局、一八人の予備役が合格した。憲兵隊による厳格な身辺調査の末、一年後に第一期生の課程を修了した＊[18]。情報を軽視し作戦に重点を置き、命令への絶対服従と暗記学習で訓練されていた陸軍の新兵と、この学校の第一期生とは明らかに違っていた。戦時中、オーストラリアに密かに上陸し、北部の海岸線を調査していた柳川宗成《やながわもとしげ》は、中野学校で教育を受けた際に、同期生が「知識人」であることを知り、中野学校の精神であるエリート集団としての連帯感を涵養したと評価している。加藤正夫は一五〇人の課程には帝国大学出身の学生が最も多かったことを回想している。国際関係に強い拓殖大学をはじめ、早稲田や慶應などのエリート校出身の学生も多くいた＊[19]。

中野学校の壁の中では、優秀な肉体派と知性派が切磋琢磨していた。一九二二年に九州の佐賀県に生まれ一一歳から剣道を学び始めた楢崎《ならさき》正彦は、型の稽古を積み、多くの対戦を経て、一九四一年にその道を究めるため剣道の名門校に入学した。将来有望な剣道家となっていた楢崎を、陸軍は中野学校へ迎え入れた＊[20]。

当初から陸軍は中野学校に大きな期待を寄せていた。主な後援者には、陸軍参謀次長沢田茂中将、陸軍次官を務めた阿南惟幾中将がいた＊[21]。一九三八年の訓練開始時には、軍務局長の今村均《ひとし》中将が第一期生全員を将校クラブへ招待し会食した。英米関係に精通し、後の一九四一年にフィリピン侵攻を指揮することとなる今村は、この時、英印における情報活動について話した。時の陸軍次官東條英機中将は一九三八年一〇月に中野第一期生を訪問し、一九四〇年後半には、陸軍大臣として後続の学生らの卒業式に参加するため中野学校を訪問した＊[22]。

情報領域の改革に尽力した秋草は、新養成所の校長に就任するも、部下の陰謀により失脚してしまう。

伊藤佐又《さまた》少佐は熱烈な国家主義者だった。かねてより「尊王攘夷」を掲げ、反政府戦を展開していた一人だった。伊藤は満州国での任務から養成所の教育を担任するため東京にやってきた*23。山口県出身の陸軍士官学校第三七期生で、伊藤の友人には一九三六年の二・二六事件で処刑された青年将校が数人いたが、実は伊藤はその荒い性格で命を救われていた。伊藤の同期生達が雪の降る東京の街に部隊を展開する以前に、陸軍当局は危険分子と認定した伊藤を満州国へ転属させていたのだ。

秋草は現代軍事情報における合理性を説いた。秋草は帝国の狂信的な流れが押し寄せていた時代に、神格化されている天皇陛下を、一般人と同じ存在との見解を示していた。一方伊藤は、生得的で武術の心得を持つ人物であった。彼は、明治維新の殉教者として崇められた山口県の愛国者、現代の吉田松陰として養成所の学生達に知られていた。剣術に長けた伊藤は、八一人のスパイやゲリラを満州国で斬ったと噂された。こうした伊藤の武勇伝などを一例として、秋草や岩畔は軍事情報分野における不合理を是正しようとしていた。伊藤は、個人的に養成所設立に反対していたが、後援者であり中国での戦域拡大を最も声高《こわだか》に主張していた軍務局長後宮淳《うしろくじゅん》中将の仲介で中野学校での職位を得たようである。

伊藤の行動により秋草が解任されたのは一九四〇年初めのことだった。抑えのきかない伊藤少佐は、日本が中国で遂行している戦争は、英国にとって有利になるように日本は操作されていると確信し、神戸にある英国領事館の襲撃を企てた。計画では、伊藤と学生数人で領事館を制圧し、捕虜に英国の悪行を自白させ、それらを公にするというものだった。この行為からも分かるように、伊藤は民族主義者の反英感情を煽り、国際派の日本人政治家や実業家達を英国の手先とみなしたのである。しかし、神戸で「山」機関の任務に就いていたとされる中野学校の元学生に察知され、この計画は失敗に終わった。この陰謀について通報を受けた憲兵隊は、一九四〇年一月四日に伊藤を神戸のホテルで拘束し、翌日には伊藤を信奉する学生達を近くの神社で拘束した。陸軍は伊藤を秘密裏に予備役簿に載せることで、新設された養成所への注目を集めることを避けた。伊藤の陰謀に与した学生二人は密かに国外任務を命じられた。一九三九年に大佐に昇任していた秋草は、異動することで部下の行動への責任を取った。一九四〇年三月、陸軍は秋草を満州国使節団の代表として身分を偽装させ、「星」機関長としてベルリンへ派遣した＊24。

中野での訓練：背広と変装

秋草の後任は、佐賀県出身の北島卓美《たくみ》少将が就いた。北島は一九一三年に陸軍士官学校第二五期を卒業、一九二五年に陸軍大学校第三七期を卒業している。北島は陸軍大学校で教鞭を執っていたこともあった。この講師として在籍していた期間に、養成所の運営側が代わった。一九四〇年八月に、養成所は中野区の陸軍用地に移転し、陸軍省より参謀本部の直轄となった。後方勤務要員養成所は、後に知られる陸軍中野学校となったのだ＊25。

一九三九年四月、養成所の教職員と学生は九段の愛国婦人会別館から東京北西部の中野区へと移った。ある日、正門に「陸軍通信研究所」と書かれた表札が掲げられた。複合施設の中の建物は一階か二階建てで木造、屋根は瓦葺きで平凡な概観だった。かつては軍の電信部隊が使用していた施設で、電信柱が立っており、何らかの通信施設があるような雰囲気は漂っていた。この風貌に合わせ、表札を付けることでそれらしい施設となった＊26。珍しかったのは、施設を出入りする若者の姿だ。到底軍人とは見えなかったのだ。戦時統制が進む中、男性は国民服に坊主頭が当たり前であったが、中野学校に出入りする学生は、洒落た髪型に背広を着ていた。通りすがりの人から凝視されたり、警察官の叱責に耐えることは、学生達が経験するところとなった。

学生の外見にも驚かされたが、中野学校が総力戦理論に基づく教育を行ったことも衝撃的だった。第一次世界大戦の際、民間人、産業、技術を総動員して戦ったことで、ドイツなどでは総力戦の理論が生まれた。戦争では、国家はあらゆる面で資源を開発しなくてはならない。そのために、軍の作戦立案担当者は産業政策から教育に至るまで、すべてを考慮に入れなくてはならなかった。将校を訓練し、武器を確保するだけでは不十分だったのだ。多くの日本の将校も、こうした考えを提唱するエーリッヒ・ルーデンドルフ大将などのドイツの軍事理論家の書籍を読み込み、理論や思想を涵養した*27。

総力戦の体系に則して、新しい情報には政治や宗教への考慮がより求められていた。敵部隊や艦船の数を数えるなどの単純な戦術情報ではもはや不十分であった。帝国陸軍の大半では、政治や宗教を含めた広域な戦略情報といった考え方には懐疑的だったが、軍務局にはその重要性を理解している者もいた。木村武千代は、ルーデンドルフや中国の戦略家孫子からの教訓を中野学校の授業で学んだことを覚えていた。また木村は、敵に対して火力兵器を用いた攻撃は最終手段とすべきであるとも学んだ。広く知られていることだが、宗教やその他の要素を含む情報活動に基づくアプローチが先決であるということだ。敵を知ることで、宗教的な争いを煽ったり、階級間の対立を悪化させたり、経済力を消耗させることも可能だ*28。また、中野出身者の酒井喜代輔《きよし》はかつての教官達から、師団の兵士よりも一人の諜報員の方がより有益であると聞いていた*29。

九段、そして中野で第一期生達は謀略の術を学んだ。学校運営者達は、帝国陸軍では前例のないカリキュラム作成に奔走した。中野学校のカリキュラムの雛型《ひながた》としたのが明石元二郎大佐で、明石の日露戦争中の転覆工作活動に関する極秘報告書を教本としたのだ。学生達は明石に感銘を受けた。陸軍大臣の東條英機が出席する一九四〇年後半の卒業式では、卒業生代表が明石の戦時中の活躍について述べた。明石の存在は、情報員としての成功例としてだけでなく、影の戦士が心得るべき「栄光は与えられない」という姿を示していた。日露戦争終結時、将官や前線で活躍した将校が英雄として厚く迎え入れられる中、明石は誰からの称賛を受けることなく帰国したのだった*30。明石と同様に中野学校の影の戦士達は、公の名誉を期待することなく任務を遂行することとなった。

数十人の軍事将校が中野学校で教鞭を執ったが、陸軍の情報専門家も多数含まれていた。福本はイデオロギーについて講義した。第二部第八課の藤原岩市《ふじわらいわいち》少佐はプロパガンダについての講義を担当していた。後に占領下の日本でダグラス・マッカーサー元帥の補助参謀となった矢野連《むらじ》中佐は米国についての講義を担当した＊[31]。陸軍省や大本営で任務にあたる将校たちが中野学校を訪れ、ヒトラーのポーランド侵攻や米国の政治状況、中国での戦争についてブリーフィングを行っていた。また、学生達は第一次世界大戦中にアラブ人を中心としたオスマン帝国への反乱で活躍したロレンスやインドのカースト制度が英国の支配に与える影響の考察などについて学び、占領地の管理における情報の役割について理解を深めた。

一般教養には、イデオロギー研究、心理学、航空学、海上航行学、薬理学などがあった。洋学については、ソ連、西欧、米国、東南アジア、中国を対象としていた。更に海外任務に向けて、ロシア語、中国語、英語、マレー語などの言語を学んだ。特別科目は、隠密作戦（謀略）、プロパガンダ、経済謀略工作（偽造通貨の流通などによる転覆工作）、防諜、秘密兵器、暗号があった。学生達は、密かに書類を撮影する方法、変装、金庫破りなどの技術も学んだ。これらの科目は非正規戦に特化していたことから、陸軍はこの講義の水準を十分なものとするために犯罪者さえ募集した＊[32]。興味深いことに、中野学校での訓練は、米国の戦略情報部（ＯＳＳ）の要員をカナダのキャンプＸや米国内の訓練場に入れたのと酷似している。これはインテリジェンス史において、各国の情報機関が同様の発展を遂げたと言えるのではないか。

加藤正夫は、早稲田大学卒業後、中野学校へ入校し、影の戦士として様々なスキルを学んだ。中野学校の外では、軍用犬の追尾を避けながら人込みを進む方法などを学んだ。加藤と同期生は目標に対する評価、潜行、破壊などの訓練も行った。一九四四年一一月のある演習では、教官は加藤と同期生に、静岡県三方原《みかたがはら》にある防空学校への夜間の模擬強襲を課した。この学校を数日かけて偵察し、作戦を立案した。彼らはある夜遅くに作戦を決行、密かに標的に接近した。警戒要員に発見されれば演習は失敗となる。兵舎や建物の脇を匍匐《ほふく》で進み、加藤は飛行場へと到達した。本館の管制室にたどり着くと、加藤は大きな文字で「施設の中心部に潜行した」というメッセージをチョークで書き残した＊33。

柳川宗成もまた、中野学校の特殊訓練を受けた有望な軍人の一人だった。一九三九年秋、第二師団在籍中、柳川は陸軍省への出頭命令を受けた。そこで、柳川は影の戦士への道、つまりは日本のために栄誉を獲得することなく、公に知られることもなく、必要に応じて命を捧げることとなる人生を歩み始めた。中野学校では、柳川は「やないまもる」という偽名をもらった。柳川は在学期間中、その名前で通した。柳川の在籍していた科では、お互いの正体も知らぬまま二六人が共同生活や訓練を受けたのだった。柳川は、後に共に任務に就いた同期生を除いて、中野学校で知り合った学生の本名を知ることはなかった。

セルの黒背広を与えられた柳川は軍服を脱ぎ捨て、民間人並みの髪の長さにした。学校では情報活動の技術について学んだ。変装の術を学び、偽の髭《ひげ》や歯、眼鏡を使うことで外見を変えることができた。また、暗号解読や暗号化の基礎を学んだ。さらに、見えないインクの使い方など秘密通信の技術も学んだ。教官達はベストのボタンで操作する腰ベルトに付いたカメラやシガーライターに擬したカメラなどの道具も紹介した。ブリーフケースに内蔵された8ミリカメラもあった。しかし、情報収集の術だけを学んだわけではなかった。中野学校は、柳川に爆発物、焼夷弾、時限爆弾の扱い方も教えた。静かに確実に標的を仕留めるため、細菌の扱い方までも教授したのであった。万年筆に似せた器具から占領下の街の井戸へ微生物を垂らせば、敵を無力化したり、殺すことができるのだ。

訓練には一流の要員を目指すのに必要となる科目が数多く設定されていた。自動車、航空機、戦車の操縦訓練をはじめ、乗馬の訓練も行った。これらに加えて、柔道、空手、剣道などの伝統的な武道の稽古も行っていた。セルの黒背広を着た青年は一年と少しの時間で多くを見て学んだ。教官達は、中野学校の「精神教育」を下支えする「犠牲の精神」を叩き込んだ。その結果、柳川や他の学生には、大日本帝国を守るエリートという意識が芽生えた。確かに、柳川は後に次のように書き残している。「ナカノイズム」の精神が彼や同期生に現れた、と。これこそ、戦士としての影の在り方なのだ＊34。

実際、中野学校の運営者達は、愛国心とプロ意識の両者を持った学生の育成に努めていた。中でも精神教育が大きな影響を与えていた。正門を入ってすぐ右手に楠公社があった。一四世紀に天皇に仕え戦死した武将楠木正成《くすのきまさしげ》の分霊が目立つように祀られていたのは偶然ではなかった。教官達はまた、徳川家支配が終わる時期に処刑された武士、吉田松陰をもう一つの精神の例とした*35。松陰も西洋の脅威に対抗するために命がけで日本の変革を熱く求めていた。松陰の精神を手本とした背景に、有能な将校は技術だけでなく、愛国心を養うべきだという見解があった。桑原嶽《くわはらたけし》は、自身と同期生が受けた精神教育の一面を語った。毎朝、学生達は靖国神社の方角に向かいお辞儀をした。毎晩、皇居に向かってお辞儀をすることで敬意を示していたが、真面目であったものの、彼らは僧侶ではなかった。夜になれば学生達は銀座や歓楽街など明るい場所を目指すのだった*36。

この精神教育と同時に、中野学校には柔軟性と自発性が求められた。帝国陸軍部隊では命令は疑うことなく忠実に遂行することが求められるが、中野学校では、この精神とは反する資質が求められていた。学生達には髪を伸ばさせ、背広を着させ、軍人の象徴である堅苦しい振る舞いを徹底的に捨てさせた。かつての軍事訓練は、軍人としての素養を習得させるためのものだったが、中野では上官への敬礼や軍人らしい振る舞いを一切しないことが課せられていた。一般的な暗記学習では決められた解答があるが、ディベートや型にはまらない解答が中野学校では推奨されていた。この考えに専心した者だけがついていくことができた。中野学校では、学生が希望すれば原隊への復帰を許可していた。このような軍事機関は他にはなかった。

暗い戦雲に包まれた卒業の時

中野学校第一期生は一九三九年の夏、大日本帝国にとっての危機と期待の時期にその課程を修了した。

五月に満州国と外蒙古の国境で日本とソ連の部隊が衝突したが、これを赤軍の戦力や強靭さを評価する好機であると歓迎した日本人将校もいた。七月までに小規模な戦争に発展していた戦闘は、年内には関東軍の圧勝で幕を閉じると考えられていた。中野学校の一期生達が海外任務の最終準備の任務に就いている最中、九月にドイツのポーランド侵攻が始まった。英国とフランスはそれまでの挑発行為に動揺していたが、ついにヒトラーの侵略に対して宣戦布告を行った。ヨーロッパでの第二次世界大戦が始まったのだ。

アジアでは、ヒトラーが八月にソ連と独ソ不可侵条約を締結し、ベルリンと東京で結んだ日独防共協定の精神を裏切った。またノモンハンではソ連軍の戦車が日本の陣地を蹂躙《じゅうりん》した。こうして日本は外交的逆転劇に見舞われていた。第一次世界大戦では、日本はドイツ帝国からアジアの植民地を奪ったが、今回のヨーロッパで始まった戦争は、日本に他の西欧列強国のアジア植民地を奪取する機会を与えた。一九四〇年一二月、大本営は日本の植民地だった台湾に、東南アジアでの戦いに備え台湾陸軍研究部を設置した。主な任務は情報収集である。

ドイツはヨーロッパを征服しようとしているように見えたが、なぜ英国、フランス、オランダの駐留軍をアジアから駆逐しなかったのか。アジアをリードする日本が、自国の裏庭にあるヨーロッパの植民地に手出しできない理由とは何だったのか。

一九四一年六月、ヒトラーはソ連へ侵攻した。ヒトラーのスターリンに対する初期の成功は、ロシア極東が日本の戦利品になり得るという考えを助長させた。どこまで到達できるのか。沿海地方か。バイカル湖か。アジアとヨーロッパを分けるウラル山脈までか。仮に、ヒトラーがヨーロッパロシアを制圧したとして、なぜシベリアをスターリンの手に残すのか。ロシア人はシベリアの地を過去一〇〇年に渡り中国や多様な現地住民から武力で奪ってきた。アジアでの領土拡大についてロシア人はどのような道徳的主張を展開してきたのだろうか。ヨーロッパの中心部にまで押し戻された国境を持つロシアに、一九世紀以来日本列島を脅かしてきた脅威に終止符を打つことができるのではないか。日本はそう考えていた。

日本の指導者達は、変わりゆく世界情勢の中でこの好機を逃す前に行動を起こさなくてはというプレッシャーを感じていた。この戦争は、日本に西洋のアジア侵略の一〇〇年を覆す機会を与えることとなる。アヘン戦争（一八四〇～一八四二年）では、英国が中国の高慢な鼻を折り、香港を植民地化し、中国をアヘンと工業製品で潤した。ロシア帝国は中国から満州の北に広がる広大な領土を奪い取っていた。フランスは伝来の属国であるベトナム、ラオス、カンボジアを中国から力尽くで奪い取った。ドイツは中国の膠州《こうしゅう》湾港を占領し、南太平洋の島々を獲得していった。米国でさえ、スペイン帝国からフィリピンを奪いアジア帝国を築いた。当時の日本は欧米が獲得する不当な利益に関心がなかった。東南アジアの専門家で衆議院議員を務めた高岡大輔は、西洋がアジアを植民地化したのは、一三世紀にマルコ・ポーロのアジア旅行記が出版された後の「海賊の時代」に始まったと指摘している＊37。

植民地支配を巡る競争は、アフリカとアジアのほぼ全域をヨーロッパの支配下に置くこととなった。日本はアジアを我が物にしようと決意した。西洋人ジャーナリストのジョン・ガンサーは、一九三〇年代終わりに出版された大作『亜細亜の内幕』の中で次のように述べている。「日本は帝国主義の饗宴に遅れをとり、恐らくその方法は、より突発的で、より残忍で、より直接的であったかもしれない。しかし、本質的には、他の列強がしなかったことは、日本もしなかった。ヨーロッパ人の手は皆、汚れていた」＊38。

猪俣少尉、北へ

猪俣甚弥《いのまたじんや》少尉は中野学校一期生でもあり、一九三九年の訓練修了後に参謀本部第二部第五課（ソ連）に配属された。福島県出身の猪俣は、東北出身者らしい堅実な気質の持ち主だった＊39。第五課では、シベリア鉄道に日欧間クーリエとして乗車し、ソ連の情報収集の経験を積んでいった。その後、満州国への赴任が決まり、ハルビンの関東軍情報部で白木末成《しらきすえなり》中佐の下で勤務した。その後、猪俣は関東軍第一野戦情報部隊の初代隊長に就任し、特殊通信部隊の隊長も務めた。特殊通信部隊には、関東軍情報部と現場部隊との情報伝達、ソ連にいる工作員との連絡、遊撃訓練、通信研究開発という役割が与えられていた。猪俣は通信部隊長を務めた際には、関東軍情報部第四課の上級将校でもあった。

満州国で関東軍勤務となった猪俣は、情報活動で協力者からの裏切り行為に幾度も見舞われた。訓練した何人もの要員を率いてソ連国境に潜行していた際、猪俣は引き返すよう本部から命じられた。関東軍が傍受したソ連の通信によると、ソ連に猪俣の任務や動向が筒抜けになっていたのだ。後の調査で、帝国陸軍に協力していた白系ロシア人がこの任務に関する情報を漏らしたことが判明した＊40。関東軍は満州国で白系ロシア人をはじめ多くの協力者を運用したが、この運用にも問題があった。満州国で集めた多くの工作員を含めロシア人の国外居住者コミュニティに対しロシアは積極的に浸透し、内通者を増やしていったのだ。だがこの問題を助長していたのは、一部の日本人が満州国で彼らを被支配民族として扱った傲慢さや無神経さだった。その結果、関東軍は第二次世界大戦末期に赤軍の制圧下で日本の情報将校が協力者に裏切られるなど、情報活動における白系ロシア人からの背信行為を幾度となく経験することとなる＊41。

木村少尉、南米へ

猪俣らが対ソ活動を展開する一方で、他の卒業生は西半球の標的である米国を相手取って活動していた。帝国陸軍は、ソ連との戦争に備え、中国との戦闘を終結させることに注力していたが、それでも米国を注視しなければならなかった。ロシアの東への拡大がアジア大陸での日本の野望との競争に発展したように、米国の西への拡大が日本との衝突の原因となっていた。

一八四六〜一八四八年のメキシコ戦争で広大な領土を掌握した米国は、北米を横断して太平洋岸まで進出した。一八五三年、マシュー・ペリー提督は艦隊を率いて日本に貿易を迫った。その後、米国は太平洋領はコロンビア地区での反乱を助長し、パナマを独立させ、運河建設の許可を新共和国から得ることとなった。

米国の軍艦や地上部隊を大西洋から太平洋へ展開する際、パナマ運河を通れば航行時間は大幅に短縮される。これは日本にとっては海洋上の脅威となった。シベリア鉄道が陸路でロシアの軍事的脅威を構成していたように、パナマ運河は海路による米国の軍事的脅威を構成していた。米国の挑戦は二〇世紀初頭の数十年でより大きなものへ変貌した。アジアでの競争の最初の数十年においては、日米間の関係は互角に保たれていた。一九〇五年七月の桂・タフト協定では、日本が米国のフィリピン支配を受け入れることを引き換えに、米国は日本の朝鮮半島における覇権を容認していた。一九一七年一一月、両国は石井・ランシング協定で共通の基盤を求めていたが、それは日本の「地理的優位性」に起因する日本との「特別な関係」を米国が承認したものであった。その見返りに日本は中国の「開かれた扉」、つまり全ての列強が中国において商業を行う平等な機会を意味し、それを尊重したのだ。

それにも関わらず、日本の対米関係は緊張を増していった。セオドア・ルーズベルト大統領は、一九〇五年に日本がロシアに勝利したことを、ロシアのアジア拡大に対する牽制《けんせい》として賞賛していた。しかし、米国はシベリア介入の際、日本が連合国の中で圧倒的な軍事的プレゼンスを誇っていたことに疑いの目を向けていた。米国はその後、満州国承認を拒否し、日本の中国に対する宣戦布告無き戦争に反対した。この一連の出来事が軍事計画を推し進めた。一九二一年のワシントン会議の後、帝国陸軍は米国を仮想敵国のリストに加え、フィリピン侵攻の計画を立案した*42。一九三九年に中野学校第一期生がその課程を修了する頃には、対米戦争が現実味を帯びていた。

第一期生の猪俣と木村武千代少尉は、米国を情報の標的としていた。木村は四国出身で、一九三七年に日本の教育機関最高峰の帝国大学法学部を卒業した。木村は陸軍士官学校の士官候補生を経て、後方勤務要員養成所に加わった*43。訓練修了後、木村は第二部謀略課に配属された*44。その後、木村は他の同期生と共にメキシコシティにある日本公使館の武官事務所事務員となって潜入した*45。武官事務所では、木村は西義章《にしよしあき》大佐の下で任務にあたった。中野学校で米国について講義をしていた西は、後に謀略課長として「東京ローズ」をはじめとする日系アメリカ人のラジオアナウンサーを指揮し、ラジオプロパガンダを担当することとなる*46。

複数の情報によれば、木村の情報活動の主たる対象は中米かメキシコのいずれかであった*47。中米が対象であればパナマ運河は木村の活動の対象となっていたはずである。しかし、木村の同期生であった牧澤義夫《まきざわよしお》少尉がコロンビアからパナマ運河にかけての情報活動を展開していたことから、木村の焦点はメキシコであったと考えるのが妥当であろう*48。日本の情報機関の関心は、メキシコの誰が米国に敵対しているか、あるいは、日本の工作員として任務にあたるために、日和見主義者であるかを見極める点にあった。明石大佐が日露戦争でフィンランド人やポーランド人と行動を共にしたように、木村もメキシコを対米隠密作戦の拠点にするために動いていた可能性がある。もう一つの懸念は、戦争になれば、在ワシントン帝国大使館を拠点とした指揮、各領事館や半官機関からの作戦展開など、日本の米国内における大規模な情報活動が閉鎖されてしまうことだった。その場に留まった情報要員は、米国内から情報を提供することが困難になることが予想された。このため国境に面するメキシコやカナダは、戦時下の情報拠点の候補地となった。

いずれにしても、木村は真珠湾攻撃を受け、その任務を打ち切らなくてはならなかったが、米国を恨むラテンアメリカの多くの人々は日本の攻撃を拍手喝采した。例えばコロンビアでは、牧澤がハワイの海軍基地攻撃を聞き歓声を上げた住民に道で歓迎されたほどだ*49。現場での勤務は短かったにもかかわらず、木村は健闘したと評価されたが、その詳細は残念ながら不明瞭なままである*50。連合軍と枢軸国がポルトガル領東アフリカのロウレンソ・マルケスで行った外交官と非戦闘員の捕虜交換において、木村は一九四二年に西半球から送還されてきた中野学校出身の情報将校五人の内の一人だった。木村達は、一九四二年八月二〇日に日本へ到着する前に、その年の初めに帝国陸軍により占領され「昭南」と改められたシンガポールを八月九日に経由していた。

阿部少尉、インドへ

ドイツがヨーロッパで戦争を開始したことで、日本はアジアにおける優位性を模索する機会を得た。第一次世界大戦では、日本は南太平洋にあるドイツ支配下の島々を奪取していったが、今回の利害は更に大きなものだったので、帝国陸軍は英国の植民地に関する情報収集を行いながら南方攻略を準備していた。立正大学で人文科学を専攻した予備役の阿部直義少尉は、中野学校第一期卒業生であり、インドにおいて任務を遂行しようとしていた*51。

学者肌の阿部は、最初の海外任務地としてインドを第一候補に挙げていた。日本人情報将校として満州国や中国などの任期候補地を避けた阿部の選択は、インド帝国という世界観に魅せられたものだった。英国領インド帝国は、現在のパキスタン、バングラデシュ、スリランカ、インドの領土を包括する「大英帝国の王冠にはめ込まれた最大の宝石」であり、ロンドンの世界的野望を下支えする豊富な富と兵力の供給源だった。インドは中国と国境を接し、ソ連とはアフガニスタンだけで隔てられているという戦略的位置にあった。日本が参戦すれば、インドは極東における隠密作戦の連合国中間準備地点となり得た。このためインドでの情報活動は重要なものだった。阿部は大学で宗教も学んでおり、仏教発祥の地であり、ヒンドゥー教、イスラム教などの信仰のあるインドには個人的な関心も高かった*52。

阿部は中野学校卒業後インドへ渡航するまで、参謀本部第二部第六課（欧米）に配属され、英国を担当するため、帝国陸軍では数少ない英米情報の専門家の杉田一次《いちじ》中佐の下にいた。杉田の指揮する六課英国担当は他の第二部の課と比較して小規模で、当時は部下の参謀将校一人、翻訳一人、事務職員一人で構成されていた。阿部はまず、歴代の駐留陸軍将校の報告書に目を通すことから始めた。情報のほとんどは日本企業や住民から寄せられたものだった。阿部は、帝国陸軍を牽引する「インドの手」となるべく決意を固め、赴任前より懸命に働いていた。また、阿部は英国情勢の分析も支援し、日本が中国ゲリラを駆逐するために天津租界を封鎖した際の日英間の摩擦解消にも一役買っている*53。さらに、ポーランドの危機的状況について阿部は、ドイツの侵攻を受けて英国が参戦すると判断した。一九三九年後半、阿部は中野学校を訪れ、週二回、英国のヨーロッパにおける立場や植民地政策について講義した。

一九四〇年八月、第二部での一年の勤務を終えた後、阿部は参謀次長である沢田茂中将から命令を受けた。阿部はインドで大英帝国の政治、軍事動向の情報収集を行うこととなった。阿部は、りま丸という船で神戸を出発し、九月二八日にカルカッタの港に到着した。その前日、大日本帝国はドイツ、イタリアと日独伊三国同盟を結んだこともあり、阿部は自身の任務の重要性を改めて感じさせられたのではないだろうか。一〇月三日、最終目的地のボンベイに到着した。そこで阿部は領事館職員として身分を偽装しながら活動を始めたのだった。

ボンベイでの任務にあたって、中野学校で過ごした時間や第二部での担当業務が職業上の経験を豊かなものにした。また、妻の花子の到着は精神的にもプラスになった。二人は一九四〇年三月、立正大学での阿部の師であった教授に紹介され結婚した。花子は、赴任先のアフガニスタンに向かう中野学校卒業生と同じ船でボンベイに到着した。一一月一五日のことだった。

花子が夫の情報活動歴を初めて知ったのは結婚後のことだった。驚いたことに、花子はすぐに夫の活動を手伝う準備を始めたのだ。阿部が中野学校で訓練を受け、第二部で勤務している時、花子は英語を学び、タイピングスキルを磨いた。インドに到着すると、花子は夫のために現地のニュースに目を配り、情報活動に値するニュースがあれば阿部に知らせた。また、花子は阿部と一緒にボンベイの街を歩いた。当時の日本とは違い、インドでは夫婦で街を散歩するのはごく当たり前であり、英国の情報将校の疑惑にさらされることなく、ボンベイを見回ることができた。

阿部はボンベイ領事館員を装い、アジアにおける英国の軍事増強を監視していた。東南アジア方面の英国の要であるシンガポールの防衛強化のため、ボンベイを通過する英国領インド軍部隊を乗せた列車にも注目した。街を移動しながら港にも足を運んだ。

日本が真珠湾攻撃やフィリピン侵攻を含む総攻撃の一環として、一九四一年一二月八日に英国領マラヤへ侵攻したことで、阿部のインド赴任は終わりを迎えた。花子夫人は、自らは望まなかったが、他の民間人と共に本国へ帰国するよう命じられ、生まれたばかりの娘と共に、戦前にインドを出国した最後の引き揚げ船比叡丸で一一月初旬に帰国した。

開戦後、阿部はシンガポール、ビルマ、アディスアベバ、セイロンの日本人外交官と共にヒマラヤの麓の街に移され、日英当局が抑留されていた官吏の交換交渉をしている間、退屈な時間を過ごした。一九四二年八月一三日、阿部は交換船でボンベイを出発し、ポルトガル領東アフリカのロウレンソ・マルケス港の乗換地で英国外交官と交換され、昭南行きの龍田丸に乗り込んだ。そこで、岩畔豪雄大佐や中野学校出身の後輩三人と出会った。中野学校の創始者の一人である岩畔は、最近インドでの作戦を担当する野戦情報機関長に就任したばかりであった。阿部はその後、東京に戻り、メキシコとコロンビアでの任務から帰国したばかりの石井正少尉、牧澤義夫少尉と共に第二部第六課（欧米）に配属された。ここで、情報分析官として終戦まで活動していた＊54。

戦前の成果

陸軍指導者達は、日本が中国の民族主義の高まりと強敵ソビエト連邦の存在感に当惑していたため、軍事力の増強と軍事情報力の整備を計画した。当時、日本の軍事情報力は世界的に出遅れていたが、陸軍が整備した中野学校や登戸研究所は十分な成果となった。命令への絶対服従と愛国心を重んじることが主流とされた時代に、中野学校ではその影の戦士達に創造的な発想を促し任務を遂行させた。彼らは、単に敵と戦うのではなく、敵を知るようになった。このような知識は、武術であれ、金庫破りであれ、または、彼らの奥の手など、何であれ技術的スキルを下支えする強さとなった。そのような知識からも、共感が生まれた。有能な情報将校は、個人的な信念がどうであれ、相手の信念や行動の原則をつかみ取れなくてはならない。敵の立場になって自身を想像できなくてはならない。中野学校はこのような思考的取り組みができる幹部を育成するために、賢く人を集め、十分な訓練をしてきたように考えられる。

中野学校は、前述した強固な基盤を有していたが、伝統的な軍事文化を重んじる陸軍組織とは相容れない中で活動していた。総体的に一般将校はインテリジェンスを軽視していた。また、軍部や市民団体によって支持されていた当時の日本の国家主義文化は、中野学校が推進するアプローチを阻んでいた。中野学校卒業生がこのような雰囲気の中で如何に機能するかは、まだ分からない状態だった。この問題をさらに複雑にしたのは、時代の問題であった。もし中野学校が一九三八年ではなく一九一八年、あるいは一九二八年に密かに開校していたら、帝国陸軍は戦争の圧力を受けることなく大規模な情報将校の中核幹部を養成する時間を確保できただろう。仮に実現していれば、彼らは軍の態度や政策に影響を与えるまでに成長していただろう。学校の卒業生達から得た対外情報は、東京の指導者達にも届いていただろう。しかし、真珠湾に爆弾が投下された時に存在した「情報将校」というのは、現場経験二年か、もしくはそれに漏れない程度の若い少尉ら一握りしかいなかった。中野学校の学生は卒業後、直ちに世界的な戦争の真っ只中で活動しなければならなかったのだ。

註

1 福本亀治「レーニンと結んだ明石大佐」『臨時増刊週刊読売』一九五六年一二月八日、読売新聞社、二二一～二二三頁。

2 藤原岩市「謀略課」『歴史と人物』一九八五年八月、中央公論社、六八頁。秦郁彦『昭和史の軍人たち』文藝春秋、一九八七年、三八四～三八七頁。田中隆吉「上海事変はこうして起こされた」『別冊知性5秘められた昭和史』河出書房、一九五六年、一八一頁。

3 中野校友会編『陸軍中野学校』中野校友会、一九七八年、一三二～一三三頁。木下健蔵『消された秘密戦研究所』信濃毎日新聞社、一九九四年、一九三頁。

4 木下健蔵『消された秘密戦研究所』八九頁。

5 平川良典『留魂：陸軍中野学校 本土決戦と中野・留魂碑と中野』平川良典、一九九二年、六頁。

6 川原衛門『関東軍謀略部隊』プレス東京出版局、一九七〇年、三〇～三二頁。

7 平川良典『留魂：陸軍中野学校 本土決戦と中野・留魂碑と中野』八〇～八一頁。

8 平川良典『留魂：陸軍中野学校 本土決戦と中野・留魂碑と中野』七頁。伊藤貞利『中野学校の秘密戦―中野は語らず、されど語らねばならぬ 戦後世代への遺言』中央書林、一九八四年、一〇九～一一〇頁。

9 東京外国語学校は、拓殖大学、中国の東亜同文書院と共に外国語と地域研究を教授する教育機関であり、情報将校を輩出するのに最適な場所であった。東亜同文書院はもう存在していないが、東京外国語大学（戦後に改称）と拓殖大学は、現在ではコロンビア大学の国際公共政策大学院（ＳＩＰＡ）に相当する日本の教育機関である。

10 秦郁彦『昭和史の軍人たち』三一一～三一五頁。John J. Stephan, *The Russian Fascists: Tragedy and Farce in Exile, 1925-1945* (New York: Harper & Rowe, 1978), pp. 70, 173, 321; and Louis Allen, "The Nakano School," in *Proceedings of the British Association for Japanese Studies*, vol. 10 (1985), Sheffield, South Yorkshire: University of Sheffield, Centre for Japanese Studies, p. 10.

11 平川良典『留魂：陸軍中野学校 本土決戦と中野・留魂碑と中野』六頁。有賀伝『日本陸海軍の情報機構とその活

動』近代文芸社、一九九五年、九八～一〇〇頁。
12 中野校友会『陸軍中野学校』一九～二〇頁。伊藤貞利『中野学校の秘密戦―中野は語らず、されど語らねばならぬ 戦後世代への遺言』一一〇頁。
13 日本近代史料研究会編『岩畔豪雄氏談話速記録』日本近代史料研究会、一九七七年、一三八頁。
14 帝国大学を卒業した大川周明（一八八六年～一九五七年）は、大学でインド哲学を専攻し、アジアの植民地問題について専門性を磨き、その一方で、南満州鉄道とその子会社である東亜経済調査局の研究員を務めた。イスラム研究の第一人者として拓殖大学で講師を務めた。大川は、アジアでの西欧帝国主義に抵抗する日本人を養成するために、アジア言語学校を設立した。岩畔や親枢軸国派の外交官の白鳥敏夫は大川塾の支援者であった。外務省外交史料館、外務省外交史料館日本外交史辞典編纂委員会編『日本外交史辞典』山川出版社、一九九二年、一〇五頁。
岩畔豪雄『世紀の進軍シンガポール総攻撃―近衛歩兵第五連隊電撃戦記』潮書房、一九五六年、一三一～一三二頁。
15 岩畔豪雄『世紀の進軍シンガポール総攻撃―近衛歩兵第五連隊電撃戦記』一二六～一二七頁。
16 平川良典『留魂：陸軍中野学校 本土決戦と中野・留魂碑と中野』七～八頁。
17 秦郁彦『昭和史の軍人たち』三一七～三二〇頁。中野校友会『陸軍中野学校』一二一～一二三頁。
18 岩畔豪雄『世紀の進軍シンガポール総攻撃―近衛歩兵第五連隊電撃戦記』一二九頁。「特別読物 真説・陸軍中野学校」『別冊週刊サンケイ』一九六〇年二月、サンケイ新聞出版局、三六頁。秦郁彦『日本陸海軍総合事典』東京大学出版会、一九九一年、六〇九頁。
19 柳川宗成『陸軍諜報員柳川中尉』サンケイ新聞出版局、一九六七年、九二～九三頁。加藤正夫『陸軍中野学校―秘密戦士の実態』潮書房光人新社、一九六七年、一六頁。柳川の名前は、「むねしげ」や「むねなり」とも呼ばれている。
20 J.J. Lavigne, "Déecèes de Narazaki Sensei," http://www.bkr.be/BKR/nouvelles/Narazaki.htm.
21 中野校友会『陸軍中野学校』一二二頁。「特別読物 真説・陸軍中野学校」三七頁。
22 中野校友会『陸軍中野学校』三六～三七頁。
23 中野校友会『陸軍中野学校』一二二頁。秦郁彦『昭和史の軍人たち』三一七頁。

24 秦郁彦『昭和史の軍人たち』三一七～三二二頁。中野校友会『陸軍中野学校』一九頁。Allen, "Nakano School," p. 10.

25 中野校友会『陸軍中野学校』二四頁。

26 加藤正夫『陸軍中野学校―秘密戦士の実態』二六頁。

27 熊川護「二俣分校概説」『俣一戦史―陸軍中野学校二俣分校第一期生の記録』俣一会、一九八一年、二一頁。藤原岩市『歴史と人物』六八頁。

28 「陸軍中野学校二俣一期10人の運命」『サンデー毎日』一九七二年一一月一二日、毎日新聞社、一四〇頁。

29 毎日新聞特別報道部取材班『沖縄・戦争マラリア事件―南の島の強制疎開』東方出版、一九九四年、九二頁。

30 中野校友会『陸軍中野学校』三七頁。秦郁彦『昭和史の軍人たち』三一九～三二〇頁。

31 中野校友会『陸軍中野学校』三一頁、三四～三六頁、三八～四〇頁、四二～四四頁。

32 富沢繁『特務機関員よもやま物語』光人社、一九八八年、五一～五四頁。

33 加藤正夫『陸軍中野学校―秘密戦士の実態』二七～二八頁。

34 柳川宗成『陸軍諜報員柳川中尉』九二～九四頁。

35 加藤正夫『陸軍中野学校―秘密戦士の実態』三一頁。

36 平川良典『留魂：陸軍中野学校 本土決戦と中野・留魂碑と中野』七九頁。桑原岳編『風濤：一軍人の軌跡』横浜、一九九〇年、七八～八〇頁。

37 秦郁彦『日本陸海軍総合事典』六五二頁。高岡大輔『見たままの南方亜細亜』日印協會、一九三九年、三二八～三二九頁。

38 John Gunther, *Inside Asia* (New York: Harper & Brothers, 1939), p. 104.

39 秦郁彦『昭和天皇五つの決断』文藝春秋、一九九四年、一一三～一一四頁。中野校友会『陸軍中野学校』一四五頁。

40 秦郁彦『昭和天皇五つの決断』一一三～一一四頁。中野校友会『陸軍中野学校』一七二頁、一九五～一九八頁。

41 Yamamoto Tomomi, *Four Years in Hell: I Was a Prisoner Behind the Iron Curtain* (Tokyo: An Asian

Publication, 1952), pp. 33-36.
42 岩畔豪雄「準備された秘密戦」『臨時増刊週刊読売』一九五六年一二月八日、読売新聞社、二一頁。
43「陸軍中野学校二俣一期10人の運命」『サンデー毎日』一四〇頁。
44 中野校友会『陸軍中野学校』一四八頁。
45「陸軍中野学校二俣一期10人の運命」一四〇頁。
46 中野校友会『陸軍中野学校』一六六頁。Russell Warren Howe, *The Hunt for "Tokyo Rose"* (Lanham, MD: Madison Books, 1990), p. 20.
47 中野校友会『陸軍中野学校』一六〇頁。「陸軍中野学校二俣一期10人の運命」一四〇頁。
48 中野校友会『陸軍中野学校』一六五頁。
49 伊藤貞利『中野学校の秘密戦—中野は語らず、されど語らねばならぬ　戦後世代への遺言』二六三頁。
50 中野校友会『陸軍中野学校』一六〇頁、一六七頁。
51 秦郁彦『日本陸海軍総合事典』六〇九頁。
52 中野校友会『陸軍中野学校』一五〇頁。
53 クレイギーは、天津事件は「陸軍内の強力な派閥」による対英戦争を誘発させる動きの一部であり、米国の同情に直接影響を与えたものではないと主張している。Craigie, *Behind the Japanese Mask* (London: Hutchinson & Co., 1945), p. 73.
54 中野校友会『陸軍中野学校』一五〇〜一五三頁。堀栄三『情報なき国家の悲劇　大本営参謀の情報戦記』文藝春秋、一九九六年、七七頁。

2 大戦初期の勝利

シンガポールへの道を歩むインド軍の壊乱

阿部直義少尉は一九四二年後半に東京に戻ると、帝国陸軍の対インド作戦がどれほど進んでいるかを知った。英国は領事館職員として情報収集をしていた阿部を南アジアの日本人外交官と共に送還した。その後、阿部は参謀本部第二部で対インド、対英関連の情報活動を再開した。阿部が抑留されている間に、山下奉文《ともゆき》中将はシンガポールを占領していた。この山下の第二五軍の影で活動していたのは、なんと阿部の中野学校時代の同期生達だったのだ。彼らは、シンガポールやマレー半島で英軍防衛の中堅を担っていたインド軍部隊の士気を低下させ、山下の圧勝に貢献したのだ。一連の転覆工作作戦を指揮した将校は、帝国陸軍屈指のプロパガンダニストであった。

藤原岩市《ふじわらいわいち》少佐は、兵庫県出身で、一九三一年に陸軍士官学校第四三期を卒業し、歩兵将校に任命された。早くからその功績を認められていた藤原は、エリート校である陸軍大学校に入学、一九三八年に卒業した。同年、藤原は参謀将校として、中国の港町である広東の一連の攻略作戦に参加し、帝国陸軍を成功に導いた。腸チフスの発症から回復のため東京に送られた藤原は、一九三九年八月に第二部第八課に配属された。

藤原の配属当初の任務は、中国人抗日勢力の崩壊を目的とした作戦であった。その一つが、反体制派の国民党指導者の汪兆銘《おうちょうめい》を南京で親日政権の主席に就任させることであった。藤原はその後、一九四〇年後半に英国や米国との来るべき戦争で必要とされるプロパガンダの研究に着目した。また、中野学校で講義も行った。

藤原は、東南アジアやインド亜大陸の人々に、戦争は、西洋支配からの解放の手段であると印象づけることが、大日本帝国に有利に働くとの研究成果を報告した。藤原の思考に影響を与えたのは、大川周明《しゅうめい》の『米英東亜侵略史』などの著作であった。大川はアジア主義の思想と行動を提唱したことで知られている。大川の運営する大川塾では、西洋植民地支配に対抗してアジア各地で活動する日本人にアジア言語と地域研究を教えていた。大川の塾生の中には、中野学校出身者と共に情報活動に参加した者もいた。

藤原は、一九三一年の満州全土の占領以来、欧米から侵略者として非難されてきた日本が、プロパガンダ戦争において負けつつあることを危惧していた。欧米の非難を避けるため、藤原は大川の著作を深く読み込み、他の日本人作家の著作も調査し、一九四一年三月から五月にかけて東南アジアを視察した。この視察に基づく藤原の提言は、日本の戦時下におけるプロパガンダの方向性を示すことに貢献した。後に藤原は、本間雅晴《まさはる》や今村均《ひとし》らの将官がフィリピンやオランダ領東インドなどに侵攻する際に、アジア団結を掲げた一連のプロパガンダ作戦に藤原の案を活用するのを見て、その成功をかみしめた*1。

藤原が来たるべき戦争のため日本のプロパガンダの準備をしている間、第八課の上官は東南アジアにおける第五列計画を整備していた。鹿児島県出身の歩兵将校である門松正一《かどまつしょういち》中佐は、第二部機密課の特務活動班長に就いたばかりで、一九四一年七月に現地偵察のためバンコクを訪れた。門松を受け入れたのは、この地域全体の情報活動を統括していた武官田村浩大佐だった。田村は、この地域のインド人やマレー人と日本との間に密かに築かれた関係性を門松に説明した。

田村によれば、東南アジア在住のインド人達との関係構築は、田村の作戦にとって最重要事項であった。

この足がかりになったのがインド独立連盟（ＩＩＬ）のメンバーで、田村の人脈の中心を占めた。インドや他の英植民地で破壊活動団体として追放されたインド独立連盟は、バンコクに支部を構え、世界中のインド人民族主義者と連絡を取り合っていた。また、田村は門松に、英国領マレーの大多数を占めるマレーコミュニティの民族主義者達との関係構築の戦略についても説明した。

田村はまた、地域の情報活動を支援するため、現地在留の日本人への足掛かりを広げる一環として、マレー語で「ハリマオ（虎）」と呼ばれるマレーの日本人盗賊、谷豊《たにゆたか》とも連絡を密にしていた。現地の日本人は地域特性に精通し、民族、言語の知識があり役に立った。田村は、昭和貿易、大南公司、三井物産などの日系貿易企業の支援を受け、作戦を展開していた。昭和貿易は日本の武器をタイへ輸出し、軍部によって設立された大南公司はサイゴンに本部を置き、情報活動の隠れ蓑になっていた。三井物産は、現在もある世界有数の総合商社である。これらの企業は、ある日本人作家が称したように、大日本帝国進出の「前衛」の一つとして役割を果たした*2。

門松が東京に戻った後、藤原は東南アジアにおける第五列（スパイ）の整備に関心を移した。九月一八日、御前会議での対英米開戦の承認から二週間も経たないうちに、藤原は第五列の組織を任務とする情報機関の指揮を執った。中野学校出身者六人で藤原機関の中核を形成し、これに四人の民間人を加えて編成を完結した。藤原機関が発足した日、藤原とその部下は大本営に参集した。その場には、帝国陸軍参謀副長、第二部長、第八課長が出席しており、バンコクへの展開命令を受けた。田村浩大佐の指揮の下、同機関の要員はマレーに現地民で構成された第五列を編成し、この現地諜報員は作戦開始後、独自に戦線後方で活動することとなっていた。命令を受けた藤原は、部下を連れて明治天皇と吉田松陰が祀られている神社を参拝し、任務の成功を祈願した。

九月末、藤原機関の要員は東京からひっそりとバンコクへ出発した。藤原と第八課所属の中野学校出身の山口源《ひとし》等は福岡の雁ノ巣《がんのす》飛行場に向かった。二人は外務省職員を装い、偽名でバンコク入りを果たした。

また、藤原機関要員三人が大南公司、日高洋行貿易、三菱商事の社員を装ってタイに潜入した。その他ホテルのベルボーイを装った者もいた。また、タイで藤原機関に加わったのは、中野学校出身で、かつて田村大佐の武官事務所で勤務していた要員一人、日本人駐在員七人、台湾人二人がいた。藤原機関はバンコクを主たる拠点として、タイ各地に支部を設立した。特に重点となったのは、今後半島侵攻の起点となる予定のマレーと国境を面した南部地域であった。

バンコクに基盤が整うと、藤原はインド人とマレー人の第五列の組織に本格的に着手した。一〇月初旬、藤原は田村大佐を介してインド独立連盟のプリタム・シン書記長に会った。シンは以前、藤原が日本から密かに送り込んだ香港系インド人の亡命者三人をバンコクに迎え入れていた。マレー侵攻の日が近づくにつれ、藤原とシンは何度も会談し、一二月一日にインド独立連盟が藤原の秘密機関を支援するという合意文書の作成に至った。二つの組織は、情報収集、プロパガンダの拡散、インド解放のための義勇軍組織で、山下の第二五軍支援作戦に協力することとなった。この結果、帝国陸軍は現地での作戦部隊とインド人民族主義者のスバス・チャンドラ・ボースとの連絡手段を確保することができた。その上で、ベルリンではプロパガンダ放送を行い、北アフリカではドイツ軍の捕虜となったインド軍兵士達の中から兵力を増強していた。

一二月四日、日本が四日後に英国、米国と戦争に入ることを知らせる電報が藤原に届いた。藤原は、自身の組織がその後、第二五軍の指揮下で活動することを知った。藤原は直ちに山口をサイゴンの第二五軍司令部へ派遣し調整を行わせた。サイゴンで山口は辻政信中佐、杉田一次中佐など複数の参謀将校と面会した。山下の参謀で上級情報将校の杉田は、この一か月前まで東京で第二部の英米情報課を指揮していた。山口は、第二五軍の参謀にタイの状況を説明し、展開される一連の作戦の調整手配を行った後にタイへ戻った*3。

一二月八日、日本が真珠湾を攻撃する約一時間前、山下中将の第二五軍の部隊がマレー東海岸のコタバル上陸を開始していた。他の部隊はフランス領インドシナを出発点に、タイを経てマレー北部を目指した。プノンペンから派遣された第五近衛歩兵連隊を率いていたのは、中野学校創設者の一人である岩畔《いわくろ》豪雄《ひでお》大佐だった。大本営で数年間の参謀勤務を経た後の岩畔は、その夏に連隊の指揮を執っていた。

翌朝、藤原少佐は山口、シン書記長と数十人の日本人、インド人要員を引き連れてバンコクからタイ南部のシンゴラにある第二五軍司令部へ飛び、命令を受けた。シン書記長と取り交わした合意に基づき、藤原機関はインド独立連盟やマレー青年団、日本人盗賊ハリマオと協力し情報収集を行い、現地住民に対するプロパガンダを提供することとなっていた。藤原はすぐに部下達を展開させた。

開戦時の藤原の最も重要な決断の一つは、シン書記長の提案を受け入れたことだった。それは投降したインド兵を藤原機関の支援のために前線へ復帰させ、他のインド軍兵士達の投降を促すというものだった。まず山口らは、投降したインド兵数人を戦線後方のインド軍駐屯地へ戻した。シン書記長の提案通り、インド人協力者らは数十人のインド軍兵士を投降させて連れ帰り、インド軍の士気低下を山口に報告した。

その頃から藤原機関は、兵士個人だけではなく、部隊全体を投降させるという大きな成功を収めていた。日本のラジオ放送はアジアの団結を訴え、数か月に渡る他の転覆工作作戦では、英軍インド人部隊を主要な標的としていた。急進する日本軍によって、戦線遥か後方で包囲され蹂躙され、孤立したインド人兵は大挙して投降した。その中で藤原とシン書記長は、マレー北部のジトラ周辺で孤立したインド軍の大隊の投降交渉にあたった。藤原は捕虜の中の中隊指揮官を見つけ、その指揮官の軍人としての風格と誇りに感銘を受けた。藤原への挨拶を返したその捕虜は藤原の手を握り、「私はモハン・シン大尉」だと言った。

モハン・シン大尉の風格は、藤原と第二五軍の上官である杉田一次にある印象を与えた。シン大尉は藤原機関の作戦において、インド人捕虜を指揮するのに最適な候補者だと藤原らは考えた。試験的に、藤原は捕虜となった八〇人のインド人兵士達の指揮官にモハン・シンを任命した。シンの指揮下にあった兵士達は、日本軍主力部隊がシンガポール進出のためにアロースターを去った後、その地域で日本軍に代わって捕虜の秩序を維持するのに寄与した。シンが捕虜の指揮をしているのを見て、藤原はシンをインド人首席補佐にすることを決めた。杉田もこれを支持した。杉田は第二五軍の情報参謀の長であり、藤原機関の一番の支持者であった。杉田は、国塚一乗《くにづかかずのり》少尉を藤原機関に配属し、モハン・シンらインド人支援で協力した。国塚は第五師団の情報将校で、以前から英語に長けており、インド人の扱いにも慣れていた。

杉田と藤原は投降したインド軍の兵士で構成される部隊の指揮官となるようにモハン・シンを説得した。杉田はモハン・シン説得のため山下中将との会談を手配した。一二月二〇日、杉田、藤原、山口はモハン・シンとプリタム・シンを連れ、山下に会いに行った。山口によると、山下はプリタム・シンにインド独立連盟の重要性を共有し、モハン・シンに対してはアジアの仲間としてインド兵を尊敬していることを伝えた。二人のインド人は、山下のインド独立への関心の「深さ」と山下が彼らに約束した「ほぼ無限の援助」に感銘を受けて会談を終えたという。その後、藤原は二人のインド人のために宴会を開いた。藤原機関の要員とインド人捕虜が一緒にインド料理を食べる姿は、モハン・シンを感動させた。当時、英軍将校は自軍のインド人に対して人種的優位性をひけらかし差別的態度を取っていた。こうした背景もあり、藤原はシンの心をつかんだのであった。

モハン・シンは最初から単なる傀儡《かいらい》になるつもりはなく、むしろインド国民軍（ＩＮＡ）の指揮に意欲的だった。山下との会談の翌日、インド陸軍の捕虜と話をしたシンは藤原に、インド国民軍の指揮権を引き受ける条件が書き出されたリストを提示した。シンは日本の軍事的支援を要求した。その要求は、従属的ではなく、インド独立連盟を含め協力的な関係性の保持、インド陸軍捕虜全員の管理、インド国民軍に志願する全てのインド人捕虜の解放、インド国民軍を軍事同盟として扱うことであった。山下が条件を受け入れたことを藤原がモハン・シンに確約すると、彼は藤原機関の作戦に参加することに同意した。その後の全作戦において、藤原機関の日本人要員とインド人協力者はインド軍投降のための説得を行った。彼らの努力の結果、英軍がシンガポールで投降する一か月前の一月一一日までに約二五〇〇人の兵士が投降した。パーシヴァル中将率いる英軍を二月一五日に投降させると、藤原機関は何万人もの捕虜を保護し、インド国民軍をさらに増強した*4。

愛国心に満ち溢れた盗賊

藤原機関は愛国心の深い日本人盗賊ハリマオの力を借りてマレー原住民の中に第五列（スパイ）を育成するという二つ目の主要作戦を展開した。福岡県生まれの谷豊は、赤ん坊だった一九一一年に両親に連れられマレーへ渡り、そこで父は理髪店を開いた。学校に通う年頃になった谷は福岡の親戚に預けられるが、その後父を手伝うためマレーへ戻った。一九三一年、青年になった谷は日本軍の徴兵検査を受けるべく、再び日本へ戻った。しかし、身長が低すぎたために兵役に就くことができず、谷は日本に残って働くことを選んだ。

悲劇が起きたのはこの時期だった。一九三一年の満州事変、一九三二年の満州国建国により、東南アジアの中国人の間には反日感情が高まっていった。一九三二年一一月、マレーで暴徒化した中国人が谷の父の理髪店を襲い火を放ち、八歳の妹が殺された。谷はマレーに戻ったが、中国人や英植民地警察に深い怨恨を抱くようになった。谷は植民地警察を批判するだけでなく、復讐のため犯罪に手を染め、マレー人やタイ人の盗賊団の首領となり、列車強盗や英国人や中国人からの窃盗を重ねた。徴兵検査に合格しなかった小柄な若者が盗賊ハリマオとなったのだ。

谷はマレー語に精通し、原住民との人脈も豊富だったうえ、非正規作戦（Irregular Operations）〔訳注：国家主体と非国家主体が影響下にある人々に対して正当性と影響力を求める闘争における作戦行動〕に必要とされる才能を発揮していたことから、すぐに日本の情報機関の目に留まった。バンコクにいた田村浩大佐はこの若者の価値をすぐに理解した。一九四一年、日本が戦争準備を進めていたとき、田村は谷をスカウトしようと動いていた。田村は、バンコクの昭和貿易で任務にあたっていた情報のベテランである神本利男《かみもとしお》を事務所に呼び出した。

谷と接触した神本は、日本人の若者の愛国心に訴え、藤原機関での任務を打診した。谷は祖国のための任務を二つ返事で同意した。谷は自身の人脈を通じて、マレー半島に駐留していた英軍部隊について調べ、藤原機関がマレーの軍事地図を作成するための地形情報を提供した。帝国陸軍がマレーへ侵攻した際、谷は部下を率いて英軍部隊へ擾乱《じょうらん》を仕掛け、情報収集を行った。しかしマレーのジャングルの小道を踏破している時、谷は重度のマラリアに罹患した。谷は高熱を出しながらも、ゲリラ作戦を立て続けに成功させていた。また、クアラルンプール郊外では、英国の補給列車を脱線させ、その他にも妨害工作を展開していた。こうして、藤原が谷にようやく会えたのは、シンガポール陥落の数日前のことだった。

英軍の追跡をかわすことができた谷だが、マラリアからは逃れられなかった。危険な状態を察した藤原は、英軍が投降したその日に谷をジョホールバルの陸軍野戦病院に送り、さらにシンガポールにある大きな日本の病院に入院させた。藤原は瀕死の谷を見舞い、日本軍の軍政職員の肩書を与え、この愛国心に満ち溢れた盗賊に最後の賛辞を贈った。翌月、谷が亡くなると、藤原は福岡にいる谷の母親に直筆の手紙を送り、遺骨を空輪で届けた。また、藤原は靖国神社で谷を戦神として祀る儀式を行った。熟練のプロパガンダニストである藤原は、谷の祖国への貢献を大作映画とすべく、映画会社の大映に持ちかけた。中田弘二主演の映画『マライの虎』（洋題：Tiger of Malaya）は、一九四三年に日本で公開された*5。

疑惑の種

一九四二年二月一五日、シンガポールが陥落し、パーシヴァル中将が山下中将に対し無条件降伏したことで、藤原機関は意外な授かりものを得た。インド陸軍の捕虜対応の担当だった藤原機関は、一万人程度降伏の翌日、藤原は山口を派遣して、インド兵をファラーパークと呼ばれる競馬場跡地へ送るように英軍司令官に手配させた。山口は捕虜輸送の日取りを二月一九日とした。その間、藤原機関の要員達は補給物資を求めて街を回った。

藤原はインド軍の大規模な投降がプロパガンダ展開の好機と捉え、捕虜達にアジア人としての忠誠心は日本と共にあるべきと説得すべく集会を用意した。二月一九日の午後、藤原はファラーパークに集められた約四万五千人のインド人に対し演説を行った。国塚少尉が藤原の演説を英語に通訳し、インド人将校がヒンディー語にリレーした。藤原は、日本はアジアを西洋の植民地主義から解放するために戦争をしていると主張し、日本はインドを植民地化しないと断言した。そして最後に、インドを解放するためにもインド独立連盟やインド国民軍へ加入するよう訴えた。そうすれば、もはや捕虜ではなく同盟者となることを約束した。純粋な感情と緻密な計算が混ざり合ったのだろう、多くの捕虜達は藤原の演説に賛同の雄叫びを上げ、帽子を空高く投げていた。プリタム・シンとモハン・シンは、藤原に続いて同胞のインド人達に闘争へ参加するよう熱烈に訴えた。映像に収められたこの出来事は、陸軍最高のプロパガンダニストによって演出された壮大な劇であった＊6。

しかし藤原にとって不運な運命は、派手な幕開けと共にすぐに始まってしまった。モハン・シンはインド解放に向けた一連の作戦のために四万五千人のインド兵の最高司令官になったかのような行動をしたのだ。そのため、モハン・シンはすぐに日本軍と対立することとなった。第二五軍は藤原機関を通じ、九百人以上のインド人捕虜を、英軍捕虜の護衛、対空部隊の補助要員、そして軍事労働部隊での任務に提供するように要請した。モハン・シンはこの要請に渋々同意した＊7。藤原への高い尊敬の念は維持したが、インド国民軍司令官モハン・シンの目には、帝国陸軍の誠実さへの疑惑が映った。

一方、日本の指導者達は、対インド政策の優先度を上げることを決定した。一九四二年初旬、東京から二人の中将がマレーに到着し、藤原機関とインド国民軍の状況を視察した。三月には帝国陸軍参謀総長の杉山元が東南アジア視察中に自らインド国民軍の視察も行った。同月、大本営は東京でインド人指導者達を集め国際会議を開いた。議長を務めたのは、ラース・ビハーリー・ボースで、大日本帝国がかねてより寵愛してきたインド人民族主義者である。

ラース・ビハーリー・ボースは、第一次世界大戦前、英国支配下のインドでテロリストとして一連の活動を展開していた。一九一二年にインド総督のハーディング卿暗殺未遂事件に加担し、一九一四年にはまた別の陰謀が発覚したため、その年に日本へ逃亡した。ボースは日本で日本語を学び、新宿・中村屋の経営者相馬愛蔵の娘と結婚し日本の国籍を得た。ボースは強力な右翼の頭山満《とうやまみつる》の保護を受け、英国からの身柄引き渡し要求から身を守ることができた。帝国陸軍はこうしたボースの人脈がインド人協力者を取りまとめる上で非常に重要なものであると考えていたが、藤原は、「中村屋ボース」は日本化し過ぎているとから、インド人を率いるには資質に欠けているとして、却下したのだった。

日本の新しい南の帝国の各地からインド人の指導者達が「山王会議」として知られる会議のために東京の山王ホテルに集まった。この会議は、インドにおける作戦がより大きな注目を集めることを示す役割を担っていた。このような表立った計画には、少佐以上の階級の者の力を必要とした。藤原にとって、シンガポール侵攻作戦では、情報将校の小規模部隊が転覆を目的とした作戦や妨害工作に驚異的な力を発揮した。しかし、山王会議で確認されたのは、ある少佐と一握りの若手将校にインドでの作戦を一任させることはできないということだった。それでも藤原は戦時中の大半の期間をインドでの作戦に充てることになる。中野学校出身の藤原の部下のほとんどは、インドにおける英国の支配転覆を目的とした野心的な計画の下、藤原機関の後継組織で勤務することとなった＊8。

オランダ領東インド諸島の外交官と諜報員

日本はオランダ領東インド諸島からの石油獲得を必至としていた。石油不足は帝国にとって死活問題であった。日本海に面した新潟県にいくつか油田があったが、必要とされる一万六千リットルに対し数リットルしか生産されていなかった。石油がなければ、大日本帝国の工場群はその機能を止めてしまう。巨大な空母や戦艦は成す術《すべ》なく港に留まることとなる。ソ連国境の満州国では、戦車やトラックの燃料がなくなる。石油は不可欠な資源だった。

中国での戦争を止めるように日本へ圧力をかけようとしていた米国は、一九四〇年一月二六日に日米修好通商条約を破棄した。この動きは、日本に対し米国の石油、鉄鉱石、その他の主要製品の供給を阻害する脅威となった。米国の計算では、石油がなければ大日本帝国は折れるはずだった。これにより、中国は独立を維持し、米国はここから商業的利益を享受できるはずだった。しかし、日本は宣戦布告無き戦争ですでに大量の血と資金を費やしており、米国の圧力に屈するつもりはなかった。

日本は石油の代替供給線を確保するために南方に目を向けた。オランダ領東インド諸島には、世界でも有数の豊かさを誇る油田が存在していた。オランダの石油産業の中心は、マレー半島の対岸に位置する巨大なスマトラ島の湿地帯にあるパレンバン地域にあった。近衛文麿首相は、小林一三《いちぞう》商工大臣を植民地の主都バタヴィアに派遣し、九月一三日、石油やその他の必要とされる原材料の輸出を確保するための協議を開始した。しかし、オランダの植民地当局の関係者は、日本に供給することは、死刑囚が絞首台の縄を死刑執行人に売るのと同じことであると恐れていた。また、日本が九月二七日にドイツとイタリアの三国同盟に加盟した時には、オランダは日本への石油や原材料供給の断固拒否を決めていた。パレンバンの石油を燃料とする戦争国家日本からの侵略が刻々と迫る中で、日本への服従を申し出るよりも、オランダは米国と英国に助けを求めたのだ。小林は一一月に手ぶらで帰国することとなった。一九四一年一月二日、元外務大臣の芳澤謙吉が交渉のために現地入りし、日本が有利になるよう協議を強引に進めたが、この交渉も六月一七日に失敗に終わった*9。

しかし、外交というのは国家の目的を達成するための一手段に過ぎない。この手段の他にエスピオナージ(諜報)が挙げられる。外交官らがバタヴィアで談笑している間、帝国陸軍の要員がこの植民地を武力占領するのに必要な情報を集めていた。実際には、芳澤特使の随行員の中にいた将校三人が石油交渉の範囲を超えて情報を収集し、植民地当局を怒らせたのだ。六月二七日にバタヴィアから日本宛ての外交公電で、大鋸《おが》、石井、前田の三人の将校の詮索に対するオランダ軍の不快感が報告されていた。三人は七月一五日に北野丸でバタヴィアを出発する予定だったが、憤慨していたオランダ側は七月三日の浅間丸での早期帰国を要求した*10。

しかし、この三人の将校が出発した際、帝国陸軍は依然として強固な情報網を有していた。一九四一年初旬、芳澤がバタヴィアで交渉を行っている間、丸崎義男少尉がジャワ島東端の要衝都市スラバヤの日本領事館に到着した。丸崎は一九三九年夏に中野学校の第一期を卒業し、当時の情報情勢の基礎を学ぶため参謀本部第二部に赴任し、第六課で英米情勢を担当した。

一九四〇年一二月、丸崎は参謀本部からスラバヤへの赴任を命じられる。領事館職員として潜入し、差し迫った軍事作戦に寄与する様々な情勢についての基礎的データを収集した。これらの中には、ヨーロッパ人とインドネシア人との関係性、植民地の民族構成、各民族間の関係性などの情報が含まれていた。また、丸崎は植民地の歴史、地理、文化、政治、政府、宗教についても報告した。

またジャワ島には、丸崎の中野の同期生である新穂智《にいほさとる》少尉の姿もあった。新穂は同盟通信社の記者として潜入し、バタヴィアを拠点にオランダの石油産業の情報を集めていた。新穂が偽装した新聞記者という身分は理想的なものであった。記者として質問したりデータを収集しながら植民地を渡り歩いた。その途中、丸崎と新穂は幾度か遭遇したことがあるが、二人はそれぞれの役を演じ、つい最近知り合ったそぶりをしていた[11]。

　この地域の上級情報将校はバダヴィアの武官である厨次則《くりやつぐのり》少佐であった。日本が戦争に向けた最終準備をしていた一九四一年の夏、参謀本部は必要とされる情報を得るため、厨に共有を急がせた。一〇月二二日、陸軍参謀副長は厨に電報を打ち、オランダ軍の軍事訓練と部隊配置について報告するよう命令した。厨は、空戦方法、植民地内の航空機の編成、種類、数、配置について調査するように指示を受けた。一一月六日、参謀本部は厨少佐に東京へ戻るよう命令した。その道中、厨はバンコクの武官である田村浩大佐とサイゴンに拠点を置く軍事情報組織、冨機関に連絡を入れることになっていた。参謀本部の命令により、次の武官が到着するまで、丸崎と新穂は厨の任を引き継ぐこととなった[12]。

　厨や中野出身者の二人の他にも、諸島に住む何千もの日本人居住者は貴重な情報源であった。商人、漁師、その他無数の貿易商人達は、長年の居住している土地について熟知しており、土地の言葉を話すことができ、国家緊急の際は忠実な愛国者となった。バタヴィアの日本領事館は、将来におけるこうした情報アセットを保護すべしとの助言をするため、七月三一日に東京宛てに電報を打った。一九四〇年九月に日本軍がフランス領インドシナに初めて進出した時から、オランダ植民地当局は日本を敵対視していた。バタヴィアの日本領事館が電報を送信する三日前、日本軍はインドシナ南部へ進軍していた。南シナ海カムラン湾の海軍基地とカンボジアの駐屯地から、日本軍はオランダ領東インド諸島と他の植民地に対し、侵攻作戦を開始する手はずだった。

　当初、バタヴィアの石澤豊総領事は、オランダ領東インド諸島にいた日本人居住者を帰国させる必要はないと考えていた。しかしオランダ当局は、彼らが日本へ情報を流していることを把握していた。石澤は戦争の兆しを受け、オランダによる「日本人居住者の一斉逮捕」を恐れ始めた。こうして石澤は、この土地にとっては「仮の居住者」である日本人（情報アセット）を一斉に失うリスクを冒すよりも、日本へ帰国させるほうが良いと考え電報を打つに至った。そして、来たる戦争に備え、彼らの名前と住所を一覧にして保管した。一一月一三日、外務省は石澤に対し、「オランダ領東インド諸島の情勢に精通し、かつこれらの言語に精通している日本人」を祖国へ帰国させる命令を伝える電報を発したのだった＊13。

パレンバンへの空挺降下

日本の課題は、オランダ軍の爆破部隊が油田を破壊する前に、いかにして制圧するかであった。帝国陸軍はスマトラ島北部の岸にある浜辺から上陸し、ムーシー川を遡上し、パレンバンまでオランダ軍の防御線を後退させることが可能だった。そのオランダ軍は、地元の反政府活動を鎮圧するために組織された植民地軍（王立オランダ領東インド軍：ＫＮＩＬ、通称蘭印軍）であり、アジア最大の軍隊である日本軍への勝算は望めなかった。しかし、蘭印軍は水陸作戦の展開を想定していた。そうなれば日本軍の犠牲者も相当なものになるだろう。さらに、蘭印軍は侵略者に防御線を突破されても、パレンバンまでの一〇〇キロに及ぶ湿地帯の道を進むには時間がかかるだろうと考えていた。ゆえにオランダには、製油所や油田を破壊するのに十分な時間があると考えられた。

オランダの油田を無傷で確保しようとする陸軍の計画の背後には中野学校の存在があった。一九四一年四月、中野学校の幹事であった上田昌雄大佐は、杉山参謀総長より侵攻の前哨戦として島々の調査を命じられた。上田は、丸崎と新穂へ、従来の情報活動にパレンバンも追加するためにブリーフィングを行った。軍隊はやみくもに進軍すべきではない。丸崎と新穂は作戦立案担当者に、地形の説明から現地案内を担う協力者のリストに至るまで基本的な情報を提供することになっていた。

実際に作戦を立案する段階に入ると、ムーシー川を遡上する以外に陸路はなく、バリサーン山脈はスマトラ島南海岸を貫く山脈で、進軍経路としては検討されていなかった。東の湿地帯にはムーシー川に匹敵するような進軍に適した水路がなかったのだ。しかしながら、島の南東部からムーシー川を遡上する作戦では、帝国陸軍が大きな損害を被るだけではなく、時間がかかることで油田や精製所が破壊されてしまうリスクがあった。故に、着上陸からの進軍よりも空路から攻撃を仕掛けることの方が得策と考えられた。こうしてオランダの防衛部隊が石油施設の破壊に着手する前に、空挺部隊が主力部隊によるムーシー川河口への上陸に先立ち、パレンバンを制圧する手はずとなった。だが、事前に解決すべき事項が多く残されていた。帝国陸軍は空挺部隊を有していたが、誰一人として、油田への降下や蘭印軍の爆破部隊を制圧した経験を持つ者はいなかったのだ。

参謀本部は再び中野学校に目を向けた。中野学校校長の川俣雄人《たけと》少将は、一一月に統計学の教官である岡安茂雄に石油産業の基礎調査報告書の作成を命じた。何人かの助手と共に、岡安はすぐに入手可能な公開文献の予備的調査を行った。派手さには欠けるが、公開情報《オープン・ソース》の山をきちんと調査すれば、重要な情報の手がかりを得ることができる。新聞、業界誌、保険報告書、技術設計書などは、岡安らにとってそれだけの価値があるものだった。世界中のインテリジェンス専門家は、公開情報の価値をずっと理解してきていた。例えばワシントンでは、ＯＳＳのアナリストは戦争中必要な情報の多くを議会図書館で見つけていた。

公開情報調査の結果を受け、川俣は岡安に第二次報告書の作成を命じた。岡安は、中野学校の実地調査部隊の小泉俊彦少尉らと共に、一二月八日に東京から新潟へ向かい、油田を視察し、現地の石油会社関係者から詳細を聞いた。新潟でこの任務に就いていた者は石油産業の基礎調査の重要性を痛感したに違いなかった。一二月八日は、帝国海軍のパイロット達が真珠湾で米戦艦を鉄屑《てつくず》にしたのと同じ日であった。戦争の幕開けであった。

新潟の調査に引き続き、石油産業の専門性を深めた岡安らは、パレンバンでの空挺部隊の作戦を直接支援するために情報収集を行った。この支援の一環として、地形情報の収集、製油所の破壊を防ぐ戦法の検討、日本軍に協力すると思われる人物のリスト作成などを行った。戦時中の日本では岡安らの研究班は、作戦地域の油田を直接調査することができなかったため、オランダ領東インド諸島で操業していた日本企業に情報を求めた。捕鯨会社や三井物産からは油田の航空写真を入手し、これを模型として再現し分析した上で、製油所の建物や衛兵、重要施設などの位置を特定した。また、パレンバンでの経験のある会社役員からは、パレンバンの街やオランダ軍駐屯地などの詳細について聞き出した。

また中野学校では、空挺部隊向けに特別訓練を実施した。選抜隊員が九州から上京し、岡安、小泉など研究調査関係者からブリーフィングを受けた。作戦背景に関わる話は、新年を迎えて幕を閉じた。多くの日本人が親戚の集まりで杯を交わし、新年の料理を楽しみながら一九四二年を迎える中、新年最初の二日間、岡安は空挺部隊と共に日本でも数少ない油井櫓《ゆせいやぐら》のある油田への降下訓練を実施した。

中野学校の学生も空挺部隊と共に降下することとなった。前年の一一月から、陸軍大学校内に設置された第一六軍司令部には、中野学校から一〇人の少尉と軍曹が配属されていた。その中で、星野鉄一《てついち》少尉他五人はパレンバンへの降下作戦参加命令を受けていた。空挺部隊と同じく、その六人は髭を剃るのもやっとの青年だった。一月九日、星野らは九州へ向けて出発し、一月一五日、空挺部隊司令部がある宮崎県の新田原《にゅうたばる》基地から前線に向けて飛んだのだ。台湾からカムラン湾、サイゴン、プノンペン、バンコクへと飛び、二月一〇日にマレー半島の降下地点に到着した。

そんな中、中野学校の学生らはトラブルに遭遇した。六人は第一波での降下予定だったが、第二波への降下へ振り替えられていたことが分かった。六人は彼らを明らかに意図的に避けている参謀将校を追いかけた。その日の夜、星野は空挺部隊を率いている少尉の部屋のドアを叩いた。星野は、排斥行為であると強く抗議した。彼ら六人が地形、施設、爆薬の位置を他の誰よりもよく分かっていると主張した。星野は、中野学校ではインドネシアの共通語であるマレー語を学んでいた。さらに事実ではないが、星野はかつてパレンバンで偵察活動をしたことがあるとも主張した。これが功を奏したのか、夜が明ける前、星野は連隊長から第一波での降下の確約を得た。しかし、残りの五人は第二波での降下となった。

二月一四日、星野は昨晩口論となった分隊長と共に、プロパガンダのビラと軍資金を身に付け降下地点へ移動した。前夜、星野は寝床で何度も寝返りを打っていた。六人で遂行しようとしていたことを星野一人でできるだろうか。プロパガンダで現地住民を鎮圧し、技術者を集め、爆破装置を解除し、石油施設を確保する手はずだった。中野学校で学んだマレー語で意思疎通が図れるだろうか。自分が持っている情報はどれほど正確なものなのだろうか。そんなことを考えながら、星野は眠れぬ夜を過ごした。

シンガポール上空を飛行中、英国のアジア帝国の要塞であるシンガポールが包囲され、あちこちから黒煙が立ち上がっているのを見た。A・E・パーシヴァル中将が、英国陸軍に降りかかった史上最大の災難であるシンガポール陥落と五万人以上を投降させる日を目前としていた。日本軍の編隊がスマトラ島上空を飛び、ムーシー川からパレンバンへの進路をとった際に、分隊長は星野を降下扉に呼び出し、三千メートル下の精製タンクを指さした。「我々は行く。ついて来い！」と分隊長は叫んだ。この時、パラシュート降下の経験がない星野は、なぜ第二波での降下となっていたのか理由が分かった。

星野は無事降下し、製油所の裏門を駆け抜けた。防空シェルターに身を寄せていたインドネシア人の集団と遭遇した星野は、「オランダ軍は日本軍の敵だ。インドネシア人は日本の友。私たちは空から来ました。皆さん、どうか安心してください」と書かれたビラを配った。彼らからの聞き取りの結果、この周辺に戦車や装甲車はなく約三五〇人の部隊がいることが判明した。パレンバンを奪取するには空挺部隊で十分であった。星野は防空シェルターを駆け回った。捕虜にした三人のオランダ人技術者を尋問し、すでに得ていた情報を確認し爆破装置の位置を聞き出した。三人は爆破装置はないと言ったが、星野は二人の兵を連れて、施設の要所にワイヤーや爆破装置がないか、慎重に製油所一帯を隅々まで確認して回った*14。

第一波で降下した空挺部隊の中隊は、蘭印軍の大隊によって防御されていたパレンバン地域のほとんどを制圧した。しかし、その日の間は、防御部隊がパレンバンの北東数キロに位置するスンガイロンに防御陣を維持していた。そのため翌日には、日本の空挺部隊はこの防御部隊から壊滅的攻撃を受けかねない危機に晒されていた。幸いなことに、翌朝には第二波の空挺部隊がパレンバンに降下していた。そして、日本軍の主力部隊が浜辺に着上陸を行い、ムーシー川の遡上を開始した。その日、星野は、空挺部隊の第二波の中に中野学校の五人の仲間を見つけた。空挺部隊はその夜、水陸両用部隊を迎え入れた。連合軍はスンダ海峡を東に跨ぎジャワ島へと撤退した。

空挺による急襲は敵の不意をとらえ、石油施設を破壊する暇を与えなかった。中野学校は、この史上最も成功した空挺作戦の一つに寄与した。帝国陸軍によるパレンバン占領をもって、星野らはインドネシア人へのプロパガンダ展開、製油所の勤務要員の登録、施設の確保、進行中の占領軍と日本人石油技術者のための準備などの作業を本格化した*15。

ラジオでの欺瞞作戦

偽のラジオ放送で敵を欺くことを思いついたのは、太郎良《たろうら》定夫少尉だった。太郎良はハンサムな青年将校で、素朴で真面目な顔立ちでその頭の鋭さを隠していた。中野学校時代、太郎良は髪を伸ばしており、二〇代前半の陸軍士官というよりは、大学生か高校の最上級生のような風貌をしていた。太郎良は陸軍出身者の多い九州の出身で、一九一七年に大分県で生まれた。

太郎良は真珠湾攻撃後の数週間、サイゴンの南方軍司令部参謀の情報将校を務めた。一九四二年二月まで、ビルマで帝国陸軍と共闘していたビルマ人への武器輸出を監督し、サイゴンに招かれたアジア人民族主義者達を接待していた。また、日本軍がマレー半島をシンガポールに向けて侵攻した際、藤原岩市少佐が指揮する機関に投降したインド人戦時捕虜の管理も行っていた。他にも太郎良はラジオ放送の担当でもあった。ラジオを通じてインド軍部隊に対し、武器を置いて投降するようサイゴンから呼びかけた。シンガポールとラングーンが陥落した際、太郎良は占拠したラジオ放送局をプロパガンダ作戦の拠点とするよう動いていた。さらに、アジア人の人心掌握（Hearts and Minds）を目的としてプロパガンダ素材の構成や製作、放送、出版という役割を担う日本放送協会のラジオ局員、外国特派員、プロパガンダニスト達を指揮した。こうしてサイゴンは活動の拠点となった*16。

ある日、大槻章《おおつきあきら》中佐が太郎良を執務室に呼び出した。前年の一一月から、大槻は南方軍の上級参謀情報将校を務めていた。日本軍がスマトラ島やバリ島などオランダ領東インド諸島を制圧していく中、今村均大将の部隊がカムラン湾から出撃しジャワ島を侵攻するまでほとんど時間がなかった。大槻は太郎良に蘭印軍によるジャワ島の天然資源破壊を阻止する計画の実行を命令した。その夜、計画に頭を悩ませていた太郎良は、中野学校時代に受けた、あるブリーフィングを思い出した。ある教官がドイツのポーランド侵攻についての講義で、ワルシャワ陥落の数日前、ドイツのプロパガンダ部隊がワルシャワの中央ラジオ局を占拠したことを話していた。その部隊は、ポーランドの首都が陥落したことを世界に向けて放送していた。これはポーランド軍部隊と外国政府を混乱に陥れた。太郎良はこれに着想を得て、同じような策略を試そうと思い立ったのだ*17。

太郎良ら情報将校は、天然資源と産業インフラの破壊指示が含まれるジャワ島のラジオ放送を日々傍受していた。ジャワ島西端に近い山間部にあるバンドンの中央ラジオ局が島内数十の放送局へ放送を中継していたのだ。バンドンの局は、サイゴンよりもはるかに少ない電力で放送していたので、太郎良らは、サイゴンからの強い電波でオランダの放送局を制圧しようと考えたのだった。蘭印軍の放送命令をジャックし、太郎良らが独自の命令として放送しようという作戦だった。必要とされたのは、本物の放送とするための組織で、この中には技術者と日本の外国特派員、現地の放送局職員、ジャワ島から引き揚げたばかりの領事、軍の参謀情報将校、そして太郎良自身が含まれた。

太郎良は技術者と編集者で構成された「特別放送部」を編成、指揮した。そこには、ジャワ島で勤務経験のある領事館職員、オランダ領東インド諸島での経験がある日本人が数人、またオランダ人、マレー人、インドネシア人も含まれていた。オランダ語とマレー語で放送するため、オランダの放送を傍受し、番組のスケジュール、内容、アナウンサーの声の特徴を調べていた。

太郎良らが下準備をしている間に、大槻は上層部に対してアプローチを始めた。まず、南方軍と第一六軍の司令官から許可が必要だった。次に、サイゴンの放送施設は植民地を失うよりも協力することを選んだフランスに帰属していた。大槻は内山岩太郎領事を呼び、フランスの承認を得るように求めた。内山の外交手腕なのか、それとも大日本帝国の強引さに屈服したのか、いずれにせよ太郎良の計画に青信号が出た*18。

第一六軍は二月一八日にカムラン湾を出港、二八日にジャワ島の浜辺に着上陸し、太郎良は自身の班を展開した。三月二日の朝、サイゴンでは、バンドンからの放送の小休止中に音楽を流し、最初の欺瞞《ぎまん》作戦が行われた。翌日、太郎良の放送局は本格始動した。サイゴンからの放送は、動員や資源破壊の命令を変更したり取り消したりした。また、インドネシアの不安と反乱のニュースを放送した。その二日後、日本はオランダの放送を傍受した。その放送は、聴衆への偽情報の警告やアナウンサーの声に細心の注意を払うよう促す内容だった。その日、今村の部隊がバンドンを制圧し、太郎良の班は前線から偽のニュースを放送し始め、日本の侵攻範囲を実際より大幅に拡げて放送していた。サイゴンでは、英国と米国がすでにジャワを見限ったという偽のニュースをロンドンとワシントンのラジオからの引用として放送していた。

その五日後、太郎良は蘭印軍撤退の阻止に向かった。蘭印軍はジャワ島南中部海岸ジョグジャカルタの西一五〇㎞のチラチャップ港を通ってバンドンから撤退する可能性が高かったのだ。太郎良の放送は、強力な日本軍部隊が南からこの港に接近していることを報じた。その日の夕方、国際放送を傍受している際、太郎良らはロンドンからの放送を傍受し、日本軍がチラチャップ港に到着したというバンドンの放送を引用した。太郎良らが「万歳！」と歓声を上げたのは、その場にいた全ての人にとって壮観な瞬間だった。

オランダが投降すると、ラジオの欺瞞作戦に関わった人々は、その作戦の効果の揺り返しを知ることとなった。プロパガンダが影響を与えるために世界に流れ、海外の聴衆を騙すと、それが国内の聴衆をも混乱させるリスクがあるのだ。実際、日本の同盟通信社はバンドン放送局からと思われる偽の放送を日本国内の聴衆に向けて報じた。大槻中佐が一九四二年半ばに大本営の臨時勤務として東京へ行った際、大本営の承認なしに、第一六軍がチラチャップ上陸作戦を行ったことに対して激しい批判を受けることとなった。しかし、大槻はその上陸作戦に関する報道は中野学校の欺瞞作戦の一部であることを説明すると緊張は解けた。大槻も質問者も苦笑いをする結果となった。太郎良は、オランダだけでなく自軍である日本の軍部も欺瞞に陥れてしまっていたのである＊19。

註

1　藤原岩市「藤原機関の活躍」『歴史と人物』一九八五年八月、中央公論社、一〇六～一〇八頁。長崎暢子編『南・F機関関係者談話記録』アジア経済研究所、一九七九年、二一～二二頁。

2　鈴木泰輔「開戦前夜　風雲のバンコク」『臨時増刊週刊読売』一九五六年一二月八日、読売新聞社、六三～六四頁。中野校友会『陸軍中野学校』三八七～三八八頁。丸山静雄『中野学校-特務機関員の手記』平和書房、一九四八年、八三頁。

3　中野校友会『陸軍中野学校』三八七～三九一頁。山口源等「F機関潜行記」『臨時増刊週刊読売』一九五六年一二月八日、読売新聞社、七〇、七一、七三頁。

4　中野校友会『陸軍中野学校』三九一～三九四頁。山口源等「F機関潜行記」七〇、七三、七六～七八頁。Richard J. Aldrich, *Intelligence and the War against Japan: Britain, America and the Politics of Secret Service (Cambridge:* Cambridge University Press, 2000), pp. 41-42. 国塚一乗『印度洋にかかる虹　日本兵士の栄光』光文社、一九五八年、一三、三一頁。

5　「『マレーの虎』の実証」『産経新聞』一九九七年三月三〇日、一一頁。池田満寿夫「マライのハリマオ(虎)」『臨時増刊週刊読売』一九五六年一二月八日、読売新聞社、八五～九二頁。国塚一乗『インパールを越えて—F機関とチャンドラ・ボースの夢』講談社、一九九五年、一〇七～一〇八頁。谷の盗賊一味の規模は約一〇〇〇から三〇〇〇人と推定されている。

6 中野校友会『陸軍中野学校』四〇一〜四〇二頁。山口源等「F機関潜行記」七九頁。

7 Kalyan Kumar Ghosh, *The Indian National Army: Second Front of the Indian Independence Movement* (Meerut, India: Meenakishi Prakashan, 1969), p. 95.

8 中野校友会『陸軍中野学校』四〇四〜四〇五頁。長崎暢子編『南・F機関関係者談話記録』二三頁。

9 外務省外交史料館、外務省外交史料館日本外交史辞典編纂委員会編『日本外交史辞典』七二八〜七二九頁。

10 U.S. Department of Defense, ed., The “Magic” Background of Pearl Harbor, appendix to vol. 2 (Washington, DC: U.S. Government Printing Office, 1978), pp. A-571-72.

11 中野校友会『陸軍中野学校』一六八、五〇〇頁。

12 U.S. Department of Defense, ed., The “Magic” Background of Pearl Harbor, appendix to vol. 4 (Washington, DC: U.S. Government Printing Office, 1978), pp. A-481, A-489.

13 U.S. Department of Defense, ed., The “Magic” Background of Pearl Harbor, (Washington, DC: U.S. Government Printing Office, 1978), appendix to vol. 2, pp. A-581-82, and appendix to vol. 4, p. A-492.

14 中野校友会『陸軍中野学校』四九〇〜四九三頁。伊藤貞利『中野学校の秘密戦—中野は語らず、されど語らねばならぬ 戦後世代への遺言』二一五〜二一六頁。

15 H. P. Willmott, *Empires in the Balance: Japanese and Allied Pacific Strategies to April 1942* (Annapolis: Naval Institute Press, 1982), pp. 267, 301. 中野校友会、『陸軍中野学校』四九三〜四九四頁。

16 伊藤貞利『中野学校の秘密戦—中野は語らず、されど語らねばならぬ 戦後世代への遺言』中央書林、一九八四年、二一七頁。太郎良定夫「南方軍機密室」『臨時増刊週刊読売』一九五六年一二月八日、読売新聞社、九八頁。

17 中野校友会『陸軍中野学校』四九五頁。

18 太郎良定夫「南方軍機密室」九八〜九九頁。伊藤貞利『中野学校の秘密戦—中野は語らず、されど語らねばならぬ 戦後世代への遺言』二一六〜二一七頁。

19 太郎良定夫「南方軍機密室」九九頁。中野校友会『陸軍中野学校』四九八〜四九九頁。

3　ビルマ：人心掌握（Hearts and Minds）作戦の勝利、そして敗北

ビルマ公路を閉鎖する時が来た。三年前の盧溝橋での小競り合いは、一九四〇年までに日本と中国の全面戦争に発展するまでに激化した。日本は、大規模な武力行使を行えば中国がすぐに降伏するだろうと考えていた。中国の軍事指導者達は過去二〇年間、次々と譲歩を重ねてきたが、国民党の指導者で大元帥である蔣介石《しょうかいせき》は、今回は譲歩しなかった。さらに悪いことに蔣介石は、外国からの支援に依存して戦闘を継続させ、結果として広大な内陸部に退却してしまったのだ。日本の将官達は、中国国民党への外国からの支援ルートを遮断しようと決心した。主なルートの一つは、英国植民地ビルマを経由して中国南西部の雲南省に広がっていた。一九三七年の南京陥落以降の中国の首都である重慶は、四川省と隣接していた。ビルマから中国国境の雲南省を経由して、国民党の山間要塞である重慶まで援蔣ルートは続いていた。

ビルマ公路を経由して物資を送ることは、英国による日本の中国征服の阻止に必要だった。東京の参謀本部では、毎月約一万トンの物資がビルマを経由して国民党に届けられていると見積もっていた[*1]。このような英国の蔣介石への支援は、日本の将校達を激怒させた。伊藤佐又《さまた》少佐もビルマ公路の現状に激昂していた。この怒りが彼を神戸の英国領事館占拠を画策させた。しかし、憲兵隊は軍部未承認の計画を画策したことで伊藤を逮捕した直後、参謀本部は別の将校にビルマ公路の封鎖方法を調査するように命じた。

一九四〇年のビルマは英国植民地であり、日本の転覆工作を展開するには好都合であった。一九世紀、英国はビルマを征服し、豊かな土地をインド帝国に加えようと戦争を繰り返していた。主要民族である誇り高きビルマ人は、すぐに屈辱に見舞われることとなる。この地域を長い間支配していたビルマ人は異邦人の支配に苦しめられていたが、周辺の土地に追いやられることでさらに不平不満を深めていった。ビルマはインドからの移民に開放されただけでなく、華僑もまたこの植民地に流入していった。新たに入ってきた者は、経済的に優位な地位を獲得し、商業の多くを支配した。さらに、英国は絶対的な分割統治を行った。ビルマの新しい支配者である英国は、ビルマ族よりもカレン族、カチン族、その他の少数民族を支援し、その植民地の稲田をアジア帝国の穀物倉に変えたのだ。英国の政治的支配とインドの商業的影響力はビルマ人の恨みを煽り、ビルマの民族主義運動を焚きつけた。一九二三年に限定的な自治権が制定され、一九三五年にはインドからのビルマ行政分離を含む施策がとられたが、ビルマ人の感情をなだめるための英国のこうした遅れた措置は、独立をめざす民族主義者を満足させるものではなかった。

ビルマ公路、閉鎖

日本はビルマ人の恨みをよく知っていた。それ故、アジアの兄弟として英国の追い落としを支援するのは魅力的な政策であると思えた。日本の軍事作戦立案担当者には、ビルマの民族主義はビルマ公路を進む英国の援助を断ち切る剣になると考えられた*2。ビルマの独立を求める人々の中には、タキン党の活動家も含まれていた。その指導者の中で注目すべきは、アウン・サンという青年であった。アウン・サンは早くから英国の支配からの解放の機会をうかがっていた。ラングーン大学の学生であったアウン・サンは一九三五年の秋にラングーン大学学生会（ＲＵＳＵ）の書記に当選した。一九三六年、ＲＵＳＵの学生新聞の編集者を務めていたアウン・サンは、大学のある教職員を批判する内容の記事の執筆者を隠匿した。

アウン・サンはこの責任を追及され、同級生のウ・ヌーと共に退学処分となった。この学校の決定はアウン・サンを、高校生にまで広がった学生抗議活動の中心的存在に至らしめた。ラングーン大学は学生らの圧力を受け、彼らの退学処分を取り消した。一九三八年、復学したアウン・サンはラングーン大学学生会長に選出された。

同年、アウン・サンはタキン党の創設メンバーとなり、党の指導者となった。タキン党は民族主義連合の一部で、完全かつ早期の独立を求める左翼や革命家など、多様な政治傾向を持つ人々の集まりであった。総書記アウン・サンは一九四〇年に党の代表団を率いてインドを訪問し、マハトマ・K・ガンジー、ジャワハルラール・ネルー、そしてインド国民会議の指導者らと面会した。英国はドイツと戦争に突入し、ヒトラーの戦争大国と生き残りをかけて戦っていた。そんな時にアウン・サンらが英国への敵意を示したため、英国はタキン党の活動を禁止したのである。この不穏な時期に、アウン・サンは帝国陸軍の最も注目すべき人物と運命を交差するのであった*3。

一九四〇年三月にビルマ公路の情報収集を命じられたのは、当時、帝国陸軍参謀本部海上輸送課を統括していた鈴木敬司《けいじ》少佐であった。一九一八年に陸軍士官学校第三〇期を卒業後、歩兵将校に任命された鈴木は、帝国陸軍でも数少ない英米専門家の一人として、ロシアと中国の課題に全面的に関わるキャリアを積み始めていた。一九二九年にエリート校の陸軍大学校を卒業した後、鈴木はフィリピンで三年間極秘任務に就き、陸軍の侵攻計画支援に必要な地形情報を収集していた。

鋭い目つきと獰猛《どうもう》な口髭は、鈴木の気性を表していた。少尉時代に台湾で鈴木を知った杉井満は、鈴木の性格を最初から「野性的」で「荒っぽい」と気づいていた。杉井は熊本県出身で、アジアへの南下は日本の運命であると考えていた。アメリカ大陸やアジア太平洋地域への出稼ぎ労働をはじめ、移住を決意した多くの熊本の人と同様に、杉井も新天地での可能性を求めて日本を離れた。熊本県出身者の多くはペルーで農民として定住したり、パラオで店を開き定住したが、杉井は別の道を歩んだ。杉井の人生はどこかに落ち着くようなものではなく、一九二五年から一〇年間は東南アジアを放浪し、アメリカ大陸からアフリカにかけて旅をした。その後、杉井は日本の拡張主義を掲げる興亜院の上海事務局に加わり、そこで鈴木にスカウトされたのだ*4。

鈴木の原動力の一つは、彼の情報任務が評価されず、名を馳せることができなかったことが関係しているのかもしれない。帝国陸軍で情報畑を歩んできた鈴木は、作戦参謀将校として勤務するエリートらと比べて出世するには困難な道を進んでいた。さらに悪いことに、鈴木は英米情勢を担当していた。日本の軍事作戦立案担当者は、英米との衝突の可能性を無視することはできなかったが、緊急度の高い中国やソ連に大部分の焦点を当てたのだ。実際、作戦立案担当者らはこの数年前に米国を仮想敵国と宣言し、フィリピン侵攻のためいくつかの師団を配備していたことさえあった。しかし、英米情報は全体的な計画の中では後回しにされていた。ある情報部の退役軍人の言葉を借りれば、鈴木をはじめとする英米情報の専門家は、陸軍の「継子《ままこ》」のような存在であったのだ*5。このような苦しい立場にいたからこそ、こうした荒々しい決意が生まれたのかもしれない。鈴木は無名の存在から存在感を表すこととなる。後に、この性格が災いし、ビルマでの隠密作戦の際、正規任務を越えて行った私刑が鈴木を破滅させることとなる。

一九四〇年六月、中国に展開していた帝国陸軍は、重慶に対するフランスの支援打ち切りを確認するため、フランス領インドシナ北部の国境に前進した。同月、ドイツに降伏したフランスは、中国への補給線停止という日本の要求を拒むことができなかった。この動きが日本の二つの重要な目的達成を一歩前進させ、ハイフォン北部の港から中国に向けて密かに行われていたフランスの援助を止めることに成功した。これによって帝国陸軍は英国植民地であるビルマ奪取にさらに一歩近づいた。六月二八日、鈴木は九州の博多港を出発した。参謀本部からの命令は、ビルマの状況を東京に報告することであった。

ラングーンに向かう途中、鈴木はバンコクにいた帝国陸軍の武官田村浩大佐を訪問した。タイは、英国領ビルマとフランス領インドシナに挟まれた、東南アジア唯一の独立国であった。その政治的地位と戦略的立地条件から、バンコクはトルコのイスタンブールと同様、世界有数のエスピオナージの拠点となっていた。ヨーロッパでの第二次世界大戦の開戦により、バンコクの重要性はさらに高まった。一九三九年九月の初め、同盟を組んだイタリア、ドイツは英国とフランスに対し宣戦布告した。その数日後、ヒトラーのドイツ国防軍はパリへ凱旋していた。英国は逃げ場がない状況で戦っていた。フランスはすでに戦うことを諦めていた。こうしたドイツ、英国、フランスの思惑が絡み合うタイを目前に、日本は分岐点に立たされていた。この地域では何が起きていたのか。バンコクは情報収集の地域ネットワークの中心にあり、日本は宗主国から取り残された東南アジアの植民地という果実を摘むかを判断すべく情報収集をしていた。帝国陸軍はこの地域へやみくもに展開していくことはできなかった。こうした暗闇のような状況下では情報将校は光を灯す存在になる。地形情報、敵の戦闘命令、協力者のリストなど、参謀本部の戦略家が長いこと無視してきた分野で、情報将校はこの地域で日本の将兵を導くこととなる。

陸軍士官学校第二八期卒業の田村大佐は広島県出身で、この地域の情報将校のトップであった。田村もまた、帝国陸軍の中では数少ない英米情報のベテランであった。田村の軍歴初期にあたる一九二八年一〇月から一九三一年一二月にかけて、田村は鈴木より前にフィリピンでの情報収集に従事していた。田村はその後、一九三六年から一九三八年までバンコクで武官としての初の任務を果たし、香港で数か月を過ごした後、約一年間を第二一軍の報道部長として過ごした。一九三九年、田村は武官として二度目の任務のためにバンコクへ戻った。鈴木がバンコクを訪れた時、田村はこの地域全体の日本の情報活動を指揮していた。事務所を訪れた後輩の鈴木を田村は暖かく迎え入れた＊6。

鈴木は田村との面会の後、バンコクからビルマの首都ラングーンへ向けて出発した。鈴木は南益世《みなみますよ》の名でビルマ入りを果たした。鈴木は、読売新聞のビルマ特派員、日緬協会書記という架空の経歴で偽装し、七月一〇日にラングーンに到着した。鈴木は、杉井満ら東京で集めた仲間の協力を得て、現地在住の日本人貿易商や日蓮宗でも過激な宗派の僧侶に依頼し、ビルマのタキン党の指導メンバーとの間を取り持ってもらった。そうした人脈から、タキン党は日本からの武器や訓練を受け入れる用意があることを知り、鈴木は支援を決意した。九月下旬、タキン党のアウン・サン書記長がもう一人の党員と共に英国による逮捕を逃れ、ビルマから中国の港町廈門《あもい》に着いたことを知った。鈴木は台湾に駐留している帝国陸軍に連絡し、二人の居場所を突き止めるよう要請した。そして鈴木は仲間を一人ラングーンに残し、一〇月初旬に杉井と共に東京に戻った。

上官への報告の際、鈴木はビルマ人への支援を求めたのだが、鈴木の報告書は関係各所をたらい回しにされたままだった。耐えきれなくなった鈴木は、自らの権限でアウン・サンを東京に送るよう手配した。陸軍からの資金援助が望めず、鈴木は以前の案件で伝手があった砂糖会社の重役に資金援助を求めた。

八月に廈門に到着していたアウン・サンは、一一月の初めに廈門の特務機関により確保された。陸軍に拘束されたアウン・サンともう一人の仲間は東京行きに同意した。二人は、陸軍がいずれは自身らを日本に送るであろうと理解していた。数日後、アウン・サンらが羽田空港に到着した。出迎えた鈴木はアウン・サンに強烈な印象を与えた。後にアウン・サンは、鈴木がおもてなしの観点から女性の提供を申し出たが、疲れ果てていた彼らはそれを断ったと語っている。アウン・サンはまた、シベリア侵攻の際にウラジオストクで女性や子供を含むロシアの民間人を殺害したことを鈴木が自慢していたことや、ビルマ人同様に英国と徹底的に戦わなければならないと鈴木が言っていたことを後に思い出したという。

鈴木の上官達は、鈴木が独断でアウン・サンらを連れ込んだことを知り、鈴木を叱責《しっせき》した。鈴木の行動に不快感を露わにした上官達であったが、参謀本部はその後、ビルマでの英国支配を転覆する鈴木の計画を承認した。この動きは、鈴木の主張の強さや理論よりも、軍の官僚主義の力学に関係していた。一九四〇年九月、ある海軍の予備将校が東京に戻り、ビルマ民族主義者らを支援するためのロビー活動を展開した*7。鈴木の提案を実行に移すことになったのは、海軍に出し抜かれることを防ぐためだったのだ。一二月、参謀本部第二部八課は、鈴木の指揮によるビルマでの統合作戦のため、八課のカウンターパートである海軍軍令部第三部（情報部）との調整を行った＊8。

一九四一年二月一日、大本営の下、ビルマにおける英国支配の転覆を目的とした陸海軍統合機関が設立された。「南機関」という名前は言葉遊びでもあった。南は鈴木の偽名でもあり、また、日本語では方角を示す「南」でもある。東南アジアでの日本の軍事的利益支援のための隠密作戦展開を任務とする機関には相応《ふさわ》しい名前であった。表向きの名前を南方企業調査会とした＊9。機関の正式な発足式には、陸軍参謀総長の杉山元《げん》中将、海軍軍令部次長の近藤信竹《のぶたけ》中将が出席した。

南機関の当初の任務は、アウン・サンをはじめビルマ民族主義者による英国支配の転覆を支援することであった。この目的を達成するため、鈴木の組織はビルマへ小火器や爆薬の密輸を行い、ゲリラ運動を導くビルマ人幹部の養成を行った。順調に行けば、アウン・サンらはビルマ人を集め、英国の植民地軍へのより強力な対抗勢力となり得るはずであった。当然のことながら、ビルマに入る日本人はいなかった。また、英国も反乱民から日本の武器を見つけることもなかった。日本の手の内は隠されたままで、東京の外交官が英国の抗議を受けたところで、もっともらしく否定をすることができた。一九四一年の後半、第一段階に続き、南機関は武器と訓練された幹部をビルマに投入し、ゲリラ作戦を展開するための準備を行っていた。

鈴木大佐の作戦の中核には、中野学校の卒業生の存在があった。第二部八課南機関の直接監督にあたっていたのは、情報学校で教官を務めていた尾関正爾《おぜきまさじ》大尉であった。南機関に配属された中野第一期生には、加久保尚身《かくぼなおみ》大尉、川島威伸《たけのぶ》大尉、山本政義《まさよし》少尉、野田毅《たけし》少尉、高橋八郎少尉がいた。またこの後も続き、数多くの海軍将校もこの機関の名簿に名を載せることとなった＊10。

南機関はすぐさま展開しタイに情報網を構築した。南機関の初期要員が到着したのは二月上旬のことだった。鈴木は二月二四日にバンコクに到着し、司令部を設置した。鈴木はチェンマイをはじめタイの要所に支部を設置するよう指揮した。当時、英国の情報将校もバンコクから活動していたが、タキン党を支持する日本の政策に反抗するビルマの警察、軍人、情報提供者からの妨害に比べればたいした脅威ではなかった。各地の支部に配属された南機関の要員は、タイからビルマに通じる道を調査し地形情報を収集した。これらの支部は、ビルマの民族主義者の国境越えを支援し、蜂起が起これればビルマに武器を密輸する役割も担っていた*11。

非常に大きな期待の中で始まった統合軍事情報作戦だったが、すぐに軍種間の対立と相互不信により崩壊した。南機関の分裂は早々に表面化した。鈴木は先のラングーン訪問中、帝国海軍が推薦したビルマ人活動家を退け、鈴木自身がアウン・サンを選んだ*12。バンコクで南機関の作戦が開始されると、陸軍と海軍の要員間の関係が危機的に悪化していった。間もなく、鈴木は陸軍要員に指示をして、南機関に所属する海軍要員の調査、尾行をさせた。陸軍の監視に困惑したある海軍将校が海軍武官執務室に助けを求めたことを契機に、この統合作戦は終焉を迎えた。八月下旬には、バンコクで田村浩大佐と海軍武官との間で現地での「サミット」が開かれた*13。結局、海軍要員の撤退で決着がつけられ、南機関は完全に陸軍の指揮下に入ることとなった*14。

軍種間の統合作戦は早々に崩壊したものの、南機関はアウン・サンのタキン党からビルマ民族主義者のグループを集め訓練することに成功していた。鈴木は陸軍海上輸送課の長を務めていた際に築いた人脈を活かし、日本の大同貿易と図らって、鈴木の部下を日本とビルマを往復する商船の春天丸に乗組員として乗船させた*15。アウン・サンを含む三〇人のビルマ人民族主義者が南機関で訓練されることになった。彼らは「三〇人の同志」として歴史に名を残すこととなる。このビルマでの作戦に関係した日本人には、第二次世界大戦はアジア植民地支配から解放するという高貴な目的を掲げた戦いであり、これは失敗となるのだが、こうした取り組みの一環として南機関の三〇人の同志に対する指導は歴史上、重要な意味を持つ。

一九四一年六月をビルマ武装蜂起の決起日とする承認を受け、南機関は三月から中国の南海岸沖、日本占領下の海南島に隠された町、三亜にある秘密基地でビルマ人要員に厳しい訓練を受けさせることとなった。今日では、ディスコや日光浴など観光客の目的地として賑わいを見せている海南島だが、かつては中国皇帝への反逆者が追放された名も無き島であった＊16。隔離された熱帯の島は、極秘訓練には理想的な環境であった。

中野学校での訓練参加前に、陸軍士官学校第四八期を卒業した川島威伸大尉は、鈴木の右腕として南機関での任務に従事していた。ビルマ人の訓練を統括したのは川島であった。同じく中野学校卒業生の泉谷《いずみや》達郎《たつろう》少尉は第一訓練隊を率いており、蜂起時にリーダーとなるビルマ人の訓練を担当していた。泉谷の担当の中には、シュ・マウン、別名ネ・ウィン（輝く太陽）がいた。泉谷はこの青年の痩せた外見に、鋭い知性と激しい闘争心が隠されていることを見抜いていた。ネ・ウィンは学びの吸収の速さと稽古中の銃剣の扱いに対する熱心さの両面で泉谷を感心させた。この泉谷の教え子は戦後のビルマで将官の座にまで上り詰め、一九六二年に権力を掌握した。他の中野学校卒業生は、草の根的に民主主義を推進する政治活動家を熟練したゲリラリーダーに育てるため、過酷な訓練をビルマ人達に受けさせていた。訓練課程は、地図の読み方から銃剣の稽古まで多岐に渡り、中国で鹵獲《ろかく》された武器が訓練に使われた。この武装蜂起の計画は、日本の介在を隠し、ビルマ人が独自に引き起こしたものと思わせるため、訓練教官らは日本の装備品の使用を避けていた。もしビルマ人ゲリラが皇室の菊花紋が施された日本の銃を持って、英国に捕獲されたら言い訳のしようがないからだ。

南機関の過酷な訓練は、三〇人の同志にゲリラ戦の要領を教える一方で、ビルマ人に日本と共闘するにあたっての暗い影の部分も見せた。まず、訓練自体が極めて厳しい上、日本のナショナリズムの不快な側面にもビルマ人は耐えなくてはならなかった。毎朝、ビルマ人達も教官と一緒に東京の皇居の方向へお辞儀をしなくてはならなかった。この上、ビルマ人達にとって耐え難かったのは、六月の蜂起日に向けて訓練していたにもかかわらず、その時期を過ぎても訓練が実施されていたことだ。一〇月には、訓練が海南から台湾南部のキャンプに移った*17。後に泉谷は「不信感が漂い始めた」と当時を回想している*18。アウン・サンが東京から戻ると、彼の同志達が教官らに反乱を起こす寸前にまで追い込まれていたことを知り、憤りを募らせていた。アウン・サンは同志達を説得したが、日本との協力を求める三〇人の同志の熱意は早々に弱まってしまったのであった*19。

転覆から侵攻へ

大本営による優先順位の変更により、南機関と三〇人の同志はその犠牲となった。一九四一年二月、鈴木は特殊戦力をもってビルマでの武装蜂起の準備を命じられた。しかし、日本が東南アジアの米英蘭植民地への通常戦力による軍事侵攻の展開を決定したことで、この武装蜂起作戦は凍結せざるをえなかった。まさに武装蜂起しようという時に、日本は戦争の準備をしていたのだ。この背景には、ヒトラーがスターリンを打ち破るとなった場合、日本を差し置いてドイツによるシベリアへの支配が及ぶ可能性があった。さらに、英国、フランス、オランダがアジア植民地の支配権を要求してくることも考えられた。そして、六月二二日にヒトラーがソ連へ侵攻したバルバロッサ作戦、これが日本の指導者らに「乗り遅れる前に戦争へ」と急がせたのだ。

七月二日の御前会議では、ソ連への侵攻に熱心な陸軍と東南アジアへの出撃を要求する海軍の間の争いには決着をつけず、ドイツ、イタリアの戦争に日本も参加するという方針が承認された。九月の御前会議では、一二月八日に設定された日本の南方攻撃への正式なカウントダウンが始まった。開戦時の奇襲攻撃を成功させるために前線を平穏にしておく必要があった大本営は、ビルマでの武装蜂起を計画通り実行する危険を冒すことはできなかったのだ。攻勢作戦の一環として、南機関が三〇人の同志を連れてタイ国境からビルマへ渡る準備ができたのは、帝国陸軍部隊が東南アジアへ攻撃を開始した後のことだった*20。

真珠湾攻撃の一二月八日は、フランクリン・ルーズベルト大統領と帝国海軍の奇襲に激怒した米国民から「悪評」を買う日となった。南方軍第一五軍は、抵抗を受けることなくフランス領インドシナからバンコクに向かって進軍した。タイの指導者達は、日本の大軍と自国の貧弱な軍隊とのパワーバランスを適切に見極め、征服されるよりも日本との同盟の道を選んだ。後にタイは、日本が敗北すると即刻戦時中の同盟を破棄した。外交の柔軟性を示したタイは、勝利した連合国から罪を追及されることはなかった。

一二月二〇日、第一五軍司令部は隷下の一個師団にモールメンの制圧を命じ、一連のビルマ侵攻作戦を開始した。南機関は、一二月二三日に南方軍第一五軍の指揮下に置かれた。その後数日の間に、川島、泉谷ら南機関の教官は、台湾にいたアウン・サンやビルマの協力者を南方軍総司令部のあるサイゴンに連れてきた。南機関は次の作戦に備え、作戦拠点をサイゴンに移していたのだ。一二月二八日、南機関の要員と訓練を受けたビルマ人達はバンコクに到着した。そして鈴木はバンコクにいるビルマ現地住民によるビルマ独立義勇軍（ＢＩＡ）を組織した。南機関の指揮の下、三〇人の同志が指導的役割を担い、川島、泉谷ら中野学校卒業生を中心とした数十人が日本人「アドバイザー」の中核となった＊21。

鈴木大佐は、武装蜂起という当初の計画を捨て、帝国陸軍の一連のビルマ侵攻作戦の中に南機関を入れようと懸命にロビー活動を行った。しかし鈴木の要求は却下された。非正規部隊を運用することで通常作戦が複雑になることが危惧されたのだ。鈴木は、二月一三日にラングーンへの作戦を指揮する予定だった第五五師団の司令官と会談し、師団の担当区域での作戦許可を得ようとしたが、失敗に終わった。鈴木は当初、第五五師団に同行してモールメンへの侵攻作戦に参加しようとしていたのだ。代わりに、鈴木はその部隊がビルマ北部から進軍する際の指揮を執ることになった。鈴木のビルマ独立義勇軍の主要部隊は二月七日に国境を越え、ビルマ人を敵対視し英国に共鳴している少数民族が住む地域に入った＊22。

鈴木は義勇軍を率いて心理作戦を展開していた。ビルマに伝わる「雷将軍」という解放戦士の伝説を借り、鈴木は白馬にまたがりビルマを駆け抜けて威勢のいい印象を与えることで、その伝説を再現した。第一次世界大戦の際、トルコの支配からアラブ人を解放するために活躍した「アラビアのロレンス」が栄光を得たように、鈴木は英国の支配からビルマを解放する英雄的役割を果たすことを目指した＊[23]。鈴木は、少数の兵力で敵の部隊に対して攪乱《かくらん》行為を仕掛けて戦った。また、英国の権威の象徴であるビルマの現地警察や役人を攻撃した。鈴木の小部隊の存在は多くのビルマ人を熱狂させた。ある英国の歴史家によると、ビルマ独立義勇軍は、ビルマ人による「第五列活動」への恐怖を煽ることで英軍の士気を低下させた＊[24]。

　この恐怖を煽っていたのは、南機関の三〇人の同志の一人であるネ・ウィンだった。一月一四日、帝国陸軍の侵攻に先立ち、ネ・ウィンはビルマ人の仲間五人と南機関の中野出身者二人と共にタイのラヘンを出発しラングーンへ向かった。約二週間後、ネ・ウィンらはビルマとタイを隔てるサルウィン川の支流に到着した。川を渡ると、彼らは日本人のアドバイザーと別れ、ビルマの首都へ向かった。二月二日にラングーンに到着すると、帝国陸軍が進駐してくる一か月以上前に、戦線後方の英軍に擾乱を仕掛けるためのゲリラ部隊を組織していた。三月にラングーンが陥落し、ビルマ独立義勇軍は日本の部隊と共にビルマ北部での一連の作戦に向けて進軍することになったが、ネ・ウィンは川島大尉の首席補佐として尽力した＊[25]。

　しかし、ビルマ独立義勇軍が独立のために戦っている間、南方軍はビルマの軍事政権の在り方に口を出し始めた。広いインドと隣接するビルマは、アジアに残る英国の拠点であり、日本の新帝国の最西端となった。日本にとっても戦争継続には不可欠な資源が豊富にある地域であった。東條英機大臣は、一九四二年一月二一日の御前会議でビルマの独立について言及し、アウン・サンや南機関のビルマ人活動家達への期待を高めていた。しかし一月二二日、大本営はビルマの独立を承認する日まで日本軍の管理下に置くと宣言した。

　一月三一日、第一五軍第五五師団は、ビルマでの第一の主要目標であるモールメンへ進軍した。同師団の担当地域では、戦闘中は南機関とビルマ独立義勇軍による作戦行動は禁止されていた。さらにモールメンにいる鈴木の部下には、政治活動やビルマ独立義勇軍への勧誘活動も禁止した。第五五軍はすぐに軍事政権の下地作りに着手したが、南機関の現地拠点は街外れにある隠れ家に移った。南機関が人員調達のために頼りにしていたタキン党の活動家は、モールメンでは何の役にも立たなかった。泉谷によれば、彼らは「帝国陸軍に対する幻滅を初めて味わった」という。帝国陸軍が南機関とは別物であることをビルマ人は初めて知った＊26。南機関の下で活動するビルマ人は、T・E・ロレンス（アラビアのロレンス）と共にトルコ人と戦い、英国とフランスに領土を分割され、絶望の中で生きてきたアラブ人と同様に、帝国の利益が解放の理想に勝ることを学んだ。

日本としても、地域の安全確保の責任を負っている南方軍総司令部としても、ビルマの独立を認めて問題をややこしくしようとは考えていなかった。プロパガンダは安全保障よりも後回しにされた。陸軍の司令官らは、ビルマ人に自由を与えることが、インドの英軍やビルマ北部で対峙する蔣介石の国民党を刺激し、ビルマ西側の国境を危険に晒すと考えた。こうして、南方軍は二月九日にビルマの軍事政権樹立計画の概要を明らかにし、さらに第一五軍がラングーンを凱旋《がいせん》行進した三月八日、詳細計画を公表した＊27。

鈴木は軍事政権化の計画には断固として反対した。鈴木は三月一三日にラングーンに到着し、すぐにこの決定を覆すためのロビー活動を展開した。鈴木のこの行動は、救世主的妄想によるものなのか、それとも南機関をビルマ独立に向けたアドバイザリー機関として機能させたいというありふれた野心なのか、それともこれら二つの組み合わせなのか。いずれの動機にせよ、鈴木は第一五軍の参謀副長であった那須義雄大佐と何度も会談を行い、自身の主張を伝えた。那須は鈴木とは陸軍士官学校の同期生ではあったが、旧知の関係であっても心は揺さぶられなかった。鈴木はかつての同期生だけでなく、他の第一五軍の参謀将校達すら説得できなかった。強引に主張を展開する鈴木を見て、「土着民になってしまった」という印象を持つ者もいた。那須大佐は時に鈴木の無責任な発言を非難し、「日本人としての自覚はあるのか」と問いただしたこともあったという。第一五軍の幹部を説得できずにいた鈴木は、会談の度にその苛立《いらだ》ちを補佐である川島や南機関の他の将校達に漏らしていた＊28。

独立を主張する一方で、鈴木はビルマ独立義勇軍の作戦を指揮し続けた。ラングーンでは、帝国陸軍の一連のビルマ作戦の次の段階として、ビルマ独立義勇軍の北部進出への準備をした。アウン・サンは日本のアドバイザーらと共にこの北部遠征を指揮した。初期の侵攻時と同様に、ビルマ独立義勇軍は敵の小部隊と交戦し、現地の植民地の役人を排除した。鈴木自身も一連の作戦に参加し、親英のカレン族に対しビルマ独立義勇軍を指揮した。一九四二年五月末までに、ビルマ独立義勇軍は相当の戦闘経験を積むこととなった。当初三〇人の幹部で始まったビルマ独立義勇軍は、この時点で三万人近くの部隊規模にまで成長した。また、鈴木の部隊は、相当数の鹵獲《ろかく》武器を確保していた＊29。

南機関の終幕

鈴木とビルマ独立義勇軍は独立を主張し奮闘したが、英軍のビルマからインドへの撤退によってその役割を終えた。六月一一日、南方軍は南機関に対し解散命令を出した。七月一五日、鈴木はラングーンを離れ東京に向かった。東京では新たに近衛師団での任務に就くこととなる。中野学校出身の川島、泉谷ら情報機関要員のほとんどは、第一五軍のビルマ軍事政権で新たな任務に就いた。例えば、泉谷はサイゴンの南方軍総司令部に出向き、同じ中野出身者の太郎良《たろうら》定夫少尉に南機関の活動をブリーフィングした後、防諜任務に就いた＊30。

鈴木大佐と日本人の部下達はどれほど失望したことだろうか。そして南機関と共に戦った「三〇人の同志」をはじめとするビルマ人達は、より深い裏切りの念を感じていたに違いない。ビルマの新しい支配者は、独立を認めることも、アウン・サンらタキン党の民族主義者をビルマの人々との政治的仲介者として受け入れることさえも拒否した。彼らのような若い情熱的民族主義者と共闘することを躊躇した南方軍は、その代わりに、英植民地時代の政権で役職に就いていたバー・モウ博士に目を向けた。成熟し柔軟性のある民族主義者である博士に期待したのだ。一九四二年五月に英軍により投獄されていたバー・モウは、その牢から日本の憲兵隊によって解放され、すぐに第一五軍の命令を実行するビルマ政権の代表に据えられた*31。

南機関の下、三万人いたビルマ独立義勇軍は、帝国陸軍がビルマを制圧した途端に消滅した。これに代って一九四二年七月二七日に誕生したのがビルマ防衛軍（ＢＤＡ）であり、わずか三千人程度の兵力で構成されていた。アウン・サンはこの小さな守備部隊の司令官となった。南機関の解散と鈴木の東京への異動により、川島大尉をはじめとする数人の要員だけが残り、ビルマの新設部隊の訓練と指揮にあたった。

ネ・ウィンがビルマ防衛軍第一大隊の指揮を執ることとなった。ビルマ国防軍の最高軍事アドバイザーを務めたのは、南機関から引き続いて残っていた野田毅大尉である。ほかにも数人、鈴木のかつての部下が残りビルマ国防軍を指揮していた。アウン・サン、ネ・ウィンをはじめとする三〇人の同志は、独立軍を指揮することは叶わず、傀儡のような部隊の指揮官として「日本人アドバイザーの指導を受ける」という屈辱を味わったのだった。悪名高き帝国陸軍憲兵隊は、ビルマ人の有力者を尾行し、危険な政治思想を持つ者やエスピオナージを疑われた者を尋問という名の拷問の対象としていた。そんな状況下では、日本の支配をビルマ人が寛容に受け入れるのも、南方軍が新しい帝国を確実に掌握している間だけであった。

南機関とビルマ独立義勇軍の司令官としての鈴木の活躍は、ほとんど上官の印象には残っていなかったようだ。第一五軍上層部は、ラングーンへの進軍の間、鈴木が第五五師団と共に行動することを禁じ、ビルマの即時独立を求める鈴木の度重なる要請を無視し続けていた。南機関の指導の下、タキン党がビルマを率いるという鈴木の夢さえも、視野の狭い南方軍幹部には無茶な要求と見られていた。

ビルマ以後、鈴木の活躍の場は限られることとなった。東京に戻って一年後、鈴木は少将に昇格したが、その後の戦争の期間中は軍の輸送に関わる任務に就くこととなった。戦時中、ビルマと最後に関わったのは一九四三年八月のことだった。日本は八月一日にビルマの独立を承認しようとする動きに出ていた。八月後半にバー・モウ、アウン・サンなどのビルマ指導者が東條首相を表敬するため東京に来た際、陸軍は鈴木を北海道から呼びレセプションに出席させた＊32。

サイゴンの南方軍総司令部の情報部から南機関とやり取りをしていた中野学校出身の太郎良定夫少尉から見れば、鈴木は悲劇の主人公だった。アラビアのロレンスとして知られる英国軍人のT・E・ロレンスは、第一次世界大戦下、心から尊敬していたアラブ人をオスマントルコの支配から解放するために奔走した。しかし、ロレンスの約束が実現することはなかった。第一次世界大戦後、英国とフランスは、アラブ諸国の住民たちの独立を認めず、陥落したトルコ帝国のアラブの土地という戦利品を分配することにしたのだ。太郎良によれば、鈴木もこれと同じだった。鈴木はビルマ人と協力し、英国の支配から独立を勝ち取るという目標に真摯に向かっていた。ビルマは独立すると鈴木は約束し、それを守ろうと日本の軍事政権の廃止を主張したがそれは実現できなかった。上官からは「ビルマの土着民となった」無責任な将校と評価され、以後の出世の道は閉ざされた＊33。鈴木の仲間の杉井もまた、鈴木を「もう一人のロレンス」として見ていた。鈴木の奔放な性格を台湾の頃から知っている杉井は、後に「鈴木の失脚は最初から避けられなかった」と書き残している＊34。

鈴木大佐、川島大尉をはじめとする南機関の影の戦士達は、ビルマでの人心掌握のため努力をしてきた。三〇人の同志たちは、彼らの志を日本に結び付けた。帝国陸軍がビルマに進出すると、何万人もの若者がビルマ独立義勇軍に入隊しようとした。しかしながら、こうして獲得した人的アセットを鈴木の上官は、ラングーン、サイゴン、東京における一連の活動で浪費していった。ビルマ人の熱意を味方とするのではなく、ビルマに鉄の軍事政権を敷いたのであった。勝利を手にした後、南機関は解散させられ、優れた専門性を持った情報要員達は四方八方に散り散りになってしまった。鈴木大佐の夢は挫折という「悲劇」で終わりを迎えた。この悲劇に加えて、日本の上級司令官らの能力が致命的に低いことが挙げられる。ビルマの統治について、軍事的支配が完全な独立という両極端な選択だけでなく、啓蒙的な統治の可能性を戦略的な選択肢として考慮することができなかったのだ。

　帝国陸軍の指導者が、南機関の価値を見抜くこともできず、ビルマの民族主義の深さを理解することもできなかったことが、後の悲劇に繋がったのだ。解放軍としてビルマに迎え入れられた帝国陸軍は、ビルマ人の民族主義を敬うことも、征服され占領された国家の一員としてビルマ人を扱うことも怠った。一九四三年にビルマ独立は遅れて承認されたが、名目的なもので、占領の本質が変わることはほとんどなかった。日本の指導者達が描く、征服した領土の「独立」とは、満州国で築き上げた傀儡帝国を指していた。英国の追放をビルマ人に焚きつけ、過酷で屈辱的な軍事政権をつくったことで、ビルマ人の独立に対する情熱を無駄にしてしまったのだ。もし、日本が最初からビルマに自由を認めるリスクを負うことができていたら、もし、初期のビルマ独立義勇軍を本当に日本と共に戦える軍隊となるよう訓練していたら、その後の連合軍によるビルマ再奪還はそう簡単にはいかなかったかもしれない。

　アウン・サンは「独立した」ビルマの国防相に昇格し、ビルマ防衛軍と改名された小規模な軍隊の司令官となったが、引き続く帝国陸軍による自国支配への憤りを鎮めることはできなかった。いずれにしても英軍がビルマ再奪還を試みていたので、アウン・サンがこれ以上日本と手を組むのは得策ではなかっただろう。アウン・サンらビルマの民族主義者は、彼らの野望であるビルマ独立を日本が軽視したことに失望し、反乱への機会をうかがっていた。結果として、ビルマを同盟国ではなく占領国として扱ったことで、戦争末期にインドからの連合国の侵攻と戦線後方でのビルマ人の反乱という局面に日本は直面することとなった。

註

1　Ken'ichi Goto, "Cooperation, Submission, and Resistance of Indigenous Elites of Southeast Asia in the

Wartime Empire," in The Japanese Wartime Empire, 1931-1945, Peter Duus, Ramon H. Myers, and Mark R. Peattie eds. (Princeton: Princeton University Press, 1996), pp. 274-275.

2 杉井満「ビルマ独立運動と南機関」『臨時増刊週刊読売』一九五六年一二月八日、読売新聞社、一一二頁。

3 F. S. V. Donnison, *British Military Administration in the Far East, 1943-1946* (London: HMSO, 1956), p. 345.

4 川島威伸「南機関長鈴木敬司大佐の活躍」『歴史と人物』一九八二年九月、中央公論社、七七頁。長崎暢子編『南・F機関関係者談話記録』一頁。

5 鈴木泰輔「開戦前夜　風雲のバンコク」六三頁。杉井満「ビルマ独立運動と南機関」一一二頁。

6 川島威伸「南機関長鈴木敬司大佐の活躍」七六～七七頁。秦郁彦『日本陸海軍総合事典』六五三頁。

7 中野校友会『陸軍中野学校』三五四頁。U Maung Maung, ed., *Aung San of Burma* (The Hague: Martinus Nijhoff, 1962), pp. 33, 34. 杉井満「ビルマ独立運動と南機関」一一二頁。川島威伸「南機関長鈴木敬司大佐の活躍」七七頁。

8 杉井満「ビルマ独立運動と南機関」一一三頁。

9 Joyce Lebra, *Japanese?Trained Armies in Southeast Asia* (New York: Columbia University Press, 1977), p. 56. 杉井満「ビルマ独立運動と南機関」一一三頁。

10 中野校友会『陸軍中野学校』三五二～三五四頁。

11 中野校友会『陸軍中野学校』三五六～三五七頁。Izumiya Tatsuro, *The Minami Organ* (Rangoon: Universities Press, 1981), p. 27.

12 杉井満「ビルマ独立運動と南機関」一一二頁。

13 鈴木泰輔「開戦前夜　風雲のバンコク」六六頁。

14 杉井満「ビルマ独立運動と南機関」一一五頁。鈴木泰輔「開戦前夜　風雲のバンコク」六六頁。

15 中野校友会『陸軍中野学校』三五六頁。

16 Nicolas Finet. "Hainan. Du goulag 'a l'Eden touristique," Le Figaro Magazine(13 February 1999), pp. 65-66.

17　杉井満「ビルマ独立運動と南機関」一一五頁。
18　Izumiya, Minami, p. 59.
19　U Maung Maung, ed., Aung San, p. 35.
20　杉井満「ビルマ独立運動と南機関」一一一、一一五頁。
21　中野校友会『陸軍中野学校』三六一、三六六～三六七頁。Izumiya, Minami, pp. 90-95.
22　中野校友会『陸軍中野学校』三六八～三六九頁。
23　杉井満「ビルマ独立運動と南機関」一一一、一一五頁。
24　Donnison, British, p. 345.
25　Izumiya, Minami, pp. 109, 132, 168.
26　Izumiya, Minami, pp. 148-149.
27　中野校友会『陸軍中野学校』三七一～三七三頁。
28　川島威伸「南機関長鈴木敬司大佐の活躍」八一頁。Izumiya, Minami, p. 172.
29　中野校友会『陸軍中野学校』三七七頁。外務省外交史料館、外務省外交史料館日本外交史辞典編纂委員会編『日本外交史辞典』八六九頁。
30　中野校友会『陸軍中野学校』三七七～三七九頁。
31　Izumiya, Minami, pp. 193-194.
32　Izumiya, Minami, pp. 197-198.
33　太郎良定夫「南方軍機密室」一〇二頁。
34　杉井満「ビルマ独立運動と南機関」一一一～一一二、一一六頁。

4 インド：転覆、侵攻、そして撤退

岩畔機関の誕生

一九四二年三月、帝国陸軍はインドにおける英国支配を打倒するための大規模作戦を展開した。亜大陸は長い間、大英帝国の「王冠にはめ込まれた最大の宝石」であった。最盛期の英国領インド帝国は、西はイラン、東はタイと国境を接し、北は中国南部の国境沿いにヒマラヤ山脈の雪をかぶった峰々があり、南はインド洋に浮かぶセイロン島の緑豊かな島々が広がっていた。インドそのものに加え、また、現在のパキスタン、スリランカ（セイロン）、バングラデシュ、ビルマなどはかつて英国領インドとして統治されていた。インド北部の辺境にあるネパールとブータンは、条約により自治権を制限され統合に向かいつつあったが、英国領インド帝国への正式統合には至らなかった。

一八九九年から一九〇五年までインド総督を務めたカーゾン卿は、インドの重要性を的確に捉えて、次のように言っている。「英国がインドを支配し続ける限り、英国は世界最大の大国である。仮にこの支配を失えば、三等国まで転落するだろう」。亜大陸は莫大な富の源であった。一八八〇年以降、インドは英国製品輸出の主要市場となった。第一次世界大戦後の数年間で、インドはオーストラリア、カナダ、南アート、茶を大量生産するために亜大陸の開発にも取り組んだ*1。

また、インドは大英帝国にとって兵士の調達源としても不可欠な地であった。一八七一年の第一回目の人口調査の時点で、亜大陸の人口はすでに二億人を超えていた。英国は大勢のインド人でインド軍を組織し、亜大陸の警備に当たらせ、二度の世界大戦では大英帝国のために海外で戦った。一九一四年から一九一八年の第一次世界大戦では、一四〇万人のインド軍のうち八〇万人が英国旗を掲げ海外の戦地に赴いた。その数は、オーストラリア、カナダ、ニュージーランド、南アフリカを合せた総兵力にほぼ等しいものであった。そのうち約五万のインド人がヨーロッパで従軍し、さらに多くのインド人がガリポリ、メソポタミア、エジプト、パレスチナ、ドイツ領東アフリカでの一連の作戦に参加した。停戦に至るまでに、約六万五千人のインド人がジョージ五世のために命を落としたのである。

第一次世界大戦で称賛に値する記録を残したインド軍は、一九四二年には日本の利益を脅かす存在となっていた。英国はビルマに至るまでインド亜大陸全域の人員、資源、領土の支配を維持していた。そして、インドは将来、連合国が東南アジアを再度支配するための拠点であった。日本の軍事作戦立案担当者は、いかなる作戦でもインド軍は重要な役割を果たすと予期していた。実際、英国は戦時中にインドの人口三億九千万人を促し、亜大陸において二五〇万人を兵役に就かせた。インド軍は東南アジアで日本と戦うだけでなく、エチオピア帝国、ギリシャ、北アフリカ、またイタリアでも対イタリアおよびドイツ戦を繰り広げた。英国からこの拠点を奪うことは、日本の新帝国拡大に向けた大きな一歩となる*2。

一九四二年、インド征服の準備ができていなかった帝国陸軍は、代わりにインド国内での反乱を扇動することを選んだ。この施策を実行するために選ばれたのは岩畔豪雄《いわくろひでお》大佐だった。同盟通信社でワシントン事情を取材したある日本人によれば、岩畔は「人を惹きつける率直さを持ち、非常に活発で、機敏な頭脳を持ち、自分に与えられた任務に限りない情熱を注いでいた」という*3。彼は中野学校設立の中心的な役割を果たして以来その名を轟《とどろ》かせていた。一九三九年二月、岩畔は陸軍政策を司る軍務局の軍事課長に昇進した。軍事課は、日本の政策の方向づけを総合的に担う最重要部署だった。例えば、満州国の産業開発を指揮していた星野直樹が近衛文麿内閣に企画院総裁として入閣したのだが、この決定を下したのは帝国陸軍で、これを星野に伝えたのは岩畔課長だった＊4。

一九四一年二月、岩畔は中国に関してワシントンと和解すべく、密かに米国に向かった。彼はまずニューヨークでハーバート・フーヴァーと協議した。共和党の第一人者であり、影響力のあるこの元大統領は、夏までに両国が合意に至るか、「文明を五〇〇年後退させるような戦争」をするリスクを取るかと岩畔に警告した。その後、ワシントンを訪問した岩畔は、駐米大使となった野村吉三郎《きちさぶろう》海軍大将と共に、コーデル・ハル国務長官ら米政府高官と非公式な協議を行った。中国をめぐる両国の溝は大きかったが、岩畔の印象は強く残ったようで、ハルの回想録に次のような一節がある。「岩畔は帝国陸軍将校の長所と短所すべてを備えていた。彼は非常に優れた人物で、冷静沈着、過剰ではない自信に満ち溢れていた。もちろん、岩畔は自身の属する陸軍の視点だけを見ていたのであって、一般人や日本の本質的な利益を見ていたのではなかった」＊5。

八月、中国における日本の立場への米国の理解が得られないまま、岩畔は東京へ戻った。彼は米国に関するインテリジェンス・レポートで、米国産業が持つ圧倒的な生産力、つまり圧倒的な戦争遂行能力について報告した。新庄健吉大佐がニューヨークの日系企業五〇社以上から得た情報を基にまとめたその報告書は、鉄鋼生産力などの指標で米国の潜在的戦争力を数値化していた。そして米国が日本の一〇から二〇倍と推測されると書かれていた。岩畔は軍民それぞれの指導者の前で、対米戦争に反対する意見をひたすら主張した。賽《さい》は投げられた。しかし岩畔の言動は陸軍の考えとは反するとして、東條英機陸軍大臣はフランス領インドシナへ異動させた。事実上の追放処分である。カンボジアに移った岩畔は、その後まもなくシンガポール進軍をすることとなる第五近衛歩兵連隊を指揮した＊6。

大本営が英国のインド支配を覆すために情報活動、行政活動の実績がある岩畔の起用を企図した。一〇月に陸軍大臣のまま首相に就任した東條英機は、この岩畔の抜擢をあっさりと承認した。東條の立場からすると、この任務は岩畔を東京から遠ざけることになり、都合が良かったのだ*7。

一九四二年三月二五日、サイゴンで岩畔機関が発足した背景にはこのような事情があった。その月の初めに岩畔と藤原が共に出席した山王会議を基に、岩畔は外交使節団というよりも隠密部隊にも満たないような機関を立ち上げた。岩畔の組織は、アジア各地に住むインド人に対するプロパガンダを展開し、インド人コマンドー部隊を訓練し、彼らをインドへ潜行させ、国内の民族主義者らと密かに人脈を構築してインド国民軍（ＩＮＡ）を組織する任務を担っていた*8。

岩畔の組織には、岩畔の人脈がいかに有望かが分かる花形要員がいた。高岡大輔と小山亮《まこと》の二人は帝国議会の議員であり、岩畔が最も頼りにした要員であった。高岡は日本でも数少ない「インドの手」と名を馳せた人物で、政務を統括していた。小山は「国会の虎」と呼ばれた気性の荒い若手議員で、ペナンにあるインド人の隠密訓練基地を担当していた。高岡は一九二三年に東京外国語大学インド語専攻を卒業し、台湾の植民地政府の顧問を務め、日印協会の指揮を執り、国会議員になる前にはインドに関する本を書いていた。小山はちょっとした暴れん坊で、議員になる前の第一次世界大戦中にイタリア海軍に徴用された日本船の乗組員を務めた経験があった。

岩畔の力は、仲間の将校達にも及んでいた。総務を担当したのは、ベルリンの元武官補佐で大本営では有能な行政官としての実績を持つ牧《まき》達夫中佐だった。プロパガンダを担当したのは、陸軍省報道部のベテラン斉藤次郎大佐だった。九州出身のぶっきらぼうな性格の将校であった小川三郎少佐は、インド国民軍の指揮を担当する課に着任した*9。岩畔機関のビルマ支部を率いていた北部《きたべ》邦雄中佐は、満州国や華北で経験を積んだベテランの軍事アドバイザーであった*10。中野出身者は、岩畔機関では課長補佐などの要職に就いていた。こうした要員の中には、プロパガンダ部門に配属された山口源等《ひとし》をはじめとする藤原機関の留任者や新規要員も多数含まれていた。

岩畔機関は当初二五〇人程の要員で構成されていたが、五〇〇人規模まで成長し、バンコク、シンガポール、ラングーン、サイゴン、香港に駐留した。つまり、岩畔は日本の軍事組織の中でインドに関する最も優れた専門性を備えた大規模な組織を作り上げ、潤沢な資金を得ていたのだ*11。藤原に仕えた後、岩畔の下に移った国塚一乗《くにづかかずのり》は、新しい仲間に感銘を受け、後に「王族に囲まれた『男のシンデレラ』のような気分であった」と語っている。やはり岩畔機関の一人であった桑原嶽《くわはらたけし》は、岩畔の政治的手腕を軍人としてよりも政治家に向いていると評していた*12。

岩畔機関は日本の勝利の絶頂期に誕生した。帝国陸軍がラングーンに進軍した翌日の三月九日、オランダ領にあったジャワ島は陥落し、その石油資源の豊富な植民地を日本に明け渡した。フィリピンでは、一二月の本間雅晴《まさはる》大将の侵攻でダグラス・マッカーサー大将の部隊はすぐにバターン半島に追いやられ、餓死するか絶望的な戦いを経て投降するかの厳しい選択に直面していた。三月二三日、帝国海軍は英国海軍をセイロンの基地から追い出すための第一段階として、インドのアンダマン諸島を占領した。インドで日本とドイツの部隊の会談があるという話があった。

しかし、四月には米陸軍のジェームズ・ドーリットル中佐が空母から爆撃機を発進させて初の東京空襲を行った。ドーリットルの空襲はほとんど実害を与えなかったが、日本の軍事作戦立案担当者に深い衝撃と怒りを与えた。この空襲に対し帝国海軍は、米国の対日空襲拠点基地があるミッドウェーとハワイを制圧する作戦を立案した。その結果、ミッドウェーにおいて悲惨な損失を被った。

五月一日、岩畔機関はサイゴンからバンコクに本部を移した。岩畔の一つ目の任務に、山王会議の再開催としてインド指導者向けの会議を主催することがあった。その月、バンコクの劇場にはインド独立連盟やインド国民軍の指導者一六〇人を含む約二千人のインド人がアジア各国から集まり、インドの独立について議論した。一五日の開会式と二三日の閉会式の間、この集会は一般公開されたが、代表者達は非公開の場で日本との同盟下における独立の詳細について議論したのだった。公開式典には、日本、ドイツ、イタリアの大使やタイの外務副大臣も出席した。会議では、ラース・ビハーリー・ボース議長ら講演者がインド人に英国の圧政からの脱却を呼びかけた。終幕には、ベルリンにいたスバス・チャンドラ・ボースからの電報が披露された。彼は枢軸国の同盟を称賛し、インド人に独立闘争に参加するよう呼びかけた。観客は雷鳴のような拍手と「革命万歳、二人の指導者万歳！」と叫び、このメッセージに応えた*13。

派手な演出をした岩畔は、自身の機関を本格始動させた。岩畔は、インド亜大陸での隠密作戦に向けた工作員の養成に組織の資源の大部分を割いた。小山亮は、マレー半島西岸のペナン島の日本の潜水艦基地に秘密訓練所を設置した。小山の下には、多くの日本の民間人がおり、その中には、大川周明《おおかわしゅうめい》の塾を卒業した者もいた。中野学校卒業生がこの訓練所の中核を構成していた。また、インド人助教や教官も数多くいた。訓練所はいくつかの課で構成されていた。N・ラガヴァン（Raghavan）課にはスワラージ（独立）機関が含まれていた。インド人のための現地版中野学校であった。中野学校出身の岩畔機関要員は、選抜されたインド人青年らに、情報、転覆・破壊工作、防諜、プロパガンダを指導し、潜行の準備をさせた。オスマン（Osman）課はパンジャーブ州のシク教徒を訓練した。ギラニ（Gilani）課は、インド国民軍の将校ギラニが運営し、主にイスラム教徒を担当していた。ネパール（Nepal）課は、ネパール人兵士、通称グルカを含む作戦を担当し、彼らの忠誠心と長いナイフ、勇気はインド軍の中でも特に高い評価を得ていた。一連のマレー作戦で日本人盗賊ハリマオ谷豊とのリエゾン役として高い評価を得ていた神本《かみもと》利男は、ネパール課に配属された。最後にペナンに設立されたのは、セイロンに要員を潜入させるための課であった*14。

岩畔機関は、ペナンでの訓練のために約五〇人のインド人を選抜し、彼らを潜水艦でインドへ派遣し、軍事情報の収集、現地住民の独立に対する方向性の評価および見極め、民族主義者らとの接触、転覆工作を扇動させた。ある部隊はカラチ近くに、また別の部隊はボンベイの南に上陸した*15。岩畔機関のビルマ支部もまた、工作員をインド辺境に沿って送り込み、その地域に残留していた英国インド軍への転覆工作を行った。その他の者は、情報収集のために国境を越えた。最後に、一九四三年一月初旬からビルマ支部の要員達は、インドにパラシュート降下するための訓練を始めた＊16。

岩畔機関は、プロパガンダにも多彩な才能を発揮した。シンガポールを岩畔機関のラジオ放送の拠点にし、英語、ヒンディー語、ベンガル語やその他の現地言語を用いて放送した。岩畔の部下達は、英国の支配を屈辱に感じさせ、インド人達の反乱を促すような小冊子やビラを作成した。あるビラにはこんな漫画が描かれていた。民族衣装を着た二人のビルマ人がぼろぼろになった英軍兵をビルマから追い出す場面をインド人が劇場のカーテンをまくるがごとく見せつけ、チャーチル首相と二人のインド人の使用人がショックを受けている様子が描かれていた。この漫画にはこんな添え書きがあった。「すべての英国植民地は、目を覚ました。なぜインド人だけが奴隷のままでいなければならないのか。この機をつかめ、立ち上がれ」。ほとんどのビラは、一九一九年に起こったアムリットサル虐殺事件の場面を描いたような漫画を使って岩畔らのメッセージを伝えていた。この事件は、パンジャーブ州にいた英軍上級将校が非武装のデモ隊に対して発砲を命令したものである。このように、岩畔はシンガポールから来た日本の有名な絵描きの助けを受け、反乱を扇動するプロパガンダの製作に打ち込んだ＊17。

岩畔のすべての才能と資源をもってしても、インドにおける反乱を扇動することはできず、また指揮下のインド人らの反乱を防ぐこともできなかった。英国は長い間、インド帝国を厳しい監視下に置いてきた。スバス・チャンドラ・ボースは、第一次世界大戦後にケンブリッジ大学へ留学していた際に、「故郷のベンガルでは警察に四六時中監視されるような雰囲気の中で育った」と語っており、英国がいかにリベラルで寛容な国であるか感銘を受けたという。日本との戦争が勃発したことで、英国は転覆・破壊工作に対する警戒心をより一層強めた。

一九四三年四月、岩畔機関の工作員の一隊がボンベイ付近で英国側に拘束された。情報提供者のタレコミを受け迅速に行動した結果だった＊18。また、岩畔のプロパガンダに対抗して、英国はデリーから独自の番組を放送していた。これには、ニロッド・C・チョウドリーなどのインド人の協力があった。チョウドリーはベンガルの著名な民族主義者であり、スバス・チャンドラ・ボースの兄サラト・チャンドラ・ボースの政治秘書を務めたこともあった。一九四二年一一月にデリーからのニュース放送で岩畔機関のインド人工作員R・ディロン少佐がビルマでの作戦中に英国へ亡命したと報じた。英国はこの一件で大騒ぎし、岩畔機関内部に不和が広がっているとした。そしてラース・ビハーリー・ボースは日本の傀儡に過ぎず、インド国民軍は見せかけの戦力に過ぎないという放送をした。

ディロンの亡命に関するニュースが岩畔の元に届いたのは、ビルマの組織を視察していた一一月初旬のことだった。岩畔と共にいたのは、インドでの作戦の前任者で、南方軍の情報参謀将校となった藤原岩市《ふじわらいわいち》少佐だった。岩畔はディロンの上官だったギル中佐をすぐさま呼び出し、藤原らと共にギルを尋問し、ディロン亡命の責任を追及した。ギルは無実を主張したが、岩畔はこれに満足せず、更なる尋問を憲兵隊に託した＊19。

一一月下旬には、岩畔は危機に直面していた。岩畔の鋭い知性と政治的洞察力をもってしても、藤原のようにインド人を巧妙に操ることはできなかった。岩畔はインド人に対して温かさや誠実さを見せなかっただけでなく、藤原がインド国民軍司令官に選んだ人物を承認しなかったのだ。モハン・シンは、岩畔から見ると「熱血漢」過ぎたのだ。さらに岩畔は、インド国民軍に志願したインド人捕虜に大して関心がなかったのだ。帝国陸軍では将校や部下に、投降という不名誉よりも栄誉ある死を選ぶよう教育していた。そのためか、岩畔は、そもそも自らの意思で入隊し忠誠を誓った英国領インド軍を裏切り、日本へ投降するという恥を晒したインド人将校を認めることはできなかった。入隊しなければ飛行場などの軍事施設建設の労働者として働かされると知るとインド国民軍へ志願する者が殺到したことを聞いた岩畔は、軽蔑の念をもったという。

岩畔はまた、インド国民軍の役割に不満を持つインド人将校達とも争わなくてはならなかった。一連のマレー侵攻作戦の際に藤原に勇気づけられたモハン・シンは、大軍を率いてインドに侵攻することを要求した。岩畔は藤原がシンと結んだ約束に縛られることなく、あくまでもインド国民軍は岩畔の情報活動のための小部隊であることを明言した。岩畔機関は、インド国民軍の隊員をラジオ放送、工作員潜入、その他の隠密活動に利用することになった。インド国民軍のパレード写真は、実際の軍事作戦の準備というよりも、むしろプロパガンダ用であった。こうしてシンは、投降した英軍の装備品以外は何も装備していない、わずか一万五千人の小さな部隊の指揮権を握った。さらに、全インド人捕虜の管理をしたいという彼の要求を岩畔は無視した。帝国陸軍は、インド国民軍に従軍しなかったインド人の多くを東南アジアから南太平洋の地域に送り込み、労働分遣隊として過酷な労働に従事させた*[20]。

モハン・シンがインド国民軍の司令官としての役割を粛々と果たさなかったことが、岩畔にとっての不幸であった。五月のバンコク会議の後、岩畔はインド独立連盟とインド国民軍を代表して対等な同盟への請願項目を連ねた請願書を東京に送っていた。これを受け取った大本営は、南京の親日政権よりもさらに「道理がない」と憤慨した。首相兼陸軍大臣の東條英機は、この請願書こそ岩畔がインド人を野放しにしている証拠だと考えた*[21]。かなりの時間が経ってから曖昧な回答を送ったが、インド人はこれに怒ると同時に、岩畔には力がないことに気づいた。南方軍がサイゴンからシンガポールへ移ったことに伴い、岩畔機関本部もバンコクからシンガポールへ移転した。この時インド独立連盟も一緒に移ったことで、岩畔の問題はさらに大きくなっていった。インド独立連盟とインド国民軍が同じ都市に存在したことは、モハン・シンとラース・ビハーリー・ボースの間の指導者争いをさらに悪化させた。野心的なインド国民軍の司令官シンは、インド独立連盟の指導者ボースを軽蔑し、傀儡としか見なかった。そして「中村屋のボース」と嘲笑した。ボースは、インド国民軍こそ政治的権威に服従したと主張した。モハン・シンは、要求が受け入れられない限り、岩畔機関に協力しないと繰り返し脅した*[22]。

一二月七日の会議で問題は明らかとなった。岩畔は、モハン・シンとその支持者が「親英派と第五列分子」の影響下で活動をしていると非難した。藤原岩市は岩畔を支持する一方で、藤原の誤った助言の犠牲にしてしまったと擁護した。袋小路に陥り憤慨した岩畔は、自身の機関からシンを排除してもらうよう南方軍総司令部に依頼した。一二月八日、憲兵隊はモハン・シンに、前月のディロンの亡命に荷担した容疑でギルを逮捕したと伝えた。同日、日本は反乱防止のためインド国民軍を武装解除した。一二月二九日、岩畔はモハン・シンを執務室に呼び出し指揮を解いた。モハン・シンは建物を出たところで憲兵隊に逮捕され、戦争の残りの期間は捕虜として過ごした。

インド国民軍を一掃し武装解除したが、岩畔は後始末をしなくてはならなかった。岩畔機関の軍事課長である小川少佐に新しい指揮官を探すように命じた。小川は、インド国民軍に参加したインド人将校の中で最も階級の高いJ・K・ボンスル中佐を選んだ。彼はエリート校であるサンドハースト王立陸軍士官学校の卒業生だった。岩畔はまた、情報作戦を継続するためにも組織の政治的な体制を強化しなくてはならなかった。一方、ラース・ビハーリー・ボースは司令官不在というインド国民軍の混乱を取りまとめたことで信頼を獲得した。しかし、日本と親密であることが指導者として適格か疑念を抱くインド人も多かった。ボンスルはベルリンからスバス・チャンドラ・ボースを招聘することに賛同していた*23。さらに、岩畔と現地視察に来ていた参謀本部第二部部長の有末精三《ありすえせいぞう》少将は、帝国陸軍のインド作戦の再構築に最適な指導者として、スバス・チャンドラ・ボースを指名することで一致していた*24。

岩畔は、この混乱に対する責任を取らなくてはならなかった。ディロンの亡命、ギルの逮捕、そしてモハン・シンの逮捕は、連合国のプロパガンダが転んでもただでは起きないことを証明し、日本のインド人に対する一連の人心掌握作戦の失敗を意味した。岩畔機関は最高に優れた資源と大きな期待をもって設立され、約五〇〇人の組織を指揮し、巨額の極秘予算も投じられた。しかし岩畔はそれに見合う成果をあげることはできなかった。そうした中、岩畔は南方軍総司令部に問題点をひた隠しにした報告書を送り続けることで表面を取り繕った＊25。岩畔がインド国民軍の司令官を逮捕したことで、岩畔の時代は終わりを告げていた。

岩畔の評判が悪くなったのは、南方軍参謀情報将校の藤原少佐の存在があったからだろう。シンガポール陥落後、藤原の成功の頂点時に後任として着任した岩畔と比べて、藤原は藤原機関とインド国民軍の創設者としての役割に強いプライドを持っていた。藤原は岩畔のインド人協力者への接し方に危うさを薄々感じていた。藤原は、岩畔が彼のF機関を維持するか、あるいは藤原を側に置いておけばよかったのではないかと考えていた。実際は、岩畔は満州国や華北のベテランを岩畔機関に呼び寄せたが、藤原の考えではこの人選は帝国陸軍の中でも、横柄な者の集まりで最悪であった。藤原がインドの作戦を指揮していれば、モハン・シンは起用され続けていただろう。結局、岩畔は一九四三年三月に第二五軍に加わるように命令を受けた。岩畔の新たな任務は征服されたオランダ領東インド諸島のスマトラ島での軍事行政への従事であった＊26。かつては将来の陸軍大臣候補とまで言われていた岩畔にとって、この異動は出世に終止符を打つものだった。同月少将へ昇任したが、事実上の追放となったのだ＊27。

光機関

モハン・シンの逮捕後、インド計画の建て直しを図るべく大本営では、その解決策をアドルフ・ヒトラーに求めた。ベルリンにはインドを代表する民族主義者のスバス・チャンドラ・ボースが亡命中であった。眼鏡をかけた丸みを帯びた顔には獰猛《どうもう》な性格が隠されていた。この燃えるベンガル人は、かつて、ガンジー、ネルー、その他の議会党指導者達と共に政治的脚光を浴びた。数年前に蔣介石と仲違いしていた国民党の汪兆銘を南京の日本従属政権のトップに据えた帝国陸軍参謀本部第二部は、このボースに目をつけた。ボースにはアジアのインド人を惹きつけるカリスマ性があった。問題は、ボースを日本に引き渡すようヒトラーを説得することだけだった。

参謀本部第二部の関心の中心は、インド独立という壮大な筋書きの中でいかにその役割を果たすかであった。スバス・チャンドラ・ボースは一八九七年一月二三日にベンガルのヒンドゥー教の名家に生まれた。富と知性を兼ね備えたボースはケンブリッジ大学に進み、卒業後はエリートだけに許されるインドの公務に就いた。それは大英帝国のインド人が成功を収める王道であった。一九二〇年に受験したインド高等文官試験では四位の成績を収め合格となったが、ボースはあえてエリートコースを捨て、インドの自由のために政治活動家として岩だらけの道を選んだのだった。未発表の自伝の次の一節が当時の彼の考えを浮き彫りにしている。「私は代償を支払う覚悟があれば、一〇年以内に、そしてそれよりも前に、必ずや故郷の内政自治を獲得できると信じている。その代償とは、犠牲と苦難から成り立っている。犠牲と苦難の土の上でのみ、我々は国家の基盤を築き上げることができる。もし、私達が自身の仕事に固執し、自身の利益にだけ目を向けていれば、五〇年経ったとしても故郷の自治を手にすることはできないであろう」＊28。

ボースは国民会議派に参加し、その指導者の一人としての地位を確立した。英国の刑務所で服役したこともボースの経歴の特徴である。ボースは、非暴力を説きながら英国支配に反対したガンジーの政治哲学や戦術には異議を唱えた。ボースは早くから武装抵抗に傾いていた。一九三七年から一九四一年一二月まで政治秘書だったボースの兄ニロッド・C・チョウドリーは、この間に英国の戦時プロパガンダに参加し、一九二八年一二月にカルカッタで開催されたインド国民会議での若き日のボースの示威運動について回想している。「そこで、スバス・ボースは彼が掲げる軍国主義を演劇で表現した。ボースは志願兵団を組織し、志願兵に軍服を着せ、志願兵の模擬騎兵隊の男達には鉄鎖の肩章まで付けた」。チョウドリーは、ボースと意見が合わなかったこととインドの民族主義の方向性も違ってきたことから、戦後はインドを離れ英国に住んだ。チョウドリーは、民族主義者のボースが英国の仕立屋が英国の生地で仕立てた軍服を着ていたことを皮肉を込めて嘲笑した＊29。

インドの独立を求めたボースは、一九三〇年代にヨーロッパ大陸に渡り、そこでアドルフ・ヒトラーやベニート・ムッソリーニと出会った。また、一九三四年には初めて会ったオーストリアの若い女性エミリー・シェンクルと恋に落ちた。しかしインドが解放されるまで結婚はしないと宣言していたボースは、公の場でその宣言を放棄した場合の政治的な影響を避けるため、エミリーとの婚姻は隠さざるをえなかった。

インドに戻ると、ボースの政治的人気が高まっていた。故郷のベンガル地方カルカッタの領主となり、国民会議派の党首にもなった。しかし、ガンジーの後継者として党を率いるところまではいけず、結局ボースは党首の地位を失った。その後、国民会議派の指導に反発し、過激な政治姿勢を取るようになった。一九四〇年七月、英国当局はボースを煽動《せんどう》罪で逮捕し自宅軟禁状態にした。国内での政治的立場を失ったボースは、ヨーロッパの枢軸国に身を投じるためインドを脱出した。まず北西辺境を越えてアフガニスタンに入った。カブールでは英国工作員の脅威に晒されたが、イタリア大使から偽造パスポートを入手し、セニョール・マッツォッタとしてソ連経由でドイツに向かった。一九四一年三月二八日、ボースはモスクワからベルリンへ飛んだ*30。

東京では、大本営が亡命中のこのインド人指導者に関心を示していた。ボースがベルリンに到着したころ、参謀本部は大島浩大使にボースについて報告するよう指示した。大使に任命される前は武官としてベルリンで勤務していた大島は、この仕事を武官事務所に勤務していた航空将校山本敏《はやし》大佐に任せた。一〇月下旬、ドイツ外務省の許可を得て、大島と山本はボースを日本大使館に招待した。ボースが大使館に到着すると、大島らに岡倉天心《おかくらてんしん》のアジア主義の連帯に関する本『東洋の理想』に感銘を受けたことを述べ、二人を驚かせた。続けて、日本の中国に対する宣戦布告なき戦争への正当性を二人の将校に単刀直入に尋ねたのだ。しかし、こうした実直過ぎるボースの態度を見かねて、それ以降のボースとの面会は週に一度くらいとなった。

ボースの日本に対する関心は、大島や山本と知り合う頃には非常に大きくなっていた。多くのアジア民族主義者と同様に、ボースは日本人に対して二つの考えを持っていた。日本が西洋の植民地主義に抵抗しヨーロッパ列強やロシアに戦争で勝利したことに感銘を受ける一方、中国における日本の行動はボースを悩ませた。一九三七年に発表された記事にボースの感情が次のように捉えられている。

「日本は自らのため、アジアのために偉業を成し遂げてきた。今世紀の幕明けに日本が再び目覚めたことは、アジア大陸全体に興奮をもたらした。日本は極東における白人の威信を打ち砕き、軍事面だけでなく経済面でも欧米の全ての帝国主義大国を守りの姿勢に追い込んだ。日本はアジア民族としての自尊心を非常に敏感にそして正しく感じている。日本は極東から西欧列強を追い出そうと決意している。しかし、帝国主義によるものではなく、中華民国を解体することなく、また、誇り高く文化的な古代民族を傷つけることなく、西欧列強の追放はできないのだろうか。それは無理なのだろう。日本への称賛はあるが、我々アジア人の心は日本が試練を課した中国と共にある」＊31。

シンガポール陥落翌日の一九四二年二月一六日、ボースは大島と山本に面会を申し入れた。ボースは、自分をアジアへ送り込むようにと要請した。ベルリンでは、ボースは北アフリカで捕虜となったインド陸軍の軍人から構成される **Indian Legion**（Free India Legion またの名を第九五〇インド歩兵連隊）という小規模部隊の設立に成功していた＊32。しかし、**Indian Legion** を率いてドイツ国防軍と共にソビエトを横断しインドに進出するというボースの夢は、一九四一年一二月の赤軍による大規模な反撃で薄れていった。日本がシンガポールを掌握しラングーンに展開する中、ボースは政治家としての新たな未来像を見据えていた。勝利を収めた帝国陸軍がインドの東の辺境にいて、何十万ものインド人捕虜と東南アジア人の先頭に立っている光景がボースの目に浮かんだようだった。後はボースについていたドイツ人後援者を捨てるだけであった。大島と山本はボースの提案を聞き呆れていた。大島と山本はボースとの連絡を保つのが任務だったが、ボースにドイツから離れるような提案はしなかった。二人は速やかに東京に電話し、ボースの提案を報告した。

提案に対する回答をボースからしきりに迫られていた大島と山本だが、大本営の対応は遅々として進まなかった。日本には既にラース・ビハーリー・ボースという信頼のおけるインド人代表がいた。それにベルリンの利益も考慮しなければならなかった。複数の言語を話し、独自のプロパガンダを構成した熱烈な演説家であるスバス・チャンドラ・ボースはドイツにとって貴重な戦力であったし、ドイツ軍も中東やインドの問題について専門知識が乏しい分野はボースに相談していた。さらに、ドイツは最終的な勝利後、戦後のインド政策の一環としてボースを利用しようと画策していた。

一九四二年後半、ボースをアジアに連れてくることについてドイツから同意を得た。大島はこのことをボースに伝え、ヒトラーとの会談を手配した。ドイツの独裁者は、アジアから大英帝国にさらに打撃を与えることになると考え、ボースのアジア行きを同意した。ボースの到着に備えるため、山本は一二月にシベリア鉄道経由で東京に向かった。

ボースがアジアに向かうためには、帝国陸軍は適切な経路を検討しなくてはならなかった。大英帝国からの逃亡者であるボースは山本と共にシベリア鉄道に乗ることは不可能だった。ソビエトがボースを同盟国英国に差し出すリスクが大きかったためだ。また、ドイツからはソ連領空を経由して日本占領下の内モンゴルにボースを連れて行くという提案があったが、これは日本を対ソ戦へ参戦させるためのドイツの策略と見た日本はこれを却下した。イタリアからマレーに空路で運ぶ案も出たが、これも棄却された。結局、枢軸国間での取り決めとして、占領下フランスのブレスト港からドイツの潜水艦でボースを送ることになった。大島大使は一九四三年二月にボースの送別会を開いた。その後、ボースはドイツの潜水艦に乗りフランスから出港した。Uボートは南下する前に一度グリーンランドへ進み、その後連合軍の哨戒を避けるために大西洋の真ん中を航行した。マダガスカル沖で、ドイツの潜水艦は待機していた日本の潜水艦と接触、ボースの乗り換えが行われた。こうしてボースは占領下のオランダ領東インド諸島に到着した。五月六日、スマトラ島北部の帝国海軍基地に疲れ果てたボースが足を踏み入れた。そこには山本大佐が出迎えに出ていた。

岩畔の後を次いでインド作戦の長に就任した山本は、日本の指導者との会談のためにボースをすぐさま東京に案内した。五月一六日に宿泊先の帝国ホテルで陸海軍の各参謀総長、海軍大臣、外務大臣との一連の会談が行われた。会談初日にボースは、軍事情報部長でインドでの作戦の最高責任者である有末精三中将とも会談した。また、山本はボースを連れ横須賀海軍基地や多くの学校、工場、街などを見学した。六月一〇日頃、ボースは東條首相と会談した。東條はこれまでの岩畔主導のインド作戦に対して好感を持てなかったが、ボースの率直な人柄と活力に感銘を受けた。東條は六月一四日にボースと二度目の会談を行い日本の支援を約束するも、日本によるインド侵攻というボースの要求に対しては明確な回答を避けた。

ボースは六月一九日に帝国ホテルで日本で初めての記者会見に臨んだ。六〇人程の日本人記者と外国人記者を前に話をした。ボースは、敵性言語である英語を使うことを謝罪した後、インド独立のために長年戦ってきたことを熱心に語り始めた。一九〇五年の日露戦争に勝利して以来、日本はアジアの覇者であると称賛し、独立したインドと日本の友好関係が今まで以上に緊密になるだろうと話した。その二日後、ボースはNHKでインドに向けた初めてのラジオ演説を行った。また六月二三日、ボースは東京の日比谷公会堂に集められた群衆に向けて演説の準備をした。こうして強烈な印象を残したボースは、山本大佐と共に東京を離れシンガポールに向かった。

東京で二人のベンガル人を引き合わせた山本には、インド指導者の座をラース・ビハーリー・ボースから、より有力なベンガル人民族主義者であるスバス・チャンドラ・ボースに移すという任務があった。二人の初会合でラース・ビハーリー・ボースが指導者の座を明け渡した。七月四日、山本はシンガポールでのインド独立連盟の大集会でリーダーの交代を発表した。スバス・チャンドラ・ボースが指導者になることに伴い、二人はインド独立連盟に相互尊重の念を伝えた。七月初旬、日本のラジオは、ボースがシンガポール入りを果たす前にインド国民軍の初の公式軍事パレードを大々的に放送した。この放送によると、ベンガルの新指導者は熱烈な演説をしたという。それは、インドへの進軍が間近に迫っていることを示唆するものでないにせよ、壮大で劇的な演説であったという。インド国民軍への勧誘放送を傍受していた米情報将校は、「東京は若い軍隊を軍事兵器ではないにせよ、プロパガンダとして利用している」と報告している＊33。

インドに対する英国の支配力を揺さぶる方法を探していたボースは、自身のインド独立への信念を切り離し、任務を遂行しなくてはならなかった。ボースのアジア到着は遅れたが、前回のベルリンからの演説放送で訴えるよりも、インドの東の玄関口から放送するのでは、聴衆への説得力は全く違っていた。しかし、インドでの最大の反乱活動は失速し始めていた。一九四二年の夏、国民会議派による「インドから出ていけ」運動（Quit India）は英国支配を脅かした。インドの神経質な支配者達は、不安の火種に水を掛けるために迅速に行動し、情報機関と警察機構は、亜大陸全域にわたってガンジーや国民会議派を標的にして逮捕した。その結果、一〇万人以上が英国の網にかかったのである。こうしてボースは、彼を支持する人物らが投獄されているという困難な状況で対英扇動を主導しなくてはならなかった＊34。

ボースが渦中に到着したことで、帝国陸軍はディロンの亡命とインド国民軍の高級幹部逮捕というプロパガンダ上の障害を打開することが期待できた。日本はさらに、政府樹立を求めるボースの要求に同意することで、インドでの作戦のイメージ向上のために動いた。一〇月二一日、インド独立連盟はシンガポールで大規模集会を開き、自由インド仮政府（ＰＧＦＩ）の設立を承認した。ボースは首相と外務大臣に就任した。インド独立連盟はボンスルをインド国民軍の司令官として承認した。ラース・ビハーリー・ボースは自由インド仮政府の最高顧問に留任した。亡命中のスバス・チャンドラ・ボースはこの時、日本が支援する政府の首班となり、一〇月二四日に英国、米国に宣戦布告した。また芝居がかった演出を得意とするボースは、インド国民軍という小さな部隊に攻撃準備を開始するように命じた。こうした情勢を作り出した山本は、その後東京に向かい、アジアの同盟国と共にアジア主義団結の祝賀会に参加した＊35。

ボースは一〇月三一日、大東亜会議に参加するため東京に到着した。領土を持たない唯一の指導者であるボースは傍聴人として参加した。一一月五日から六日にかけて帝国議会で開催された会議は東條首相が議長を務めた。この会議には日本のアジアの同盟国が一堂に会した。参加者は、南京の汪兆銘、満州国の張景恵《ちょうけいけい》首相、フィリピンのホセ・ラウレル大統領、ビルマのバー・モウ首相であった。この同盟国の中で唯一、建国や独立にあたって日本の影響を受けていないタイの首相が欠席していたのが際だっていた。タイは代表者招待には応じていたが、同盟各国がすでに守勢であることを憂慮し、首相の代わりにワンワイタヤーコーン親王を派遣した。

ボースは領土を治めていた訳ではないので、その豊かな雄弁術をもって領主としての権威を補った。彼はインド解放のためのアジアの連携を呼びかけた。バー・モウはインドの独立なくしてアジアの解放はありえないと宣言することでこれに応えた。この会議に集まった戦時中の日本の代表者達もまた、英国との戦いにおける自由インド仮政府への揺るぎない支援を表明した。ボースにとって、大東亜会議は最も輝いた時だった。ある英国の歴史家の言葉を借りれば、彼は「アジアの中で日本人と共闘した素晴らしい政治家であったが、どの領土も支配していなかった」＊36。

山本大佐は、ボースのアジア進出とその後の表舞台の演出に加えて、岩畔の後任として帝国陸軍のインド作戦長としての責務を負っていた。一九四三年五月に山本がこの任務に就いた時、山本は岩畔機関を「光機関」と改名し再出発の合図を出していた。「光」という言葉には、陽の光が東から昇るように、インドの解放を支援するという意味が込められていた。山本は自由インド仮政府の宣戦布告と差し迫った攻撃に伴い、光機関の本部をビルマに移した。北部中佐はビルマの機関長として留任したが、小川少佐は引き続きインド国民軍の指揮を執った。小山が帝国議会議員に復職した後、中野学校卒業生である金子昇大尉がペナンの工作員養成所の指揮をすることとなった。岩畔の指揮下でインドでの作戦に参加していた中野出身者の多くは光機関の基幹要員を担っていた。藤原岩市少佐は南方軍総司令部からラングーンの第一五軍司令部の情報参謀に異動し、インド国民軍と共にビルマに移った。山本の指揮下、光機関はインドへのラジオプロパガンダを継続していた。ペナンとビルマの秘密基地で訓練を受けた光機関要員は、潜水艦や航空機でインドに潜入し、政治、軍事情報を集め続けた。一九四二年半ばに日本が攻勢から守勢に転じたため、インド東部の連合国の軍事増強に関する情報は特別重要だったのだ。

　新しい指揮官と名称だけでなく、帝国陸軍機関のインド作戦の役割も変わった。これは、大本営がインド北東部からと予想される連合軍侵攻を阻止するため、一九四四年に同地域への侵攻作戦を承認したことによるものだった。南方軍が最初にインド侵攻を検討したのは一九四二年で、インドの指導者らが「インドから出ていけ」運動を展開している、まさに英国の運がどん底状態にあった時期であった。東京の最高司令部は南方軍にインド北東部侵攻を許可していたが、牟田口《むたぐち》廉也《れんや》中将やビルマの現地司令官の強い反発に遭い、辺境のジャングルを進む作戦は不可能だと却下した。皮肉なことに、日本側が不可能と考えていた作戦を、連合軍がインドからビルマへの強襲という形で成功させたことで、牟田口らは考えを改めることとなった。牟田口が地上戦の可能性を信じるようになったことと、連合軍がインドでの不穏な動きを見せていることから、日本の一連の侵攻作戦計画は復活することとなった。一九四三年九月、大本営は第一五軍にインド北東部への侵攻準備を許可した。

　光機関の主要な役割の一つは戦闘支援であった。山本の組織は、インパール侵攻作戦ではインド国民軍強襲部隊の指揮を担当していた。戦争の局面が日本にとって不利になる中、大本営は通常部隊に加えて小規模コマンドー部隊を展開することに力を入れていた。ビルマでは、中野学校で教導隊長であった小松原《こまつばら》朔男《あきお》大佐が森部隊と呼ばれるコマンドー分隊を創設していた。一連のインパール作戦に先立ち、小松原の部隊は光機関に参加した*37。

　一九四四年一月七日、戦闘支援の役割に合わせて光機関には新たに「南方軍遊撃隊司令部」という名称が与えられた。これより前に、山本は光機関の要員を除いて新たな任務のために部下を任地に向かわせていた。一月中旬、磯田三郎中将がシンガポールへ到着し、新設の遊撃司令部の指揮を執ることとなった。磯田は真珠湾攻撃前の最後の武官としてワシントンで二年間勤務していた。日本に戻った後は中国の師団を指揮していた。山本は磯田の上級参謀将校として残った。

磯田は司令部をシンガポールからラングーンに移し、来る一連のインパール作戦でのゲリラ作戦指揮に備えた。北部大佐はビルマの光機関長を務め、新司令部のインド部の指揮を執った。この部はインド国民軍の政治的、軍事的指揮を担当した。小川三郎中佐は引き続きインド国民軍の軍事統制を担当し、小松原大佐が強襲部の指揮を執った。ビルマ中部のマンミョに第一五軍司令部と共に戦闘指揮所本部が設置された。インパールに最も近いビルマとの国境沿いには、磯田指揮下の作戦課が次々と設置された。これまでと同様に、中野出身者が作戦の中心を担当した。五〇〇人の要員のうち一三〇人以上が中野学校出身者であった。光機関の任務再指定前から残った多くの要員に加えて、大陸各地で活動していた多くの中野出身のベテランらが密かにビルマに入り、インド北東部の一連の作戦に参加した*38。

磯田が指揮を執るようになって分かったのは、ボースは現実には何の根拠のない要求を頑固にしていたことだった。しかし、岩畔がインド国民軍の司令官を逮捕したという事件の後に、ボースのような大物指導者と対立すれば更なる大失敗が予期されたので、日本側はボースにはいくらかでも譲歩する必要があると考えていた。一連のインパール作戦で、ボースはインド国民軍が正規戦闘部隊として前線で戦えるよう日本側に働きかけた。ボースはまた、インド国民軍と帝国陸軍がアキャブにあるボースの政治拠点からカルカッタへ一気に侵攻することを要求した。ボースの野望は、ベンガル人を蜂起させ、カルカッタへ凱旋することであった。帝国陸軍はボースに代わってインド征服作戦を熱心に展開する気がないようだが、ボースはそれを受け入れたくないように見えた。英、米がビルマ奪還計画を遂行するのに重要地域となるインパール地域を確保することだけが牟田口の目標であった。

磯田はボースを静めようと、一連の軍事作戦における自由インド仮政府の役割とインドの領土の占領について合意を取り付けた。インド国民軍の兵士達は日本の小分遣隊として戦うのではなく、インド国民軍として戦うことになった。さらに、インパール地域を確保した後、行政権と警察権の行使を自由インド仮政府に委ねることも合意した。ボースは、頭の中では先を急ぎながら、インドと日本の高官を伴ってオープンセダンでインパールに凱旋したいという願望を口にしていた。また、ボースは、インド北東部の軍事政権の中核にインド国民軍第一師団を使おうと計画していた。牟田口は当面の戦闘に支障のない範囲でこの計画を了承した。しかし、ボースのチッタゴン侵攻要求のような本質に関わる問題は、日本は断固として拒否した。

ボースはファンファーレでインド国民軍を戦場に送り出した。インド人部隊は「デリーへ！」と声高らかに進軍した。しかし、帝国陸軍にはデリー攻略のための地上作戦計画はなかった。インド国民軍第一師団は帝国陸軍第一五軍の一員として前線に進出した。その主な任務は敵陣に強襲を行うことであった。第一五軍には小規模なインド国民軍分遣隊が同行していた。これは、情報収集のほか英国インド軍から同胞のインド人の脱走や投降を促すことが任務で、中野学校の元教官がインド国民軍第一強襲連隊を指揮していた。中野出身者の多数がインド国民軍の各部隊に配属され、指揮していた。このようにして、磯田の光機関はインド国民軍を率いて戦いに臨んだ。

日本の第一五軍がインドに向けて進軍を開始したのは一九四四年三月のことだった。すでにその時には、日本は制空権を失っていた。日本兵とインド人補助部隊は連合軍の航空攻撃を防御する術も全くない状態で戦っていた。連合軍は空路から十分な補給を受け、強固な塹壕を保持していた。こうした敵の陣地を攻撃目標に、帝国陸軍とインド人部隊は人や家畜で不定期に運搬される武器や食料を頼りに、山中の道なき道を進み、山を越え進軍していた。

第一五軍の正規師団が一九四二年以来、連合軍の防御がいかに手ごわいかを実感する最中、磯田のコマンドー達とインド国民軍の兵士達は別の問題に直面していた。第一五軍のインド人補助部隊は、英国インド軍兵士に戦闘をやめて投降させるという主要任務をほとんど遂行できないことが判明した。一九四二年の絶望的なシンガポール防衛の時よりも一九四四年のインパールの方が英国インド軍の士気ははるかに高かった。その二年前、藤原機関の日本人要員とインド人捕虜で構成された小部隊は、何千人ものインド人の投降を成功させていた。インド北東部での戦いでは劣勢にある日本側に立つインド国民軍の負けが明らかだったため、メガホンや拡声器、プロパガンダ広告では英国インド軍部隊に投降を促すことができなかった。また、インド国民軍部隊は連合国側のインド兵を見つけるのに苦労していた。インド国民軍の兵士達は第三三師団と行動を共にしていたが、そこで英軍のV部隊（V Force）に所属するエリート兵や現地に住む親英派の少数民族に遭遇した。南部に展開した他のインド国民軍の兵士達は、英アフリカ部隊と対峙していた＊39。

絶望的な状況にあった第一五軍が牟田口の無謀なインド北東部侵攻作戦に失敗すると、磯田のコマンドーとインド国民軍兵の生き残り達は七月、悪夢のようなビルマ退却作戦のために仲間と合流した。日本兵とインド兵は、航空攻撃、病気、飢えなどの苦難に耐えながら、容赦ないジャングルの緑の地獄を突き進んだ。前線での戦いや敵線後方での隠密作戦で生き残った者の多くは、こうした道なき道でその命を落としていった。全体で約六万人の日本兵がインパールでの一連の作戦で戦死した。自軍を養うのに十分な食糧がなかったため、日本の司令官達はインド人補助部隊に特別な配慮をしなかった。そのためインド国民軍の兵士の多くは脱走した。牟田口は連合軍の攻撃部隊が間もなく到着するであろう地域を制圧することに失敗したのだ。さらに悪いことに、牟田口はこの作戦でビルマの帝国陸軍に壊滅的な打撃を与えてしまったのだ。こうして、日本の新帝国の西の辺境は、連合軍の侵攻に対して無防備な状態となってしまった。

インドへの無謀な侵攻で、牟田口は自軍を壊滅に追い込み、磯田のコマンドー司令部とインド国民軍の戦闘部隊に終止符を打った。一九四四年六月、磯田と北部は前線視察から戻り、インド国民軍の縮小計画を立てた。インド国民軍の第一師団が壊滅したため、日本は第二師団をインド国民軍の主力戦闘部隊に指定した。しかし、インド国民軍は戦闘部隊としての価値もプロパガンダ活動の担い手としての価値もほとんど失われていた。第二師団以外のインド国民軍兵は、溝を掘ったり防御陣地の構築をしたり、帝国陸軍の物資を運んだりするなどの後方支援をしていた。つまり、磯田はインド国民軍の兵士達を冷遇したのである。これでは拠点要塞であるラバウルなどですでに労役に就いていたインド人捕虜と変わらなかった。

影の戦士達にとって、インパールでの一連の作戦は多くの人的犠牲を払うこととなった。中野出身者の多くは、前線でインド国民軍部隊を指揮したり敵線後方で活動したが、ラングーンに戻ることはなかった。磯田の指揮下にあった中野学校卒業生一三三人のうち五〇人を超える要員がインパール作戦か関連作戦で戦死した。光機関の成長と南方軍強襲部隊本部への改称を見守った磯田は、部隊の縮小を命じ、一九四五年一月に再度、名前を光機関に変更した。一九四四年八月に少将に昇進した山本敏は、一九四五年三月に中野学校を指揮するために光機関を離れた。

インパール作戦後の磯田は、スバス・チャンドラ・ボースの絶え間ない非現実的な要求への対処に終始追われることとなった。不屈のボースは、自分を国家元首として承認し、英国をインドから追放するために支援するように日本側に迫り続けた。日本はボースを静めようとした。最初にボースに自由インド仮政府の組織を許可した後、日本が占領したインド領アンダマン・ニコバル諸島をボースの権限下に置くことを宣言することで、日本は彼の要求に応えた。しかし、これらの島嶼防衛のために日本が「責任」を持ち続けることで、満州国の皇帝愛新覚羅溥儀と同様にボースはその権限を失った。

一九四四年一〇月下旬、磯田はボースを東京に連れて行った。決意の固いボースはこの旅を、磯田の伝手を使って彼の政府への日本の大使を獲得する機会と捉えていた。また、東條が七月に辞職し、拠点要塞であるサイパン島を失ったことに対する責任を取ったことがボースへの日本の支持に影響するかどうかも気になっていた。ボースは日本政府関係者があまり協力的ではないことに気が付いた。天皇陛下に拝謁した後、小磯國昭首相をはじめとする政治家、軍事指導者を表敬訪問したが、彼らは表面的な体裁だけで対処していることに気付いた。

この体裁は呆れたものであった。ある時、ボースは迎賓館から帝国ホテルに移されたが、ホテルでの扱いは一国の首班にしては満足できないものだった。帝国ホテルでは軍務局長佐藤賢了《さとうけんりょう》少将と第二部長有末精三少将と会談したが、彼らは、通常の外交代表ではなく、満州国をモデルにした関係を受け入れるよう提案した。満州国の高級軍事将校が傀儡帝国の大使を務めていたように、帝国陸軍が磯田に自由インド仮政府の大使を兼務させるというものであった。しかし、ボースは満州型の解決策に断固として反対した。

日本は面子を保ちながら譲歩した。外交官の蜂谷《はちや》輝雄を自由インド仮政府に派遣することに合意したのである。しかし、光機関は帝国陸軍のインド作戦実行権限を持ち続けたし、自由インド仮政府とインド国民軍の両者を指揮し続けることになった。また、シンガポールなどで鹵獲した英国の装備に加えて、日本の武器をインド国民軍に装備させるというボースのもう一つの要求には、日本は少しも譲歩しなかった。インド国民軍は一九四二年に鹵獲し老朽化した英国の武器を装備の主力として終戦を迎えることとなった。一九四四年の終わり、病を患ったラース・ビハーリー・ボースを訪問した後、磯田は連合軍の侵攻に備えるという困難な任務のためにラングーンに戻った*40。

機会の浪費

藤原のインド作戦当初の期待は、一連のシンガポール攻略作戦が完了すると薄れていった。岩畔機関の見事な組織をもってしても、対英戦という最も暗く重い時代にインドの動乱を抑えていた英国の警察機構や情報機関の前では、特筆すべき成果を上げることができなかった。戦況が不利になって初めて、東京は日本の指揮下でインド人部隊をインドへ派遣することに同意したのである。空路から補給を受け防御陣形を整える敵に対抗してインド独立連盟、インド国民軍は装備を整えたが、帝国陸軍共々敗北しビルマに撤退した。藤原、岩畔、指揮下にいた中野出身の将校達は、インド人部隊の軍事的妥当性が認められるまで、「補助」という役割しか与えられず、結果として彼らの努力は全て水の泡となった。

註

1 Geoffrey Moorhouse, *India Britannica* (New York: Harper & Row, 1983), pp. 153-158.
2 P. J. Marshall, ed., *The Cambridge Illustrated History of the British Empire* (Cambridge: Cambridge University Press, 1996), pp. 46, 78-79, 87; and Moorhouse, India, p. 220.
3 Kato Masuo, *The Lost War: A Japanese Reporter's Inside Story* (New York: Alfred A. Knopf, 1946), p. 21.
4 武藤富男『私と満州国』文藝春秋、一九八八年、三二四～三二五頁。
5 Cordell Hull, *The Memoirs of Cordell Hull* (New York: Macmillan Co., 1948), vol. 2, p. 1003.
6 岩畔豪雄「準備された秘密戦」『臨時増刊週刊読売』一九五六年一二月八日、読売新聞社、二二一～二二三頁。
7 Joyce Lebra, *Jungle Alliance: Japan and the Indian National Army* (Singapore: Asia Pacific Press, 1971), p. 80.
8 中野校友会『陸軍中野学校』四〇八頁。
9 国塚一乗『インパールを越えて―F機関とチャンドラ・ボースの夢』講談社、一九九五年、、一二二～一二二、一二七頁。
10 岩畔豪雄「岩畔機関始末記」『臨時増刊週刊読売』一九五六年一二月八日、読売新聞社、一二〇頁。
11 中野校友会『陸軍中野学校』四〇八～四〇九頁。岩畔豪雄「岩畔機関始末記」一一九頁。
12 桑原岳編『風濤：一軍人の軌跡』横浜、一九九〇年、一〇七頁。国塚一乗『インパールを越えて―F機関とチャンドラ・ボースの夢』一二二頁。
13 中野校友会『陸軍中野学校』四〇九～四一〇頁。国塚一乗『インパールを越えて―F機関とチャンドラ・ボースの夢』一二三～一二四頁。
14 中野校友会『陸軍中野学校』四一一～四一二頁。Ghosh, Indian, p. 104.

15 岩畔豪雄「岩畔機関始末記」一二一頁。

16 中野校友会『陸軍中野学校』四一二、四一九〜四二〇頁。

17 Marshall, *Cambridge*, p. 86; and Moorhouse, *India*, pp. 226-228. 岩畔豪雄「岩畔機関始末記」一二一頁。

18 中野校友会『陸軍中野学校』四一一頁。Subhas Chandra Bose, *The Essential Writings of Netaji Subhas Chandra Bose*, Sisir K. Bose and Sugata Bose eds. (Delhi: Oxford University Press, 1997), p. 26.

19 桑原岳編『風濤：一軍人の軌跡』一〇八頁。Ghosh, Indian, p. 118.

20 岩畔豪雄「岩畔機関始末記」一一九、一二一頁。

21 国塚一乗『インパールを越えて—F機関とチャンドラ・ボースの夢』一二五〜一二六頁。

22 山口源等「F機関潜行記」『臨時増刊週刊読売』一九五六年一二月八日、読売新聞社、七九頁。

23 岩畔豪雄「岩畔機関始末記」一二一頁。Ghosh, *Indian*, pp. 116-120. 桑原岳編『風濤：一軍人の軌跡』一〇八〜一〇九頁。

24 有末精三『政治と軍事と人事—参謀本部第二部長の手記』芙蓉書房、一九八二年、二六八〜二六九頁。

25 国塚一乗『インパールを越えて—F機関とチャンドラ・ボースの夢』一二七頁。

26 長崎暢子編『南・F機関関係者談話記録』アジア経済研究所、一九七九年、四一〜四二頁。

27 桑原岳編『風濤：一軍人の軌跡』一〇九頁。国塚一乗『インパールを越えて—F機関とチャンドラ・ボースの夢』一一九頁。

28 Bose, *Essential Writings*, pp. 30-31, 36, 38.

29 Nirad C. Chaudhuri, Thy Hand, *Great Anarch!: India, 1921-1952* (Reading, MA: Addison-Wesley Publishing, 1987), p. 316.

30 Louis Allen, *Burma: The Longest War, 1941-1945* (New York: St. Martin's Press, 1984), pp. 167-68.

31 山本敏「革命児　海を渡る」『臨時増刊週刊読売』一九五六年一二月八日、読売新聞社、一一二〜一一三頁。Bose, *Essential Writings*, p. 190.

32 Byron Farwell, *Armies of the Raj: From the Mutiny to Independence, 1858- 1947* (New York: Norton, 1989),

p. 331.
33　山本敏「革命児　海を渡る」一二三〜一二七頁。United States Foreign Broadcast Intelligence Service, *Foreign Broadcast Intelligence Report on the Far East*, no. 25, 21 July 1943. Record Group 262. National Archives.
34　Aldrich, *Intelligence*, p. 159.
35　中野校友会『陸軍中野学校』四三五〜四三六頁。
36　中野校友会『陸軍中野学校』四三六頁。Allen, *Burma*, p. 169.
37　中野校友会『陸軍中野学校』四二七、四三八〜四四八頁。
38　中野校友会『陸軍中野学校』四四八〜四五四頁。国塚一乗『印度洋にかかる虹　日本兵士の栄光』光文社、一九五八年、一七五頁。桑原岳編『風濤：一軍人の軌跡』一一三頁。
39　中野校友会『陸軍中野学校』四五五〜四五六、四六六〜四六八頁。国塚一乗『印度洋にかかる虹　日本兵士の栄光』一七六頁。
40　中野校友会『陸軍中野学校』四六六〜四七一頁。伊藤貞利『中野学校の秘密戦―中野は語らず、されど語らねばならぬ　戦後世代への遺言』中央書林、一九八四年、二〇〇〜二〇三頁。桑原嶽「ビルマ戦線、印度国民軍の雄図と挫折」『歴史と人物』一九八五年一二月、中央公論社、三〇五頁。

5 フィリピン：マニラでの諜報活動、ジャングルのコマンドー

一九四四年一二月、連合軍の攻勢が勢いを増し始めた頃、中野学校二俣分校の第一期生小野田寛郎《おのだひろお》少尉とその仲間達はマニラに向けて飛び立った。帝国陸軍はその年の九月、二俣分校を開校しコマンドー戦術の訓練を行っていた。戦況がますます日本に不利となっていく中で、帝国陸軍は連合軍の軍事的優位性に対抗するため、特殊戦に注目していた。中野出身者達は、ニューギニア東部で非正規戦の価値を初めて示したのだった。小火器と登戸研究所で開発された特殊焼夷手榴弾のみという軽装備で、ニューギニアの「緑の地獄」とされるジャングルで連合軍部隊を相手に幾度となく強襲を成功させてきた。他の二俣分校の卒業生達は、特殊訓練の成果をフィリピンで発揮した。

二俣分校

一九四四年九月一日、帝国陸軍に新設された特殊戦訓練所の第一期生として約二二〇人の若い予備役と現役の軍人が集められ、入校式が執り行われた。その中に小野田寛郎がいた。田島洋行貿易商社の社員として中国の漢口で数年を過ごし、その後も中国で任務に就き、中国語も話せる若い予備役将校である。同

期生であり友人であった末次一郎《すえつぐいちろう》は、入隊前には朝鮮に住んでおり、従軍のため帰国していた。小野田の他にも、コマンドー養成課程の兵員を探していた募兵官の目に留まる経歴や軍歴を持つ者達がいた。特殊作戦に有望な兵士を送ることを任務としていた各部隊司令官は、候補者の中の上位三、四人を東三三部隊と呼ばれる二俣分校へ送り込んでいた*1。二俣は現在の静岡県天竜市（現在は浜松市へ合併）にある町である。何の変哲もない軍用地に木造建ての教室を用意し、帝国陸軍はここで非正規戦を牽引するエリート幹部を養成する教育課程を開始した。

小野田らが二俣分校で訓練を開始した頃、帝国陸軍は攻勢から圧倒的な包囲に対する防御態勢へと移行していた。帝国海軍が一九四二年六月のミッドウェーで大打撃を受けた直後、陸軍はガダルカナル島を奪還しようとして大損害を被った。米軍部隊は八月、南太平洋の戦略上重要な地点にあるこの島に飛行場を建設するため上陸した。ガダルカナル島をめぐる日米の数か月の戦いは、結果として帝国陸軍に死傷者を出しただけだった。一九四二年末、帝国陸軍が中国の首都重慶への最終攻撃計画を中止したのは、この遠く離れた島へ膨大な資源を投入するためだった。一二月三一日、大本営は戦闘継続は不可能として、残存する日本軍部隊をガダルカナルから撤退させることを決めた*2。

また、戦前にオーストラリアが保持していた巨大な島ニューギニア東部でも日本は反撃に遭っていた。世界で二番目に大きな島であるニューギニアは、珊瑚海を挟んでオーストラリアの要所である東海岸の北にあり、戦略的な位置を占めている。開戦時、日本はこの島の南海岸にあるポートモレスビーの制圧を計画した。この島の主要都市を制圧すれば、日本はそこからオーストラリアを攻撃することが可能になる。米国がオーストラリアに兵員と軍需品を投入し、日本攻撃の南方拠点化を阻止するため、帝国陸軍は少なくともニューギニア東部を押さえなければならなかった。

一九四二年五月、帝国海軍は珊瑚海海戦で米海軍にかろうじて勝利を収めたが、大きな損害も被ったため、計画されていたポートモレスビーへの水陸両用攻撃作戦を中止した。七月に堀井富太郎少将は南海支隊をニューギニアの東海岸に上陸させ、島の中央をジグザグに走るオーエンスタンレー山脈を越えてポートモレスビーへの陸上侵攻を行った。事前に適切な偵察や補給もせず、世界でも最悪の地形の中を走る小道に沿って、南海支隊は密林の中を突き進んでいった。九月までに、堀井の部下達はオーストラリアの軍勢を退け、主要都市まで約五〇キロの地点にまで到達した。しかしその頃、帝国陸軍はガダルカナルで負け戦を戦っており、堀井の南海支隊のために人員や物資を補給することはできず、九月二五日には南海支隊は撤退を命じられた。こうして、南海支隊の生き残りは飢えに苦しみ、よろめきながらニューギニアの「緑の地獄」を歩き進んだ道を戻り、命からがら海岸へ戻ったのだった。

ニューギニアで実証された成功

中野学校卒業生の田中俊男《たつお》伍長、山田政次《まさつぐ》伍長、そして一三人の下士官が、優勢な敵部隊に対する遊撃戦術が有効であることをニューギニア東部で実証していた。長崎で生まれた田中は、一六歳の時に日本海を渡り、植民地であった朝鮮で新たな機会を探し求めていた。京城（ソウル）にある朝鮮ホテルで働きながら禅林商科大学夜間校に二年間通い、一九四〇年三月に卒業した。卒業後すぐに兵役に志願し、一年後には長崎の部隊の下士官候補生となっていた。翌年、田中は連隊長の推薦を受け、福岡で秘密裏に行われた入試を経て中野学校に入校した。当時の写真には、黒のスーツにネクタイ、中折れ帽、胸ポケットにはハンカチーフという、若き情報将校の「制服」に身を包んでいた。田中は一九四三年四月に中野学校を卒業した。その二か月前、日本はガダルカナルから撤退を始めていた。日本の南方防衛が危ぶまれる中、田中は広島の宇品港で南へ向かう船を待った。

宇品は一八九四～九五年の日清戦争以来、兵員輸送船の出港地として重要な役割を担ってきた港である。宇品に集まったのは、田中と中野学校卒業生一四人であった。その中に同期生でやはり長崎出身の山田政次がいた。また、日本最南端の沖縄からは高良弘助《たからひろすけ》、最北端の北海道からは加藤正種《まさたね》と、日本各地から要員が集められた。親友だった田中と山田は、宇品で待機している間、広島市内のバーやキャバレーによく出入りしていた。

第一次世界大戦後、ドイツ支配から日本の統治下に移ったカロリン諸島のパラオでは、田中が島で知り合った軍関係者から手に入れた特別パスを使って山田と高良を連れて街に繰り出した。戦争前の数日間、最後の休息時間を南国の風景と共に楽しんだのだ。

ニューブリテンの東端にある日本の強大な要塞であるラバウルから、田中、山田らがニューギニアに向かって飛んだ。トレス海峡と珊瑚海によってオーストラリアとは隔てられているニューギニアは、戦争大国日本のオーストラリア大陸への足がかりとなるはずであった。一九四二年五月の珊瑚海海戦はかろうじて勝利したものの、帝国陸軍のポートモレスビーでの水陸両用上陸作戦計画は断念せざるを得なかった。日本の陸軍部隊は、地獄のようなジャングルとココダ・トラックの山道に苦労しながらポートモレスビーに向かって行軍した。日本にとってポートモレスビーの占領は、トレス海峡を挟んだオーストラリアのクイーンズランド州やその南の目標地域へ侵攻する際の拠点となる港の獲得を意味していた。しかし、日本の南海支隊はポートモレスビーの町を目前に、物資の枯渇と飢えのため撤退せざるを得なかった。日本は攻撃から防御に転じた。ブナでは、十分な補給を受けたオーストラリア軍、米軍に相対して、飢えに耐え敵の火砲が飛び交うなか、一九四三年一月に撤退するまで二か月間に渡り陣地を守り抜いた。

人員、武器、食料の供給が不安定となり、ニューギニア周辺の空と海でも連合軍の優位性がさらに高まってくると、帝国陸軍は絶望的な窮地に立たされることとなった。一九四三年八月一日、マダンの東約五〇キロの野営地で、田中、山田らは、斎藤俊次《しゅんじ》少尉率いる第一八軍斎藤特別義勇隊の基幹要員となった。斎藤は、中森茂樹少尉、小俣《こまた》洋三少尉と共に中野学校で訓練を受けた士官であった。この三人の士官が三個分隊を指揮した。各一五人の分隊を率いていたのは中野出身の下士官であった。中森の指揮下の分隊長の内の二人が田中と山田であった。九個分隊一三五人の兵は、優れた体力と狩猟の腕前で知られていた台湾原住民だった。台湾内陸の山間部のジャングルで生まれ育った彼らは、ニューギニアで本領発揮して戦うこととなる。

中野学校が軍事作戦に初めて要員を派遣したのは、開戦時パレンバンで、オランダ油田への空挺降下による強襲作戦の立案から実行に向けてのことだった。戦況が急速に悪化していく一九四三年、田中、山田ら中野卒業生はその特殊技能を活かすべくニューギニアに向かった。彼らの任務は、地形情報の収集、日本と連合軍の双方がスカウトしていた原住民の人心の掌握、連合軍の飛行場や部隊に対するコマンドー部隊による強襲の指揮であった。数週間に渡り、田中、山田ら分隊長は台湾人部隊に、武器の取り扱い、潜行、夜襲などの訓練を行った。

九月三日、斎藤特別義勇隊は訓練所を出発し、初の強襲を行った。彼らは内陸部を南下し東部山岳州のカイナントゥに到着した。近くにあるオーストラリア軍の野営地の攻撃が任務であった。目的地偵察後、四個分隊が九月二二日の夜に基地を出発した。田中と山田は四人の攻撃指揮官の中にいた。四人の下士官はそれぞれ三人の隊員を指揮下に置いていた。各隊員は五キロの爆薬、四個の手榴弾、二個の焼夷装置の爆発物を携行していた。焼夷装置は登戸研究所で開発されたもので、二千度以上の熱を発生させ、敵兵の殺傷、軍需品の破壊を目的として設計されていた。全員が銃器も携行しており、下士官はそれらに加えて拳銃、剣、手榴弾五個を携行していた。

偵察の報告から、攻撃部隊の指揮官達は敵野営地が原住民の作った小道の両側にあることを把握していた。将校の兵舎といくつかの小屋があり、野営地には約三〇〇人の兵士がいた。田中と山田は小道左側にある野営地へ部下を導き、他の二人の分隊長らが右側へ潜行することになった。山田は強襲開始の合図のために、司令部天幕を爆発物で爆破することになった。最初の爆破に続いて、各分隊は焼夷装置を使用し、必要に応じて手榴弾も使用して敵を仕留める段取りとなった。斎藤少尉の激励の言葉と出撃のための杯を交わし、敵陣に向けて出発した。

雲が月を覆う暗い空の下、背の高い草むらの中を匍匐《ほふく》で進んでいると、時折オーストラリア軍の野営地から火が見えた。さらに近づくと、高床式に建てられた小屋があり、その下には武器や弾薬が積み上げられていた。野営地は静かだった。山田が仕掛けた爆弾が最初に爆発した。田中もすぐに爆弾に火をつけ、標的の小屋の下に投げ込んだ。一瞬にして数十回の爆発が野営地を襲い、燃え盛る建物から弾薬や手榴弾の山に火が移り、さらに多くの爆発が起きた。田中と山田が合流地点に部下を集結させる中、この事態に驚いたオーストラリア兵が野営地を駆け回り、暗闇に向かって小火器を乱射した。その後、八人の強襲要員は野営地に駆け込み、陣地防衛にあたる兵を見つけては射殺して回った。結局、一人の犠牲者も出さずに四個分隊が帰還した。彼らの報告では、強襲部隊は兵舎二棟、小屋一軒、塹壕迫撃砲三門、そして約三〇〇の砲弾を破壊し、六〇人以上の兵士を仕留め、さらに八〇人以上の負傷者を出した。物資が不足していたので、機関銃、自動小銃、約五千発の弾薬、一〇〇個の手榴弾を日本軍陣地に持ち帰っていた。唯一の失態は、うっかり敵陣営の食料を全て吹き飛ばしてしまったことであった*3。

斎藤の強襲部隊は最初の強襲に続いて、攻撃を立て続けに成功させた。数日後に隣村で行われた二回目の作戦では、敵兵の死傷者数は三〇〇人に達したが、中野出身の要員には犠牲者は出なかった。一〇月中旬まで続いた強襲作戦は大成功を収めた。大本営は中森茂樹少尉を東京に召喚し戦果を報告させた。参謀本部第二部長として日本の軍事情報作戦の統括をしていた有末精三《ありすえせいぞう》中将ら大本営の将校は、この戦果報告に驚きを隠せなかった。有末は、中野学校創設以来、その資源の大部分を情報に集中させてきたが、より非正規戦に注力することを決心した。

限られた資源で敵線後方において攻撃を加えられるコマンドー部隊の戦果に目を向けた大本営（東京）は、帝国陸軍の特殊戦能力の開発に乗り出した。そして一九四四年、ニューギニア地域の第二方面軍に強襲部隊を増設した。七月に第二方面軍の下に編成された第二遊撃隊は大きな戦果を上げた。南機関のビルマ作戦で、鈴木敬司大佐の右腕として活躍した中野学校出身の川島威伸少佐の下に、中野出身者を基幹要員とした部隊が編成された。中野出身者約四〇人は、ニューギニアとモロタイで三〇〇人以上の台湾原住民を率いて連合軍に対抗した。マッカーサー元帥は、モロタイで彼の指揮下にあった部隊に対して、川島の部隊が与えた損害は甚大なものだったと認めている*4。ニューギニア地域でのもう一つの成果は、特殊戦訓練の需要が増したことに対して中野学校二俣分校を開設したことである*5。

コマンドー養成所時代

一九四四年九月一日、熊川護《くまかわまもる》中佐は二俣分校の第一期生を暖かく迎え入れた。熊川は二俣分校の初代分校長であった。熊川をはじめ約六〇人の教官はいずれも陸軍の佐官階級の一流将校で、在外公館での勤務経験もあり、外国や外国語に精通していた。入校式には有末の姿もあった。二俣分校の入校式や卒業式には有末ら陸軍上層部の将校の出席は必須で、定期的に視察にも訪れたことは、特殊戦訓練がいかに重要視されていたかを示していた*6。

二俣分校の雰囲気は、中野本校と同様に比較的リベラルであった。二俣分校の学生達は、決まった問いに丸暗記した答えを出すのではなく、自分の頭で考えて「自らの答え」を導くことを徹底して求められた。小野田寛郎の教官が学生達に与えた最初の教訓は、遊撃戦においては型にはまった方法はないということだった。学生達は状況に応じて、創造性と主体性をもって行動する必要があった。隈部大蔵《くまべたいぞう》は、それまでの軍歴で味わった「軍隊臭さ」とは全く異なる二俣の訓練に驚いた。隈部はまた、学生が天皇に批判的な意見を持つことさえ許されていたことに驚愕した。当時の日本社会では「現人神」である天皇に対して、軍人が批判的な態度をとるなどは異常であり、許されことではなかった*7。実際には、分校長や教官は、情報将校に必要な分析力と主体的思考力を身に付けさせようとしていただけであった。中野学校本校と同様に、二俣分校でも、学生は帝国思想と「精神教育」に基づいた指導を受けており、天皇が最高司令官である軍隊の軍人として、影での戦争遂行に備えていた。

熊川と教官らが学生にもう一つ教え込んだのは、任務を達成するためには生き延びようということであった。この教えは投降という「不名誉」の前に「名誉ある死」をという帝国陸軍の基本的な思想と相反するものであった。帝国陸軍は、君主のために死を覚悟するという武士の伝統に則り、最後の一兵となるまで戦った部隊を称賛し、捕虜を軽蔑した。一九三九年のノモンハンでの日本の敗北後にソ連の捕虜となっていた将校が日本に戻った時、彼らには拳銃が手渡された。「恥」を払拭するために自決を強要されたのだ。

二俣分校では、このように深く根付いた軍事文化の破壊を一つの目標としていた。戦局が不利になり、個々の戦闘では勝機が望めなくなると、一般の兵が死を覚悟して必死の銃剣突撃をする事例が増えた。二俣分校の学生はそのような戦い方を禁じられていた。それまでの軍事訓練で死に様を教わっていた小野田は、二俣分校で任務のために生きることを学んだ。周りの日本人から裏切者や臆病者と見なされても、日本の影の戦士達はいかなる手段を使っても生き延びなくてはならなかった。小野田は、将来就くであろう任務で逃げ切れないと分かったら、自決せずに投降すると決めていた。死んでしまえば、日本のために尽くすことはできなくなる。捕虜になってでも生きてさえいれば、敵に偽の情報を与えることもできる。そしてそれが日本のためになると信じていた*8。

二俣分校の教育期間は短い。中野学校本校では多くの学生が一年間過ごすのに対し、二俣分校では三か月で集中的に課程を修了していく。毎日八時間の授業を受け、夜は深夜まで勉強した。第一期生の山本福一少尉は戦後になって、二俣分校での「献身的な志願者生活」は人生の中で最も建設的で、人として成長した期間だったと振り返っている。

短い期間に偵察、潜行、爆破工作、プロパガンダ、防諜、軍事地形学、占領地での軍政などの技術を学んだ。遊撃訓練の多くは天竜川沿いで野外演習として軍事施設を破壊する訓練を行った。ある訓練では、農民に扮した学生が浜松航空基地を偵察し、航空機や格納庫にダミーの爆弾を仕掛ける前に標的や警備を索敵した。また訓練所では、剣道、空手、射撃などの戦技訓練を行い技術を磨いた。二俣分校での訓練の多くは忍者の訓練に似ていると小野田は感じた。実際に、人の影を作らないように壁を背にして歩く方法など伝統的な忍び技を訓練した。卒業訓練は、米軍部隊が日本に侵攻してきたという設定で行われ、学生らは占領された飛行場を破壊し、敵の指揮官を捕える計画を立案した＊9。

卒業式

一二月には有末精三中将が二俣分校を訪れ、第一期生の卒業式に出席した。一九四四年末までに日本はさらに窮地に立たされていた。サイパンの約三万人の日本兵は、島の要塞を米国に奪われまいと、無謀であったが進軍を阻止するために戦い、命を落としていった。七月初旬サイパンが陥落し、下旬にはその責任から東條内閣が崩壊した。米軍は一〇月一〇日、航空攻撃部隊が沖縄に対して大規模空襲を行い、一〇月二〇日にはフィリピン諸島の中央に位置するレイテ島に上陸した。数日後、レイテ沖海戦で帝国海軍連合艦隊は大敗を喫し、もはや米海軍の対抗馬としての役割は終わった。

絶望的状況に追い込まれた日本軍は非正規な手段に目を向けた。レイテ沖での総崩れの際に、帝国海軍は「神風」戦術を用いた攻撃を展開した。一三世紀に神風（日本語では神風《かみかぜ》または神風《しんぷう》として知られている）がフビライ・ハーンの侵略艦隊を撃破したように、二〇世紀の日本人パイロットも「神風」戦術を用いることで米海軍艦隊を追い込んだ。フィリピンの飛行場から離陸したパイロットは、米艦に直接飛行機を体当たりさせた。空母セント・ローの飛行甲板が切り裂かれ空母は爆発、三〇分後には沈没した。また空母サンティー、空母スワニーの飛行甲板にも大きな穴が開いた＊10。神風の「父」と呼ばれる大西瀧治郎中将が提唱した概念は、パイロットが敵艦一隻と自身の命と搭乗機を引き換えるというものだった。米国人には到底理解できない帝国海軍の「特攻」は、武士道の死という日本の軍事的伝統を最後まで貫いたものだった。

一方で、一二月に中野学校二俣分校で訓練を修了した要員達は、いかなる状況下にあっても自決してはならないという明確な命令を受けた。彼らは、切り札である神風と同様に、フィリピン、沖縄、九州、本州など、最終決戦での任務が想定された。約二〇人の卒業生の半数以上は、フィリピン、フランス領インドシナ、東インド諸島、ビルマ、台湾、朝鮮など日本での決戦に先んじて海外任務に就くために日本を発った。

小野田寛郎はフィリピンでの任務を命じられた一人である。第一期生の半数以下の要員は日本各地に赴任した。中には中野本校の要員と合流して、フィリピンの次の戦場とされた沖縄の島々に赴任した者もいた。末次一郎少尉と山本福一少尉は福岡の西部軍司令部に配属され、島嶼《とうしょ》防衛のための遊撃部隊の組織が任務となった。他にも、東京周辺や日本の北の果てにまで赴任していった。神風のパイロットが米艦に体当たりし、歩兵は海外の最前線で戦死していく中、二俣分校の影の戦士達は静かに各々の任地へ向かった。

フィリピン上陸

一九四四年一二月、二俣分校の小野田寛郎少尉らは、中野学校が開戦当初からほとんど要員を派遣したことがない地域に飛び込んだ。マレーやビルマでの一連の作戦とは異なり、フィリピンは中野学校の影の戦士の力は借りずに帝国陸軍が独自に占領していたのである。しかし、これはフィリピンでの一連の侵攻作戦で情報が全く役割を果たしていなかったということではない。本間雅晴中将は、田村浩や鈴木敬司などの情報将校が二〇年以上にわたって収集した情報に基づいて侵攻を指揮しており、藤原岩市のプロパガンダに倣って、フィリピン人を米国から切り離し、説得して日本側に引き入れようと工作していた。多く

た。

しかし、このような初期の活動に中野学校の要員が直接参加することはなかった。一九四二年一一月、既に中野学校卒業生数百人が東南アジアで展開している最中、二人の中野出身者が大本営からマニラに異動し、第一四方面軍の防諜任務に就いた。第一期生の須賀通夫《すがみちお》大尉が第一四方面軍の防諜任務の指揮を執り、もう一人が須賀の補佐を務めた*11。

一九四四年、フィリピンの帝国陸軍は、頻発するゲリラ活動と、二年前にオーストラリアへ脱出したダグラス・マッカーサー大将がもうすぐ戻ってくるという状況に直面していた。一九四二年五月にジョナサン・ウェインライト大将（一九四四年一二月元帥に）がフィリピンの米軍部隊を本間中将に投降させた時から、何人もの米国人やフィリピン人の将校らが日本の影響が及んでいない田舎へ姿を隠し、抵抗活動を継続させた。彼らの存在はほとんど脅威にはならなかったが、時が経つにつれて、次第に民衆の支持を集めるようになった。一九四二年に勝利を収めた日本にとって、たとえ米国の支配下で特権的地位を維持していた名家であっても、フィリピン人のエリートらの協力があるに越したことはなかった。実際、名家の多くは、一八九八年に米国がスペインから島を奪取した際には新しい支配者に忠誠を移していた。日本はイェール大学卒のホセ・ラウレルを大統領に任命し、ラウレルの政府にはマニラ上流階級のメンバーを多数登用した。

帝国陸軍の度重なる残虐行為は、すぐに多くのフィリピン人の憎悪の対象になった。陸軍将校は、米国に同調するフィリピン人を投獄し処刑した。その犠牲者の中には、ホセ・アバド・サントス法務大臣など著名なフィリピン人もいた。日本兵は、お辞儀をしないフィリピン人を道端で平手打ちし、女性を強姦し、物を盗むという、中国で根付いた軍の悪しき習慣を続けていた。二俣分校出身のあるコマンドー要員は、戦後、このフィリピンでの情けない事実を悔しそうに認めた。スペインは三〇〇年の支配の中でキリスト教を遺し、米国は五〇年の植民地統治で、島に道路、車、ハリウッド映画をもたらした。しかし日本はその短い占領期間において、奪うことしかしなかった。そう回想している*12。

欧米の植民地支配からアジアを解放する者としての価値を失った日本は、フィリピンを同盟国ではなく占領地として考えていたことが様々な形で現れていた。一例にマニラのデューイ大通りの名称変更が挙げられる。日本はこの大通りを「平和大通り」と呼んだ。一八九八年にスペイン艦隊に勝利し、フィリピンを米国の海外帝国に加えた米国人提督デューイの名前を外すのは、植民地主義の痕跡を首都から消し去る象徴的な一歩であった。しかし、これは貧しい判断としか言えない*13。

フィリピン国民の日本への憎悪感情が高まる中、帝国陸軍はマッカーサーが公約を果たして帰還することを期待する反乱勢力を抑えるのに苦戦していた。マッカーサーの連合国情報局（ＡＩＢ）は、一九四二年には早くも工作員を潜入させ、潜水艦でフィリピンに物資を輸送していた。そして連合国情報局は反乱の種を蒔き、たくさんの情報を得ていた。ホセ・アバド・サントスの処刑や、米国人ゲリラ指導者ジェームズ・クッシング中佐の活躍もあって、ゲリラ活動はビサヤ地方で最も活発に行われた。

戦争の流れが変化すると、日本はゲリラに対して容赦ない作戦を展開した。憲兵隊は、抗日グループに潜入するために膨大な工作員ネットワークを活用した。陸軍はゲリラの単純な暗号を解読し、ゲリラの一部を捕まえることに成功した。また、材木会社などマニラにある複数の偽装拠点を介して情報収集にあたっていた。中野学校の将校だった大木轟《のぶお》夫は、タキシードを着て優雅なダンスパーティーに参加し「英語と拳銃」を駆使して情報収集をしていたと後に回想している。

策謀が渦巻く街での劇的な場面を完成させたのが、「東洋のマタ・ハリ」として知られるフランス系ドイツ人工作員のリタであった。彼女はフィリピンの主要言語タガログ語だけでなく、いくつものヨーロッパ言語も操る美女であった。マニラ上流社会との接点を持った彼女は日本に多くの情報を提供していた。しかし、そのきらびやかな見かけの裏には危険な世界があった。日本側とゲリラ側双方ともに命を危険にさらしていた。ゲリラは日本に協力したフィリピン人を暗殺し、憲兵隊はゲリラの疑いで捕らえた容疑者を彼らのネットワークの全容や抗日活動の意図を聞き出すために拷問した*14。

一九四四年三月、第一四方面軍の防諜組織は陸軍司令部からマニラの都心部の建物に移転した。そこでは、防諜組織の参謀が「比島植物研究所」なる店を構えて活動していた。研究所と書かれた看板に加えて、熱帯植物の種子のサンプルなど偽装のための小道具が置かれていた。そこで働く情報将校はカーキのズボンにトロピカルシャツを着て民間人を装っていたのは当然のことである。

鹿児島県出身で陸軍士官学校第四五期生の谷口義美少佐は、中野学校で教育を受け、教鞭も執っていた。マニラでは、この偽装研究所の建物から谷口が第一四方面軍の防諜活動を指揮していた。谷口の組織は、情報収集、フィリピンの傀儡政府（マラカニアン課）の統制、フィリピン警察の指揮、フィリピンの政治家指導、ゲリラの通信探知を担当していたが、これは二つの課（一つの課は電話の盗聴、もう一つの課は違法な無線通信の監視）に分担されていた。中野出身者が次々とフィリピン入りし第一四方面軍の防諜組織の基幹要員となっていた。谷口の班は、マニラ以外にもルソン本島やセブ島、その他で多くの支部を運営していた。一九四四年九月、谷口が第一四方面軍の防諜機関長となったときには、合計二四人が研究所で身分を偽装して勤務していた*15。

レイテ島の米飛行場を襲う

一九四四年秋、日本はマッカーサーの南からの追い上げとニミッツの東からの進撃に対し必死に防衛していた。帝国海軍は六月にマリアナ諸島での海戦で空母と航空機搭乗員の半数以上を失った。陸軍は七月に米国のサイパン占領阻止を試みるも失敗し三万人の兵を失った。さらには、戦争遂行努力に不可欠な石油、ゴム、その他原材料を保持していた南方占領地と日本本土との通信回線が危険にさらされていた。

大本営はフィリピン防衛強化に動いた。九月、嫉妬に駆られた東條により満州国への赴任という形で「追放」されたマレーの虎山下奉文《ともゆき》大将がマニラの第一四方面軍の司令官として異動してきた。山下は大戦初期には数的優位にあった英軍部隊からマレーやシンガポールを奪取していたが、今度は押し寄せる強大な米国艦隊に対抗しなくてはならなかった。山下が自由に使えるのは、軽武装の一三個師団と数個旅団だけであった。山下の部隊の大部分はルソン本島におり、鈴木宗作中将が指揮する第三五軍はフィリピン中部のレイテを担当していた*16。

一〇月、マッカーサー大将はフィリピンへの帰還の約束を果たした。マッカーサーは二年もの歳月を費やし、競合していた米海軍の台湾侵攻計画などをはねのけ、ようやくかつての敗北の地に戻ってきた。一〇月二〇日、マッカーサーはレイテの浜辺に部隊を上陸させた。一方、山下は、上層部の命令もあり、自身の見積もりを上回る数の部隊を差し向け対抗することになった。ルソン決戦のために不安定な状態の部隊を整理、統合したいという山下の願いは聞き入れられず、南方軍はレイテで鈴木を増援するよう山下に命じた。山下はしぶしぶその命令に従い貴重な二個師団を南下させた。帝国海軍も残りの戦力の多くをレイテ防衛に投入した。一〇月二四日、帝国海軍はレイテ沖海戦で米艦隊に無益な戦いを挑み、四隻の空母と戦艦武蔵を失った。この海戦は、通常戦闘部隊としての帝国海軍の終焉を意味した。

絶望の中で、帝国海軍は米艦隊に対して特別攻撃隊を差し向けた。神風が約七〇〇年前にモンゴルから日本を救ったように、神風が最新の艦隊を蹴散らした。一〇月二五日、最初の神風が空高くから米艦隊に襲い掛かった。日本人パイロットは空母サンティーの飛行甲板に爆弾を直撃させ、一六人の米国人の命を奪い、二七人の乗組員を負傷させた。攻撃は凄まじいものだった。レイテ島に上陸した米陸軍の対敵諜報部隊（CIC）の隊員ウィリアム・オーウェンズは回想録の中で、日本のパイロットが彼に与えた感情を次のように語っている。「彼らの明白な目的は、命と航空機を引き換えに日本の士気を高め、敵に恐怖心を抱かせることであった。彼らは恐怖心を抱かせるという目的を達した」。オーウェンズはレイテ島東海岸のデュラグで日本の航空機が揚陸艦に突っ込んでいくのを目撃したと書き残している。

日本人パイロットは標的の輸送船に向かって金属と金属がぶつかり合う音を立てながら、機首から真っ直ぐに突っ込んだ。炎と煙がまず航空機から、そして船から上がった。兵士達は手すりを乗り越えて海に飛び込んでいった。数分後には船体中央部の鉄板に炎が立ち上がっていた。火葬用の薪山のように船は内側から折れ崩れ海に沈んでいった。この日本人パイロットの犠牲が靖国への道であるならば、彼はそれを達成したのだ。岸に着いた兵士達は放心状態でさまよい、恐怖と悲しみ、憎しみの中、訳の分からない言葉を発するばかりだった。

大西中将は通常手段では連合国艦隊には勝てなくなった帝国海軍の中に、神風という恐ろしい新兵器を見出したのだ＊17。

米軍部隊がレイテ島の制圧に向けて厳しい戦いを始めると、さらに帝国陸軍は独自の特別攻撃を開始した。一九四四年一月、帝国陸軍は台湾に遊撃第一中隊（翔一七八一隊）を結成した。指揮官とその部下の将校のほぼ全員が中野学校の卒業生であった。隊員は屈強さと闘志で選ばれた台湾人で構成されていた。六月に部隊はフィリピンに移動し、第四航空軍の指揮下に置かれた。マニラ南側の基地で空挺攻撃部隊としての任務を遂行するための訓練を行った。パイロット達は遊撃要員が一刻も早く敵陣地に向けて展開できるように、着陸という概念を捨て胴体着陸を敢行することになった。隊員たちは、コマンドー戦術を磨くことに時間を割いた。一一月、遊撃第一中隊は鈴木の第三五軍の一員として戦うためルソン島からレイテ島へ向け出発した。一一月下旬になると、鈴木はより絶望的な状況に陥っていた。その月の初めにルソンから増援を得たにもかかわらず、鈴木は負け戦を強いられていた。米軍はデュラグ、ブラウエン、タクロバンの飛行場を制圧した。これらの飛行場が完全稼働すると、米軍の制空権確保は大きく前進することになる。一一月下旬、山下は鈴木にデュラグとタクロバンの飛行場の無力化とブラウエンにある飛行場の制圧を命じた。

一一月二六日夜遅く、陸軍士官学校第五二期を卒業し中野学校で訓練を受けた中重夫《なかしげお》少尉は、仲間の影の戦士五人と遊撃第一中隊薫空挺隊八〇人に四機の輸送機へ分乗するよう指示した。彼らは目標に向かい南下した。０２４５時、三機の輸送機が突如としてデュラグ上空の暗い夜空に現れ、飛行場に胴体着陸した。輸送機からはコマンドー部隊がすかさず展開した。日本側の戦果報告によると、薫空挺隊は多数の米軍航空機、物資を破壊し、損害を与えたとある。しかし、本来この作戦は日本の地上部隊と合流し展開するはずだったが、この部隊が作戦地域に到達できなかったことで、この空挺強襲任務は特攻任務となってしまった。

中少尉、中野の同志、台湾人部隊はこの攻撃で全員が戦死した。ラジオ東京はこの作戦を「最も成功した作戦」と評した。米陸軍によると、三機の輸送機が胴体着陸をしたが、そのうちの一機の搭乗者は着陸時に全員が死亡したと報告されている。他の二機から展開した隊員達は、何もできずにジャングルの中に消えていったという。この攻撃前に事前の情報報告があったにもかかわらず、米第二四軍団は日本に飛行場を制圧される危険性を認識せず、防衛強化の本格的な対策を取らなかった。薫空挺隊の攻撃はマッカーサーの部隊に第三五軍が飛行場奪取を決意していることを知らしめことになったのである。

鈴木の強襲部隊にとっては幸運なことに、米第二四軍団は一一月の攻撃から教訓を学んでいなかったようだ。一二月六日未明、日本の地上部隊はブラウエン近くのブリ滑走路に奇襲攻撃を開始した。日本の強襲部隊は、二〇〇人近くの砲兵部隊や米軍兵士が寝ているところ、そして奇襲に驚き武器を取るために慌てていたところに銃剣突撃した。米兵は、形ばかりの抵抗をしただけでその場から逃げ出した。しかしその後、米空挺部隊と歩兵部隊が日本兵を追い払い、１８００時にブリ滑走路を奪還した。

レイテ島に夕暮れが訪れて一時間も経たないうちに、日本の輸送機が突如として飛行場の上空に現れた。デュラグでは、ウィリアム・オーウェンズ少尉と彼の対敵諜報部隊分遣隊の隊員が上空の航空機を見上げ、上空でパラシュートが「白い花」のように開くのを見た。日本の護衛戦闘機が地表に機銃掃射を浴びせ、爆撃機は地上に駐機している航空機に爆弾を投下した。米軍のP38が火を噴き、日本の地上部隊がジャングルから飛行場に突入した。そこには混沌とした光景が広がっていた。空挺部隊はブリに到達し、滑走路を再度制圧した。別の部隊は、同じくブラウエン近くにあるサンパブロ滑走路上で地上戦に突入した。

それから数日間、日本の強襲部隊は米軍の反撃に粘り強く戦った。しかし一二月一一日までには、飛行場は米国の手に戻っていた。生き残ったコマンドー部隊は、日本の陣地がある北に向かいながら戦った。豊田正雄少尉をはじめとする多くの中野出身者が飛行場周辺での戦闘で戦死した。生き残った者は、米軍の戦線を突破してレイテ島北部で戦っている第三五軍の部隊と合流した。レイテにいた中野出身の最後の生き残りの強襲要員は、終戦のわずか一か月前の七月八日の戦闘中に戦死した＊18。

谷口の影の戦士

マニラでは、谷口少佐とその部下の影の戦士達が来るべきルソン侵攻に備えていた。一二月一五日、大規模侵攻の前段階として、マッカーサーの部隊がミンドロ島に上陸し、ルソン侵攻の拠点となる隣島を確保した。この上陸作戦中、日本の神風が旗艦ナッシュビルに体当たりし、乗員一三〇人以上が戦死、二〇〇人以上が負傷した。戦死者の中には上陸部隊司令官のウィリアム・C・ダンケル准将も含まれていた。ミンドロ上陸作戦の数日後の一二月一七日、谷口少佐は中野学校二俣分校卒業生二一人と共に日本からクラーク飛行場にやって来た小野田少尉を出迎えた。また、谷口は中野本校の影の戦士二六人から成る別の組織も指揮していた。谷口はまずフィリピンの状況について到着した要員にブリーフィングを行い、その後、彼らに任務を割り当てた。山下の軍が米軍の侵攻に先立ってマニラの北側の丘陵に撤退した後、マニラに潜伏するように命じられた機関に加わった要員もいた。その他の要員は郊外に陣取ることになっていた。彼らの主要任務は、情報収集と強襲部隊の指揮であった＊19。

一二月二六日、谷口少佐は、小野田寛郎、山本繁一《しげいち》、その他四人の中野出身者を新たな任務のためにマニラ郊外の陸軍拠点に駐留していた第八師団まで送った。小野田はミンドロ島北西部の小島ルバングでの遊撃作戦の指揮を命じられた。山本ともう一人の仲間は、サンホセにある米軍飛行場強襲を指揮することになった。他の二人の要員はミンドロ島での遊撃作戦を計画、遂行することになった。中野学校からの六人目の要員は師団本部に残ることとなった。

六人の要員達は師団本部で部隊の視察に訪れていた山下の参謀長武藤章中将からブリーフィングを受けた。武藤は投降前の自決という陸軍の教義に反し、いかなる状況下でも任務を遂行するようにと明確な注意を与えた。「たとえ三年でも五年でも戦い続けろ。どんなことがあっても、諸君のために戻る。兵士が一人でも残っている間は、その兵士を使って戦い続けろ。たとえココナッツだけで生き残らなくてはならない状況でもだ。いいか。繰り返しになるが、必死の万歳突撃は禁ずる。分かったか」。小野田は上級司令官の激励に心を奪われていた。二俣分校で共に時間を過ごした和歌山県出身の同志である山本も小野田を励ました。サンホセの飛行場攻撃命令について考えていた山本は、小野田にもうすぐ死ぬだろうと言っていた。小野田はルバングで就く任務は長期に渡ると予測し、山本はそれを完遂するように熱心に励ました＊20。

小野田は米軍による島の桟橋と飛行場の使用阻止を命令された。敵の上陸後に、小野田は遊撃作戦の計画、遂行と情報収集を行うことになっていた。小野田はすぐにルバングで二〇〇人の部隊を指揮していた将校達の反対に遭った。指揮権については、陸軍駐留部隊の担当将校、航空情報将校、海軍関係者が絡み合っていた。小野田はそのいずれをも指揮する権限を持っていなかった。小野田はただ助言することしかできなかった。陸軍将校らは小野田に協力することを拒んだ。彼らは島の貯蔵燃料をルソンへ輸送し、部下達を撤退させるという独自の命令を受けていた。また、彼らは日本が再度制空権を取り戻した際に飛行場が必要になるとして、小野田の飛行場破壊計画に反対した。小野田は駐留部隊司令官を説得して、部下に遊撃戦の準備をさせることすらできなかった。帝国陸軍の軍人としての使命は、敵を撃退するか戦って死ぬかのいずれかであった。小野田にできたのは、司令官らを説得して桟橋に爆薬を仕掛ける許可を得ることだけであった。また、小野田は航空機の部品や現地の材料を使ったダミー機を組み立て、これを囮《おとり》にして米軍パイロットに弾薬を消費させた。小野田のダミー機は「確実に」米軍機の注意を引いた*21。

小野田がルバングに到着して間もない頃、戦時下における最大の情報を報告していた。一月の第一週、珊瑚礁の上に停泊していた船の上で、小野田はルソンのリンガエン湾に向けて航行している米艦隊を発見した。すぐに第一四方面軍司令部と無線通信を行い、一〇〇隻以上の軍艦とその倍の支援艦がリンガエン湾に向かい北上していることを報告した。その情報は山下大将にとって貴重なものになった。数年後、東京の陸軍将校クラブで開かれた退役軍人の会合で、谷口は小野田の報告は山下のルソン防衛に役立つと主張した。そうだとすれば、小野田の警告が神風特攻のきっかけになったのかもしれない。ジェシー・オルデンドルフ少将の侵攻艦隊がリンガエン湾に到達すると、特攻要員の乗る神風の波がオルデンドルフの艦隊を飲み込んだ。特攻要員は掃海艇ロングを沈め、戦艦ニューメキシコと戦艦カリフォルニアに損害を与えることに成功した。全体で二五隻の侵攻艦隊がリンガエン湾で撃沈され、また損傷を受けた*22。

マッカーサーの部隊が上陸すると、山下は既に主力部隊をマニラの北側の丘陵に撤退させた後だった。マレーの虎は米軍をできるだけ長く足止めするために長期戦を企図していた。谷口少佐と影の戦士達は、以前ルソン島北部に配備されていた地点に退却していた。谷口のマラカニアン課の要員は、すでにホセ・ラウレル大統領らフィリピン人の最有力協力者をマニラから日本へ避難させていた。マニラに残っていた防衛隊のほとんどは、岩淵三次《いわぶちさんじ》少将指揮下の海軍の人員で山下の指揮下にはなかった。

マッカーサーの部隊がマニラに押し寄せる中で、町に残った者の中には南溟《なんめい》機関に配属された二俣分校卒業生もいた。南溟機関は南洋興発株式会社の現地支部に偽装して活動していた。山路少佐の指揮下、米国のマニラ占領後にマニラに留まることを任務としていた。山路の部下は収集した情報をルソン北部にいる山下の部隊に渡すことになっていた。また、彼らは敵線後方で恐怖心を煽る行為や破壊工作を展開していた。山路の班に配属された中島彬文《あきふみ》は、他の要員と共にゲリラと疑われる者から自白を引き出していた。尋問の最中に中島は、語学の才能を発揮しているリタの姿を目にした。結局のところ、リタはマニラでの戦闘を生き延び、南溟機関の他の要員とルソン島北部へ逃れたという。一月にフィリピンから横浜に向けて出発する予定だったが、逃亡を成功させる前に、リタは死亡したとされている。

二月の第一週目、マッカーサーの部隊が市街地に向けて進撃を開始すると、山路少佐は岩淵少将の司令部から機関の作戦を指揮した。山路の班の大半の任務は、岩淵の部下のために建物を爆破解体し、射線を確保することだった。二月一一日、岩淵の命令を受け山路は機関を率いてマニラを脱出した。山路とその部下は、後に米軍に包囲され殺されるまで戦い続けた*23。

小野田の戦争

ルバングでは米軍が日本軍の残党を追跡する中、小野田少尉は打ちひしがれていた。米軍の小規模部隊は二月二八日にルバングに上陸した。肝心な時に、小野田は爆薬を爆破させることができなかったのだ。爆薬が不良だったか、現地のフィリピン人ゲリラが導爆線を切ったかのいずれかであった。いずれにしても、小野田は米軍による桟橋の使用を阻止することができなかった。また、小野田は米軍上陸前に飛行場破壊をすることを日本軍将校に説得することにも失敗してしまった。小野田は自身の失敗を次のように語った。「私は秘密戦工作員として恥を晒してしまった」。

この失敗にもかかわらず、小野田は自身だけが敵線後方で攻撃できる能力を備えた唯一の将校であると実感した。小野田は二俣で森林戦の戦い方を教わっていた。小野田は山中に隠れていた日本兵約二〇〇人を敵襲の脅威から救うために敵陣地への攻撃を決心した。二俣分校で訓練を受けていたが、自身が攻撃の先頭に立ち死ぬしかないと心に決めたのである。三月二日の夜、小野田は一五人の兵を率いてジャングルを抜け米軍の野営地へ向かった。小野田はこの戦いを生き延びようとは考えていなかった。軍刀を抜き、鞘を捨て暗い山道を這って進んだ。しかし、またしても小野田はひどい失望を味わった。夜襲を恐れたのか、敵が野営地を放棄してしまっていたのだ。その夜、小野田が戦うことはなかった*24。

その後の数日間で、小野田は情報収集をして任務を達成するために生き延びようと決意を取り戻したのだった。米軍をルバングから追い出したり、大きな被害を与えたりという策は考えつかなかった。飢えに苦しむ日本兵が必死に食料を求めていた時に、米軍物資の潤沢さの証拠でもあるガムの包み紙が島に散乱している光景を見て、小野田は敗北感を覚えた。三月中旬までに、当初二〇〇人いた日本兵のうちの三〇人程度だけがルバングで生き残っていた。小野田は唯一人の将校となっていた。敵に発見されるのを避けるため、小野田は兵士達を小グループに分けた。四月後半、小野田のグループは攻撃を受けて散り散りになった。合流予定地で小野田が見つけたのは島田庄一《そういち》伍長だけであった。一週間後、小塚《こづか》金七《きんしち》上等兵が小野田らを発見した*25。

小野田と二人の兵士が米軍の追跡から逃れている一方で、マッカーサーの部隊はルソン北部で弱体化した山下の部隊と交戦し、他の地域では組織化した抵抗勢力の残党を排除していた。小野田の同期生であった影の戦士達はほとんどが戦死していた。フィリピンに到着した二俣分校出身の要員は三つの集団に分かれ山下の部隊に配属された。尚武《しょうぶ》集団はバギオの丘陵街とルソン最北端を含む地域を担当。建武《けんぶ》集団はマニラとリンガエン湾の間の島に配置され、振武《しんぶ》集団はマニラを含むルソン南部、その隣島であるミンドロ島、ルバング島を担当した。振武集団の生存者はほとんどいなかった。マッカーサーの部隊がルソン島上陸の前哨戦として占領したミンドロ島では、二俣分校出身の遊撃指揮官五人のうち四人が戦死した。ルソン南部では一一人中九人が戦死した。ルソン中部では、四人の中野出身者のうち一人だけが戦闘で生き残った。終戦時に山下が指揮し、ルソン北部の山中にいた最後の部隊であった尚武集団に配属された半数

（一八人中九人）が生き残った＊26。

フィリピンにいた中野学校出身の九八人の要員のうち、全体で六六人が終戦間際に現地で戦死した。尚武集団の一人であった大野唯雄《ただお》は、九月一五日に日本の使者が山下降伏の報せを持ってやって来た際、まだ戦闘を継続していた。終戦を告げる天皇陛下の放送から丸一か月が経過していた。使者が現れる二週間前、東京湾の戦艦ミズーリの甲板では日本政府代表者が降伏文書に署名をしていた。しかし大野は、谷口少佐からの命令を受けて初めて投降した＊27。

ルバングでは、小野田少尉が初めて終戦の通知を受けたのは八月下旬のことだった。フィリピン軍部隊は小野田の小隊と交戦し、撤退する際にビラを落としていった。その文面によると、戦争は八月一五日の天皇の玉音放送で終わったと記されていた。小野田はビラを策略であると見なして無視した。一九四五年の終わり、米軍のＢ17がルバング上空を低空飛行し、さらにビラを撒き散らしていった。ビラには山下大将からの投降命令が書かれていた。しかし、その命令に用いられていた文言や構成に違和感を覚えた小野田らは、この新しいビラもまた、彼らを欺き投降させるための米国が作成した偽物であると判断した。谷口少佐からの明確な命令がない中、小野田は部下と共にジャングルに残った。小野田にとって戦争はまだ始まったばかりであった＊28。

註

1　小野田寛郎『この道』東京新聞、一九九五年三月三日、四日、一頁。以下、「この道」の日付は、その日の東京新聞一面に掲載された記事を指す。隈部大蔵『秘密戦の赤き花―生きている中野学校の魂』日新報道、一九七三年、二〇頁。末次一郎『「戦後」への挑戦』歴史図書社、一九八一年、一四～一五頁。

2　有末精三『有末機関長の手記―終戦秘史』芙蓉書房、一九八七年、一九頁。

3　田中俊男『陸軍中野学校の東部ニューギニア遊撃戦―台湾高砂義勇兵との戦勝録』戦誌刊行会、一九九六年、一

～四、七、三七～四二頁。

4　中野校友会『陸軍中野学校』六〇二～六〇三頁。Charles A. Willoughby, ed., *Reports of General MacArthur,* vol. 2, part 1 (Washington, DC: Government Printing Office, 1966), pp. 349-52.

5　田中俊男『陸軍中野学校の東部ニューギニア遊撃戦―台湾高砂義勇兵との戦勝録』七～八、三七、六四頁。Willoughby, ed., *Reports of General MacArthur,* vol. 2, part 1, p. 349.

6　熊川護『俣一戦史―陸軍中野学校二俣分校第一期生の記録』俣一会、一九八一年、二三頁。隈部大蔵『秘密戦の赤き花―生きている中野学校の魂』二〇頁。

7　隈部大蔵『秘密戦の赤き花―生きている中野学校の魂』二三頁。小野田寛郎『この道』東京新聞、一九九五年三月六日。

8　小野田寛郎『この道』東京新聞、一九九五年三月四日、六日。小野田寛郎、著者との対談（二〇〇一年七月五日）。

9　小野田寛郎『この道』東京新聞、一九九五年三月七日)、小野田寛郎『わがルバン島の30年戦争』講談社、一九七四年、三一～三二頁。山本福一「西部軍に赴任して」『俣一戦史―陸軍中野学校二俣分校第一期生の記録』俣一会、一九八一年、四一七頁。平川良典『留魂：陸軍中野学校 本土決戦と中野・留魂碑と中野』平川良典、一九九二年、三二頁。毎日新聞特別報道部取材班『沖縄・戦争マラリア事件―南の島の強制疎開』東方出版、一九九四年、一一三頁。

10　Ronald H. Spector, *Eagle against the Sun: The American War with Japan* (New York: Free Press, 1985), pp. 440-441.

11　中野校友会『陸軍中野学校』五二二頁。

12　中島彬文「第14方面軍関係総括」『俣一戦史―陸軍中野学校二俣分校第一期生の記録』一七〇頁。

13　William Brand Simpson, *Special Agent in the Pacific* (New York: Rivercross Publishing, 1995), p. 60.

14　堀栄三『情報なき国家の悲劇 大本営参謀の情報戦記』文藝春秋、一九九六年、一五一頁。中野校友会『陸軍中野学校』五二四頁。中島彬文「南溟機関とともに」『俣一戦史―陸軍中野学校二俣分校第一期生の記録』二〇四～二〇五頁。

15 中野校友会『陸軍中野学校』五二四〜五二六頁。小野田寛郎『この道』東京新聞、一九九五年三月八日。小野田寛郎『わがルバン島の30年戦争』四一頁。伊藤貞利『中野学校の秘密戦―中野は語らず、されど語らねばならぬ戦後世代への遺言』中央書林、一九八四年、二二二頁。谷口義美「小野田元少尉ここに、復員す」『偕行』偕行社、一九七四年、五頁。

16 堀栄三『情報なき国家の悲劇 大本営参謀の情報戦記』一四八〜一四九頁。

17 M. Hamlin Cannon, *Leyte: The Return to the Philippines* (Washington, DC: Government Printing Office, 1954), pp. 306-307; and William A. Owens, *Eye-Deep in Hell: A Memoir of the Liberation of the Philippines, 1944-45* (Dallas, TX: Southern Methodist University Press, 1989), pp. 48-49.

18 中野校友会『陸軍中野学校』五三二〜五三五頁、五四四〜五四五頁。Owens, *Eye-Deep*, pp. 50-51; Cannon, *Leyte*, pp. 298-305.

19 Spector, *Eagle*, p. 518. 中野校友会『陸軍中野学校』五二六〜五三一頁。小野田寛郎『この道』東京新聞、一九九五年三月八日)。

20 小野田寛郎『わがルバン島の30年戦争』四一〜四四頁。小野田寛郎『この道』東京新聞、一九九五年三月九日。「陸軍中野学校二俣一期10人の運命」『サンデー毎日』一三八頁。

21 小野田寛郎『わがルバン島の30年戦争』四五、五三、五六〜五八頁。小野田寛郎『この道』東京新聞、一九九五年三月一一日〜一三日。

22 小野田寛郎「ルバング島戦記」『俣一戦史―陸軍中野学校二俣分校第一期生の記録』二一六〜二一七頁。谷口義美『偕行』七頁。Spector, *Eagle*, p. 519. 小野田寛郎『わがルバン島の30年戦争』五四〜五五頁。

23 中島彬文「第14方面軍関係総括」『俣一戦史―陸軍中野学校二俣分校第一期生の記録』二〇四〜二〇五頁。

24 小野田寛郎『この道』東京新聞、一九九五年三月一四日。小野田寛郎『わがルバン島の30年戦争』五八、六八頁。小野田寛郎、著者との対談（二〇〇一年七月五日）。

25 小野田寛郎『この道』東京新聞、一九九五年三月一六日。

26 中島彬文「第14方面軍関係総括」一七一〜一七二頁。

27 中野校友会「第14方面軍関係総括」『陸軍中野学校』五二三頁。大野唯雄「ルソン北端の無線班」『俣一戦史―陸軍中野学校二俣分校第一期生の記録』一七四頁。
28 小野田寛郎『この道』東京新聞、一九九五年三月一七・一八日。

1945年5月、沖縄の米軍読谷飛行場を義烈空挺隊が強襲した際、胴体着陸を成功させた日本軍の改造型爆撃機「サリー」(97式改造型輸送機)。—(写真出典) National Archive

読谷飛行場への強襲は、手前に倒れている隊員が物語るように、日本軍にとって悲惨な結果を生んだ。義烈空挺隊員を乗せた12機のうち4機が機体トラブルのため引き返し、残り8機のうちの7機は飛行場到達前に撃墜されてしまった。—(写真出典) National Archive

河辺虎四郎とチャールズ・ウィロビー
1945年8月、降伏会議に臨む帝国陸軍参謀次長の河辺虎四郎中将（左）と、ダグラス・マッカーサー元帥の情報部長であるチャールズ・A・ウィロビー少将。この写真が撮られた当時、この2人はまだ敵対関係にあり、河辺は中野学校の退役軍人達に占領軍に対する遊撃戦を命じようと検討していた。しかし、河辺はすぐに米国と良好な関係を築く方が日本のためになると考え、遊撃戦の計画が実行に移されることはなかった。河辺とウィロビーは友好な関係を築き、情報に関する面で協力していた。ウィロビーは、米陸軍の極東関連の情報強化や日本国内に実際にいた、もしくは、いると想定されたソビエトの工作員を追い詰めるために、日本の元情報将校らに協力を求めた。―（写真出典） National Archive

1954年9月、厚木飛行場でマッカーサー元帥の到着を待つ先遣隊のチャールズ・テンチ大佐（左側に着席）と帝国陸軍情報部長の有末精三中将（右側に着席）。有末は降伏後の遊撃戦を不測の事態への対応策として承認していたが、米国との良好な関係が日本にとってより有益であるという河辺の判断に賛同していた。有末はマッカーサーとウィロビーの情報面での最も重要な協力者となり、日本政府関係者と米国側の不可欠な橋渡し役となった。
―(写真出典)U.S Army Signal Corps/ MacArthur Memorial Archives

1945年9月9日、中国の南京で降伏文書に調印する支那派遣軍総司令官の岡村寧次大将。降伏時、岡村の配下には約100万の兵がいた。後に、中国国民党は岡村大将に崩壊した軍を再建するための援助を求めた。毛沢東の共産主義が中国支配を強固にするのを防ぎたいと考え、岡村に中野学校の退役軍人達を台湾へ派遣させ、蔣介石の軍の再建を支援した。―(写真出典) National Archive

6　終戦間際

一九四五年初頭、日本は窮地に陥っていた。米国と英国の部隊が三年ほど前に失った植民地の領土を奪還していた。連合軍側の艦隊は帝国のシーレーンを締め上げ、日本の物資や兵士の流れを止めた。米軍の航空機は日本本土を攻撃するために帝国の防衛線を突破していった。

インドシナでのフランス武装解除

連合国の勝利は、長きにわたって軍事作戦の安定した後方基地であったフランス領インドシナを震撼させた。フランス領インドシナは、現在のベトナム北部のトンキン、中部のアンナン、南部のコーチン、そしてラオスとカンボジアで構成されていた。フランスは、日本の中国に対する宣戦布告なき戦争では国民党を支援した。米国の石油や物資はハイフォン港から鉄道でラオカイを通過し、国境を越えて苦境に立たされた蔣介石《しょうかいせき》の部隊に提供されていた。英国のビルマルートと共に、フランスは真珠湾攻撃以前の中国側の戦いを支援していたのだ[*1]。

一九四〇年六月のドイツによるフランス攻略により、フランスは中国への援助を打ち切らざるをえなくなり、インドシナを日本へ開かせることになった。帝国陸軍は一九四〇年九月に初めてフランス領インドシナに部隊を駐留させ、日独伊三国同盟締結の数日前にベトナム北部を陣取った。一九四一年七月、日本軍はフランス領インドシナ南部へ進出した。主権を維持したいと占領に協力するフランスのヴィシー政権のフィリップ・ペタン元帥は、この動きを受け入れていた。七月二九日のダルラン・加藤合意の下で、日本は「共同防衛」を口実にサイゴンとカムラン湾にある八つの飛行場と海軍基地に部隊を駐留させる権利を得た*2。

この合意により、インドシナは日本が他の地域で行う作戦支援の後方基地となった。サイゴンはその後、南方軍の司令部となった。アジアの植民地を維持するため、フランスのヴィシー政権は戦争中、日本に全面的に協力した。開戦時、英国の戦艦プリンス・オブ・ウェールズや巡洋戦艦レパルスを撃沈するために帝国海軍の航空機が出撃したのはインドシナからであった。帝国陸軍はサイゴンにあるフランスの施設から、東南アジア全域やインドに至るまでプロパガンダを放送した。また損傷した船は現地にあるフランスの造船所で修理することができた。これは地域の貿易量の増加にも貢献した*3。

しかし、戦局が日本とヨーロッパの枢軸国の同盟にとって不利になると、フランスは動き始めた。結局、フランスは植民地を失うのを避けるために日本軍の駐留を許可したに過ぎなかった。フランス軍の指揮下の兵力は約三万八〇〇〇人だったが、このうち七五〇〇人のフランス人だけが信頼できた。一方、日本は植民地に約六万人の兵を駐留させていた。日本側はフランスの継続的植民地統治を一時的、便宜的に容認していた。帝国陸軍は初めからフランスの権限を弱める狙いで現地の民族主義者達を支援していた。スバス・チャンドラ・ボースをサイゴンに召喚したのも、こうした政策の表われの一つであった*4。

フランスのヴィシー政権と対立する自由フランスの指導者シャルル・ド・ゴールは、一九四四年八月に連合軍を率いてパリへの凱旋を果たした。しかしフランス領インドシナは、ド・ゴールとはそれほど緊密な関係ではないジャン・ドゥクー提督の統治下にあった。ド・ゴールは秘密裏に、インドシナのフランス軍司令官を退官したばかりのユージン・モルダンを現地の「代表」に指名した。モルダンとその後継者の二人の将軍がド・ゴールと内通していたことを知り驚いたドゥクーは辞任を申し出たが、辞任は受け入れられず、むしろドゥクーは現地に留まるように指示を受けた。さらに、インドシナでフランスの「レジスタンス」を手引きする将軍や現地高官達のグループに従って行動するようにドゥクーは密かに指示を受けていた。一〇月には、情報将校、武器、装備品がインドからインドシナに入り始めた。

フランス領インドシナ全域に展開していた日本の憲兵隊や軍事情報網がフランスの行動を察知できなかった訳ではなかった。そこでは、他の地域と同様に、日本の軍警察と情報将校らが工作員と情報提供者の大規模ネットワークを展開していた。フランスの入植者達も慎重に事を進めた。枢軸国敗北の報せが広まるにつれて、この地域の支配権を奪還しようという話がフランス人の間では公然となっていった。憲兵隊は極秘活動を継続させることで、フランスの活動の規模を測定し、その活動の核心を攻撃する準備をしていたのである。日本はフランスの活動を様々な角度から分析し、モルダン将軍がインドシナでのド・ゴールの手下であることをずっと前から把握していた。日本の降伏直後、中国にある作戦拠点から国境を越えてインドシナに入ったフランスの情報将校ジャン・サンテニーは戦後に、「アジアでの白人の秘密を隠し通すのは非常に難しい！」と悔しそうに言っていた*5。

フランスの秘密計画と連合国の軍事的勝利がインドシナ支配を脅かしていることに気付いていた帝国陸軍は、フランスを武装解除し、戦後の支配を再開する能力を弱体化させる準備をした。日本は戦争中にインドシナの人々を解放するつもりはなかったが、戦後の西洋支配の再開の契機となるものは破壊しようと決心したのである。

中野学校の要員はこの帝国陸軍の計画を実行することとなった。一九四二年一二月、陸軍は中野学校の卒業生をフランス領インドシナへ派遣した。後に彼らは明《あきら》機関として編成された。この機関はフランス領インドシナの北部、中部、南部で作戦部隊を指揮した。これらの作戦部隊は安部隊と総称されていた。隊員らは旭日旗に安南の「安」（日本語では「安《やす》」とも発音する）の字があしらわれた腕章を着用していた。この隊員達は、日本の対仏活動の一番槍として活躍した*6。

一九四四年一二月、土橋勇逸《つちはしゆういつ》中将が新設された第三八軍の司令官としてサイゴンに到着し、地域の防衛力を強化した。土橋は今回の任務に最適な人材だった。土橋はそれまで支那派遣軍の総参謀副長と南京にある汪兆銘《おうちょうめい》の傀儡政権の武官を兼務していた。戦前はパリでも武官を務めていた。また、土橋はインドシナでフランスと対峙したことがあった。一九四〇年初頭、東京で参謀本部第二部長を務めていた土橋は、ハイフォン港経由での中国への物資流入を阻止するためにハノイに赴いた。後に総督となったジョルジュ・カトルー将軍と会った土橋は、初めのうちは親しげに話していた。パリの日本大使館の元武官として、カトルーにもそう語ったように、土橋はフランス人を尊敬していたのだろう。しかしカトルーは、物資提供停止の保証もしなかったうえ、中国へ物資が流入していないことを土橋に確認させることも拒否した。土橋はフランスの将軍に不愛想に門前払いされ、会談は失敗に終わってしまった*7。

同月、遊撃戦のために中野学校二俣分校の第一期生から数十人の要員が到着し、安部隊の先輩達と合流した。安部隊の要員は、第三八軍の参謀付きであった憲兵隊将校の林中佐の指揮の下、作戦計画を練った。第一段階では、現地フランス軍の情報収集、プロパガンダの展開、アンナン王室政府の要人拘束、そしてベトナム独立運動の地下組織の強化などが計画されていた。また、第二段階では、フランス軍部隊に対する武力攻撃、戦場プロパガンダの展開、フランス軍の駐屯地施設の破壊、フランスの工場や商業施設への妨害工作、その他の特殊作戦に参加する準備などをしていた。第三段階では、フランスの権威を排除した後、安部隊の要員はバオ・ダイ皇帝の見張り、クォン・デ皇太子の下でベトナム人政権の樹立の支援、日本の情報網の強化、沿岸防衛部隊編成への参与、内陸部での遊撃部隊の組織化などを行うことになっていた。フランスを封じ込め、従順な皇帝と親日派の皇太子を配下に置き、海岸は守られ、内陸部は遊撃戦に適した状態にあり、帝国陸軍は連合国の侵攻に対抗するための最高の状況を構築した*8。

日本の計画の鍵は、帝都フエから名目上アンナンを支配していたバオ・ダイ皇帝を掌握下に置くことだった。日本の攻撃の正念場でバオ・ダイ皇帝を拘束したのは、アンナンの隠密作戦責任者であった金子昇大尉であった。中野学校卒業生である金子は、中野学校の若手将校二人を副官として部下にしていた。二月六日、金子とその部下達は変装してフエを取り囲む大城壁をくぐった。金子は日本の大学教授を装い、日本の貿易商社である大南公司から提供された事務所を拠点に活動を展開した。この商社は帝国陸軍が隠れ蓑組織として設立したもので、戦前からフランス領インドシナで活動していた。フエでは、金子らがフランス軍の守備隊の配備に関する情報を収集し、日本の正規軍部隊の到着を待った＊9。

三月八日、南方軍総参謀長の沼田多稼蔵《たかぞう》中将は、インドシナ最終防衛の一環としてフランス軍の武装解除を大本営から命じられ、東京からサイゴンへ戻った。翌日の夜、ドゥクー提督への日本からの最後通告の直後、帝国陸軍は行動を開始した。フエでは、金子の班が町の守備隊から鍵を奪い取り、城外門の外まで進軍していた日本の部隊にその大門の一つを開け放った。フエでのフランス軍の抵抗は、特に城壁に囲まれた宮殿の周辺では予想外に強烈であった。しかし、夜明けに攻撃を指揮していた大佐が金子を宮殿に呼び寄せ、拘束下にあるベトナム人の名士の中から皇帝を探させた。後部座席には、顔の知れた男女が乗っていた。金子は高級車の窓からその姿をのぞかせ、大南公司の通訳を連れていた。金子はバオ・ダイ皇帝とその妻を見つけていたのだ。金子はバオ・ダイに、フランスの支配が終わりベトナムの歴史に明るい新章が始まることを伝えた。若き皇帝は金子と握手を交わし、日本への深い感謝と友好関係への期待を表明した＊10。

フエとハノイでの激しい抵抗にもかかわらず、日本はフランス軍を制圧し、短時間で武装解除を果たした。戦闘のほとんどは二四時間以内に終了した。中国の昆明《こんめい》ではジャン・サンテニーがフランスの軍事作戦の司令官として活動していたが、インドシナからの通信により、突如絶望的な出来事が明らかとなる。フランソンの基地から緊急の電報が届けられた。「三月九日一〇：三〇より攻撃を受けている。状況は困難を極める。至急、航空支援を要請する」。しかしそのような支援は来なかった。日本は夜間攻撃の翌朝に基地を奪取し、投降文書に署名することを拒否した司令官を処刑した。

数週間にわたり、ディエンビエンフーや北部の孤立した地域では、フランス軍の小規模な抵抗が続いており、問題は解決していなかった。二人のフランス人将官の指揮下で国境を越えて中国に逃亡した数千人の兵士を除いて、フランス軍部隊は武装解除され投獄された。三月一一日、バオ・ダイ皇帝はフランス保護領のアンナンを放棄し、ベトナムの独立を宣言した。カンボジアでは、ノロドム・シアヌーク王子が三月一七日にこれに続いた。ラオスでもフランス国旗が地に叩きつけられた。フランスの裏切り行為による脅威を排除した帝国陸軍は、新たな従属政権を確立し、インドシナの防衛強化に向けて動いた。一方、ベトナム北部のジャングル地帯では、民族共産主義の指導者ホー・チ・ミンとベトミン（ベトナム独立同盟会）が協力を拒否し、日本に対して強襲を仕掛けたため、新たな問題が浮上した*11。

ビルマでの終局

正規戦部隊と連携した日本の隠密作戦は、一九四五年三月にインドシナからフランスの脅威を排除することに成功した。だが、ビルマの帝国陸軍の影の戦士達は、ラングーンに南進する連合国の強力な軍勢を阻止することはできなかった。日本が敗北していくこの時期にビルマ駐留の帝国陸軍付の中野学校要員は、情報収集、遊撃部隊の組織、飛行場や野営地への強襲などを影で展開していた。しかし一九四五年春、マンダレーとメイッティーラを失ったことで、日本のビルマ支配は終わりを告げた。

日本が衰退し始めると、帝国陸軍のビルマの同志の扱い方の悪さが悩みの種になった。南機関で鈴木敬司大佐の三〇人の同志の初期メンバーであったアウン・サンは、ビルマの日本の軍事政権が彼とタキン党の同志を押し退けたことに長いこと憤慨していた。日本はアウン・サンらの若い民族主義者には形だけのビルマ軍将校という小さい役割を与え、より定評のあるバー・モウを協力者の長として選んだのだ。一九四三年にようやく日本がビルマの独立を認め、現地の軍隊をビルマ国民軍(BNA)としても、アウン・サンらをなだめることはできなかった。日本の誠意の問題はさておき、悪い兆しがビルマ人には見えていた。日本は戦争に負けていたのだ。アウン・サンの不満の言葉は、一九四三年の時点ですでに英国の情報将校に伝わっていたが、それを受けて英国が行動を起こすには早すぎた。しかし一九四五年初めまでに、英国は抗日タキン活動家達と秘密裏に接触していた*12。

一九四五年一月一日、英国情報部は兵力約八〇〇〇人のビルマ国民軍が日本と戦う準備を進めているとの情報を得た。英国はすぐさまビルマの抗日活動に協力するためのネーション作戦を開始し、情報収集のため情報将校の班をビルマに派遣した。三月九日、現地の英国要員はビルマ国民軍部隊の脱走が始まったこと、ビルマ側からの武器提供の要請を報告した。その月の半ばまでに、英国はビルマ国民軍全体が日本に反旗を翻すことも知った。また、アウン・サンが最近ラングーンでビルマ国民軍部隊のパレードを行ったが、実はこれは英国との戦いに行くという口実で部隊を町から脱出させたことも知った*13。

三月中旬までに、憲兵隊や日本の情報機関はビルマ人部隊の反乱の兆しをつかんでいたが、この混乱した絶望的な状況下では日本が行動を起こすことはなかった。日本政府関係者はアウン・サンがラングーンを出発したことを祝して宴会を開いたが、ほとんどの人はアウン・サンの部隊が何を企んでいるか怪しんだ。三月二四日、ビルマ陸軍士官学校の士官候補生一八〇人が脱走し、日本人教官数人を殺害しジャングルへと姿を消した。三月二七日までに、日本はビルマ国民軍の全面的な反乱に遭っていた。ビルマ国民軍との連絡将校を務めていた約一〇〇人の日本人将校のうち約二〇人がビルマ兵の手で殺された。アウン・サンとその部下達は日本に対してゲリラ攻撃を仕掛けた。ビルマ人は長年の圧政的軍事政権と憲兵隊の恐怖に報復したのである。

ビルマの指導者として戦後の英国との交渉に臨むためには、アウン・サンは今こそ戦って己の手腕を見せつけなければならなかった*14。

ビルマ国民軍の攪乱攻撃に直面していることは、掌握下にあったインド国民軍部隊をも意気消沈させた。インド国民軍は真の戦闘部隊とはいえなかったが、ビルマ防衛で価値がほとんどないことを証明してしまった。第一に、インド国民軍は依然として鹵獲《ろかく》した英軍の小銃と軽火器だけで武装していた。戦車や重砲がないのだから、進撃してくる英軍を迎え撃つ術はなかった。

ウィリアム・スリム中将の卓越した指揮の下、英インド軍の将校と兵士は勇敢に戦った。彼らの功績は、インド国民軍とは対照的であった。ビルマでの一連の作戦で授与された二七個のヴィクトリア十字章のうち二〇個はインド人兵に贈られた。一方、インド国民軍の兵士達は集団投降を繰り返していた。四月二三日のスリムの第一六一旅団はこんな姿を見ていた。「部隊が南下していくにつれ、疲れ果てた様子のインド国民軍の一団を包囲した。彼らの唯一の関心事は、どこに『出頭』すればいいのかを知ることだった。放棄された大量の糧食や装備が至る所に転がっていた。遭遇した少数の日本の敗残兵は、投降するよりも戦って戦死するか、自決した」*15。

陸軍士官学校第五二期卒で中野学校の卒業生である桑原嶽《たけし》少佐は、ビルマで崩壊したインド国民軍の指揮を執ろうとした影の戦士の一人だった。桑原は一九四四年に光機関へ加わり、インド北東部への破滅的な侵攻に参加した後、一九四五年二月にインド国民軍第二師団の「連絡将校」として指揮を執るように命令を受けていた。四月二〇日、英軍の戦車部隊の攻撃を受けた後、インド国民軍第二師団第一歩兵連隊のインド人司令官は投降の意思を英国に伝えていた。その夜、南に退却していた桑原は、投降するために英軍を待っていたインド国民軍の連隊長と遭遇した。幸いなことに、そのインド人は桑原を英国への「手土産」にはせず、南に進むことを許した。インド国民軍のアドバイザーを務めた国塚一乗《かずのり》は後に、インド人部隊の「忠誠心」とビルマ人の「裏切り」を対照的に表現した。疲弊したインド人達は押し寄せる英軍に投降したが、少なくとも彼らは積極的に「敵の英軍と手を組み、報奨金のために日本人の首を斬る」ことをしなかった、と桑原は指摘している＊16。

桑原は、ビルマ中部のペグ山脈にある第二八軍司令部に到着すると、参謀長の岩畔豪雄《いわくろひでお》少将に会った。岩畔はかつて帝国陸軍のインドでの作戦責任者であったが、今ではインド国民軍部隊にほとんど関わりはなかった。第二八軍にはインド国民軍に供給する物資や装備は不足していたが、いずれにせよインド国民軍に戦う気はほとんどなかった。岩畔は桑原にインド国民軍との関わりを断つことを伝えた。インド人達が戦うか投降するかはそれぞれの意思に任された。岩畔が出した条件は、インド国民軍部隊はペグ地域に陣取っている日本軍に近づかないことだった。岩畔の命令はインド国民軍の終焉を意味し、実際その後すぐに完全崩壊した。あるインド人師団司令官は五月四日の日誌にこう記している。「日本は我々を完全に窮地に追い込んだ。彼らは自身の活動に徹して、我々のことなど気にしていない」。翌日、彼は全ての日本人連絡将校の撤収を記した。桑原はその月に第二八軍に復帰し、運河横断作戦を担当する部隊を指揮した＊17。

東南アジアでの戦争が終わりに近づくと、帝国陸軍はインド国民軍の反乱に不安を募らせていた。南方軍はインド国民軍部隊の武装解除を検討した。ある時、南方軍のある参謀将校が光機関の参謀将校であった香川義雄大佐にこの武装解除の提案を行った。香川は、この地域に住むインド人やインド国民軍に対する裏切り行為として映るだろうと確信し、この提案に強く反対した。香川は、当時の光機関の責任者磯田三郎中将にもこの件を報告したところ、磯田も「絶対」反対を表明した。こうして、南方軍のインド国民軍の武装解除計画は断念することになった＊18。

ニューギニアの地に散りゆく同志達

一九四三年半ば以降、ニューギニアの中野学校出身の下士官達は、優れた強襲作戦を展開し、帝国陸軍第一八軍の中でも高い評価を得ていた。ある補給基地に到着した田中俊男は、その功績を称えられて乏しい需品庫から余分に糧食を受け取った。すでに正規戦闘では比較にならないほど巨大で優れた装備を持つ敵に打ち勝つことはできなくなっていた。しかし、強襲要員達は繰り返し爆発物や武器を装備して敵野営地を強襲し、爆発や銃撃を逃れた者を闇夜に追いやっていた。

　田中、山田政次《まさつぐ》をはじめとする数十人の中野学校出身の下士官は、中野で学んだことをニューギニアの地で活かしていた。敵陣地の偵察、潜行、破壊に加えて、内陸部の地形学的特性を調査し、現地部族の人心掌握のために動いた。米などの物資はもちろん、機転を利かせて現地の酋長達の心をつかんでいった。ある時、田中はニューギニアの最高司令官安達二十三《あだちはたぞう》大将を説得して、実力者の酋長と引き合わせた。こうして現地部族との間に友情が芽生えると、敵軍部隊の動きや工作活動に関する情報が日本軍に入ってくるようになった。こうした情報を基に、敵の人心掌握工作に対抗した。また、現地部族民は日本の部隊をジャングルの隠れた小道に案内したり、食べ物を提供したり、装備品の運搬を手伝った。中井増太郎少将は第二〇師団の分遣隊司令官で、部隊に自身の名を冠していた人物だが、彼は中野の影の戦士達の活躍を称賛した。中井の評価では、一連の作戦の中で、影の戦士達から中井分遣隊にもたらされた地形学的特性の調査結果と現地部族の支援は、連隊をもうひとつ持っているほどの価値があった。

　田中、山田、そして彼らの仲間達は、初期の一連の強襲を一人の犠牲者を出すこともなく完遂した。これも中野学校の訓練の賜物だろうが、運もその一端を担っていたのは間違いない。下士官で構成された精鋭部隊は、偵察、潜行、攻撃の際に確実な成果へとつながる方法を取ってきたが、初期の幸運は時間の経過と共に薄れていった。一九四三年一二月、敵部隊への猛烈な攻撃を繰り返す最中、石井敏雄隊長は手榴弾の落下から身を守るように叫んだ。しかしその破片が石井の首に傷を負わせた。数メートル離れたところでは、分隊を率いていた小俣《こまた》洋三少尉の左脇腹に穴が開き意識が朦朧《もうろう》としていた。石井は小俣を野戦医療班のところに連れて行くよう田中に命じ、攻撃に戻った。強襲はそれ以上の犠牲者を出すことなく成功したが、小俣はこの負傷によりニューギニアから日本の病院に移送された。

一九四五年二月、田中と石井少尉率いる部隊は、海岸近くにいた敵軍の包囲を逃れるため、他の二個友軍部隊と共に猛攻した。彼らは巧みに敵をかわし、手榴弾二五〇個以上とその他の戦利品を奪った。推定一五〇人を殺害したが日本の強襲要員も甚大な損害を被った。神藤《しんどう》精一軍曹、小林武雄軍曹、篠原武雄軍曹はこの戦闘で戦死し、三〇人以上の兵が死傷した。一〇倍の敵と四時間以上に渡る戦闘では海からの砲撃も受けた。武器と物資では劣っていたものの、田中と多くの強襲要員がこれを生き抜いた。自らを省みる時間があると、田中は中野の同期生が死んでいく中で自分が生きていることに罪悪感を覚えていた。

五月になると、帝国陸軍はもはや正規戦闘では敵に立ち向かえなくなっていた。実際、連合軍は島周辺の空と海を支配し、日本の補給線を絶つことで、飢えをより深刻にして第一八軍の兵士達を苦しめた。中野学校の精鋭の強襲要員でさえも、もはや通常の糧食を口にすることはできなくなっていた。幸いなことに、彼らは強襲で敵の食料庫はもちろんのこと衣類、ブーツ、武器などを得ていたので物資不足は補えていた。時には幸運が舞い込むこともあった。ある時、川の近くでたこつぼを掘っていると、ありがたいことにアサリを見つけた。また別の時は、たこつぼに落ちているトカゲを見つけ、栄養失調だった彼らは思いがけないたんぱく質を取ることができた。敵が近くにいない時は、下士官達は台湾の頑健な兵士達を狩りに向かわせることができた。海岸や川沿いでは、時折手榴弾を一、二個水の中に落とし、爆発の衝撃で気絶した魚をすくい上げたりもした。

このような絶望的な状況下で、先の部隊再編成で離れ離れになっていた田中と山田が再び力を合わせることになった。田中が石井隊長に届けた手紙の中で、山田は中野学校の同期生と「最後の機会」として、同志と「派手に行きたい」と懇願していた。願いが叶った山田は部隊長として、田中、橋本末吉と共にダグア飛行場攻撃に参加した。日本は過去にこの飛行場を敵に奪われ、今では改修された飛行場が逆に利用されてしまっていた。中野学校の田中、山田、橋本は一五〇人近くの隊員を率いて飛行場を攻撃し、航空機と施設を破壊することになった。田中、山田は一四人を率いて飛行場を爆破、他の隊員は支援に回ることになった。

暗闇の中で、田中と山田は部下を率いて防御線を越えダグア飛行場に侵入した。航空機、燃料タンク、パイプラインなどに爆薬を仕掛け、急いで身を隠した。その直後、爆発が空気を激しく叩き付け、炎が夜空を照らした。航空機は粉々に吹き飛び、弾薬、燃料に引火し大爆発が起こった。橋本と合流し、全員が無事に帰還した。

翌日、一行は急遽、南の山奥に集結した日本の部隊へ唯一アクセスができるトコク峠に向かった。今回の任務は、そこにある敵の野営地を破壊することだった。橋本、田中、山田の三人は総勢五〇人を率いて攻撃に挑んだ。これまでの強襲同様、中野学校の下士官達は敵の不意を突き、手榴弾の嵐と自動小銃の一斉掃射で、生き残った者をジャングルへと追い払った。

野営地が確保されたと判断した田中は、食料、武器、弾薬を集めるように指示を下したが、山田がいないことに気づいた。田中は血相を変えて山田のもとへ向かった。数百メートル離れた丘の上で、山田は腹を撃ち抜かれ死にかかっていた。田中は、部隊が野営地を制圧したことを伝え、頑張れと力の限り声を上げて励ました。「田中、もうだめだ」と山田は答え、「父さん、母さん、先に逝きます！」と叫んだ。そして死の間際に山田は「天皇陛下万歳！」と叫び息絶えた。田中は最も親しい同志であり、長崎からの同期生だった。ニューギニアの「緑の地獄」で数か月に渡る戦闘を共に戦い、飢えとマラリアに耐えた戦友を失ったのだ＊19。

ソビエト極東に迫りくる危機を追う

一九四五年初頭、満州の関東軍は、ソビエトの赤軍が国境を越えて攻撃に出ようとしているのではないかと不安を募らせていた。ヨーロッパではソビエトが、大戦初期にドイツに奪われた東ヨーロッパの地を取り戻していた。一月に赤軍がワルシャワを占領し、その翌月のヤルタ会談で、スターリンはルーズベルト大統領とチャーチル首相に、ドイツ陥落の三か月後にソ連は対日参戦することを密約していた。赤軍はこの密約の二日後にブタペストを解放し、四月初旬にはハンガリーからドイツ陸軍を追い出し、ベルリンを奪取しようとしていた。

その後、モスクワは東に目を向けた。ソビエトのヴャチェスラフ・モロトフ外相は四月五日、日本の外務省に一九四一年四月に結んだ両国の中立条約をソ連は延長しないことを通告した。その月の後半、ソビエトの戦車がベルリンに向けて進撃を開始した。シベリア鉄道は大戦初期からの数か月間は極東からヨーロッパへのソ連軍増援の導管であったが、今度はヨーロッパから極東に向けてソ連軍が進軍を開始した。

日本の指導者らにはソ連の脅威が明白なものになった。モスクワとの中立条約締結後の一九四一年後半、日本はアドルフ・ヒトラーからの要請について真剣に検討し始めていた。その要請とは、ドイツが西からモスクワへ侵攻する際に、併せて日本も極東ロシアへ侵攻するというものだった。関東軍の侵攻作戦準備は関東軍特種演習と称された。しかし結局、帝国陸軍は、東南アジアや太平洋での米国、英国、オランダとの戦争を重視する海軍に屈した。陸軍が南方攻略を決心したのは、石油などの重要資源がある西側の植民地を征服することを優先すべきであるという海軍の主張に説得力があったからだ。また、一九三九年に満州国とモンゴル人民共和国の国境のノモンハンで、関東軍がソビエトに大敗した記憶もまだ新しく、帝国陸軍はヒトラーがヨーロッパでソビエトを打ち負かすまでシベリア侵攻を控えることにした。

関東軍の若き情報将校馬場嘉光大尉は、一九四五年の春、日本がソビエト極東へ侵攻する時期はとうに過ぎたと考えていた。一九一八年に朝鮮で生まれた馬場は、平壌高等中学校を卒業後、一九三九年に陸軍に入隊した。幼少期を朝鮮で過ごした経験と軍人としての将来性を見込まれた馬場は、すぐに中野学校へ入校し、一九四一年に卒業した。同年、関東軍特種演習の終了後間もなく、馬場は満州国に赴任し間島《かんとう》特務機関での任務に就いた。この機関は、南と東を朝鮮半島とソビエトの沿海地方に囲まれた戦略的地域である満州国南東部の吉林省で活動していた。間島特務機関は、満州国中央部のハルビンとソビエトの重要な軍港があるウラジオストクに最も近い鉄道ターミナルの図們《ともん》を結ぶ鉄道路線上の重要都市である延吉に拠点を置いていた。

間島特務機関は、朝鮮とソビエトの国境に面した地域で主に朝鮮人ゲリラの活動の排除とソ連に対する情報活動を展開していた。間島の住民の一〇人に八人が朝鮮民族で、その多くは一九一〇年に日本が朝鮮半島を併合した後に朝鮮を離れた人達であった。この地域の朝鮮人住民は朝鮮人ゲリラの隠れ蓑になっていた。その中の一人であった金日成は戦後に共産主義の北朝鮮を率いて台頭した。

金日成をはじめとする共産ゲリラの浄化は、間島特務機関の主要な任務の一つだった。原生林や山の中で共産主義の反乱勢力を追跡するのは困難であったが、間島特務機関は他の日本軍や警察の部隊と協力して一九四〇年末までには金日成を国境の向こうのソビエトの沿海地方に追いやったのだ*20。間島特務機関の指揮下でこの地域を鎮圧したのは、共産主義者の同胞を狩る朝鮮人将校とその部下で構成された間島特殊部隊であった。日本の帝国陸軍士官学校を卒業し、戦後は韓国の合同参謀本部議長を務めた張昌国《チャン・チャングク》大将によると、間島特殊部隊は日本人の間でも「常勝の朝鮮人部隊」と評されていたという。数年後、戦後の朝鮮半島がソビエトと米国の勢力圏に分断され、朝鮮戦争が勃発した際、間島特殊部隊の退役軍人達は再び一連の浄化作戦を率いることになった。この時、彼らは米国の指揮下で朝鮮共産ゲリラと戦った。

間島特務機関の朝鮮人は日本軍の中で特別な地位を占めていたが、それは彼らだけではなかった。植民地時代の朝鮮人には苦い記憶があるが、驚くべきことに一九三八年から終戦までに五〇万人以上の朝鮮人青年が日本軍に志願していた。しかし、日本軍は志願者の中の二万人足らずの入隊しか受け付けなかった。その数は、満州国や中国の拠点から日本と戦った朝鮮人ゲリラの小部隊とは比べ物にならないくらい少ない。

間島特務機関のもう一つの重要な任務は、ソ連に関する情報を収集することだった。ソビエトの情報を入手するのは困難であったが、工作員の潜入、資料からの情報搾取、無線通信の傍受と解読、地形学的調査、亡命者の尋問などあらゆる手法を駆使した。また、ソビエトの標的への隠密作戦計画の実行に備え、国境を越えてラジオによるプロパガンダを放送した*21。

馬場は、間島特務機関第三大隊の情報中隊長として、また、同機関の秘密情報部の部長として、亡命者の尋問を主要な任務としていた。国境を越えるソビエト兵の増減は、第二次世界大戦におけるソビエト国内の情勢を色濃く反映していた。馬場が着任した当初は、亡命者の尋問に追われていた。開戦当初の数年間、ソ連兵が亡命する理由が飢えや厭戦《えんせん》であったことは、ソ連が絶望的な状況で戦っていることを証明した。しかし、ソビエトが守備を固め、後に攻勢に転じると亡命者の数は減少していった。

馬場はまた不吉な動向も察知していた。ソビエトがベルリンに攻め込み、ヨーロッパでの戦争は終焉を迎えた。これにより日本の戦争に暗雲が立ちこめ、満州国に住む中国人、朝鮮人などは反乱の兆候を見せ始めた。一九四五年初めからシベリア鉄道に沿ってソビエトの部隊や装備品が入りこんでいることにも馬場は気付いていた。ドイツが降伏した五月にはその流入量が急増した。馬場をはじめとする情報将校達は侵攻準備を目の当たりにし、早ければその夏には侵攻があるのではないかと危機感を募らせていた*22。

満州国とモンゴル国境の北西にあるシベリア鉄道沿いの都市チタには満州国領事館秘密観測所があった。そこにいた原田統吉もソ連軍の列車が東に向かって進軍するのを監視し警戒を強めていた。馬場と同様に中野学校の卒業生の原田は一九四四年末、ソビエトの満州国侵攻準備に関する情報収集のために領事館に着任していた。

多くの点で、原田は中野学校が目指す情報将校の理想像であった。原田は一九三五年に現在の大阪外国語大学を卒業した。専攻はモンゴル語である。九州の電力会社に就職した後、一九三八年に故郷の広島県福山から連隊に召集された。士官候補生訓練に合格した後の一九三九年一一月に東京の陸軍省への出頭を命じられた。陸軍省の一室に集まった私服姿の原田ら三〇人ほどの候補生に、陸軍次官阿南惟幾《あなみこれちか》中将は秘密戦士として帝国に仕えろと訓示した。なぜ中野学校に選抜されたのか、原田は最初よく分からなかったが、阿南の訓示を聞いて、自身の新たな任務をはっきりと理解したのだった＊23。

原田は一九四〇年末に中野学校を卒業した。卒業式には当時の陸軍大臣東條英機が出席したが、卒業証書はおろか卒業生名簿すら作られていなかった。参謀本部第二部第五課（ソビエト）に配属された一か月後、原田は満州国への赴任を命じられ、吉林省中央にある延吉から鉄道路線で上った重要な都市牡丹江《ぼたんこう》で、憲兵機関の分派機関に加わった。関東軍の情報将校として、満州国政府の公務員や、警察の捜査官に身分を偽装し、日本の憲兵隊や特高警察と協力してソビエトの二重工作員の摘発を行った。

牡丹江で一応の成功を収めた後、原田は奉天《ほうてん》の分派機関で、中国共産党や中国国民党、ソ連の工作員を対象に同様の任務に就くよう命じられた。しかし逮捕権限が与えられていなかったため、原田らは軍と特高警察の協力に頼らざるを得なかった。情報機関は、容疑者を情報源、協力者として「泳がせて」おくが、警察は即刻逮捕すべしと主張する。警察と共同で任務にあたる情報将校の永遠の課題でもある、こうした局面にフラストレーションが溜まっていった＊24。

一九四四年一〇月下旬、原田は外交官を装い満州国西部の満州里からシベリア横断鉄道でチタの満州領事館を訪れた。領事館の役割の中には、列車を待つ日本人旅行者（その多くは軍事伝書使《クーリエ》としての任務に就いている情報将校）に宿泊施設を提供することも含まれていた。一九三二年に設立されたこの領事館は、関東軍の軍事情報前哨基地としての役割も有していた。一九四五年までには、チタ領事館は中野学校卒業生の多くの赴任先となっていた。一九三九年に着任した第一期生渡辺辰伊《たつい》少尉が最初で、原田が着任する前にも何人かいた。全員が偽名を使っていたが、外交要員だったり、領事館の運転手という者もいた。

領事館では五人の軍人が勤務しており、原田をはじめ三人は中野学校出身者だった。三月初旬、原田は東に向かうソ連の列車を発見した。そこには部隊や武器が満載で、ヨーロッパ戦線からやってきたものと判断した。不穏な兆候はまだあった。二月下旬には三人のクーリエがシベリア横断鉄道でモスクワに向かう途中、東進するソ連軍部隊を発見した。

シベリア横断鉄道にさらなる警戒をしなくてはならない時が来た。四月二九日、天皇誕生日の記念式典後、領事館の情報将校達は、領事館後部の屋根と天井の間にある秘密観測所から鉄道を監視し始めた。ここからは望遠鏡でシベリア横断鉄道の約三〇〇メートルの範囲を監視できた。この日から、原田はソ連軍部隊の動向を探るために望遠鏡を覗くのに多くの時間を費やした。原田らは東進する部隊や装備を発見したり、クーリエから情報がもたらされると、大本営に電報で報告した。東京ではもはやソビエトの侵攻を疑う余地はほとんどなかった。あとは、侵攻の時期を予測するだけだった。六月初旬、チタ領事館は関東軍総司令部と大本営に、彼ら情報部の見積もりでは七月から八月頃にソビエトが満州に侵攻する可能性が高いと警告した＊25。

日本、最終決戦に備える

一九四五年春までに、帝国陸軍は来るべき日本本土での決戦に向けて入念な準備をしていた。長野県の山間部松代に陸軍は大本営を収容する巨大地下壕を建設していた。地下の司令部には、天皇とその従者達のための宿舎、軍事作戦指揮や日本国民に対するプロパガンダ放送のための通信所もあった。県内には四つの陸軍飛行場が分散して置かれていた。一九四五年六月、陸軍士官学校の三〇〇〇人の士官候補生は、教官の指示に従って神奈川県相武台から撤退し、長野県山間部にある最後の宿舎を目指した。

戦争継続に不可欠な企業も、主要工業地帯から山間部に生産拠点を移した。例えば、三菱重工はゼロ戦とその他の兵器を製造する地下軍事工場を長野県内の二都市に分けて建設した。一九四五年の夏までに、全体で六〇〇近くの日本企業の工場が長野県に移されることとなった＊26。

一九四五年の初めの数か月間において、中野学校もまた、本土最終決戦の準備を進めた。陸軍は、中野学校を日本防衛のために計画された全国的遊撃作戦の「総司令部」とした。一九四五年三月に中野学校の校長に就任した元光機関長の山本敏《はやし》少将は、中野学校移転を指揮した。いくつかの候補地の中から、中野学校最後の地として群馬県の富岡を選んだ。富岡は内陸に位置し、隣接する長野県にある松代大本営にも近いことから最適な候補地と考えられたのだ。そして、山本は鉄道、牛車、馬車、中野の学生、職員、地元の退役軍人、長野県の高校生などを動員して、四月までに中野学校を東京から富岡高等中学校の敷地に移転させた。同じ二か月間で、登戸研究所は神奈川県を離れ、職員と機材は長野県内のいくつかの拠点に分散された。帝国陸軍の主要な秘密戦施設のうち中野学校二俣分校だけがその場に留まった*27。

　富岡への撤退に先立ち、中野学校は日本国内での遊撃戦を計画し指揮する準備を進めていた。一九四四年三月、当時の中野学校校長川俣雄人《たけと》少将は、特殊作戦に関する資料収集のために部下の将校一人をビルマに派遣した。この将校は約二か月に及ぶ現地調査を終えて帰国した。中野学校の実験部隊長である手島治雄中佐は、この現地調査の結果を基に、爆破、浸透、その他の遊撃作戦のさまざまな要素を盛り込んだ手引書を作成した。富岡では、中野学校卒業生の多くが本土での戦争遂行能力に関するデータを収集していた。この情報収集には木村武千代少佐も参加していた。中野学校第一期生である木村は、真珠湾攻撃の前にラテンアメリカで諜報員としてのキャリアをスタートさせていた。本土決戦に向けて木村ら中野出身者が日本国民を率いて戦う作戦計画を立案した。

　日本の端から端まで、中野学校の影の戦士達が教官団を構成し、来るべき戦いに備えて兵士、予備役、民間人を訓練し始めた。女性や子供も竹槍を使った武術訓練に参加した。後に、こうした民間人の訓練を非難し、「B29に対して竹槍」と揶揄《やゆ》する批評家もいた。しかしこの批評は的外れである。中野学校は民間人に空に向かって槍を振るう訓練など行っておらず、田んぼや山林で米軍の歩哨部隊へ待ち伏せを仕掛ける訓練をしていたのだ。

中野学校でも四月からは、日本が降伏して連合国に占領された場合に向けて、遊撃作戦の準備も始めていた。丸崎義男少佐、境勇少佐は中野学校第一期生で泉部隊の組織に関わった人物である。泉部隊の隠密要員は、日本各地の地下組織から見えない泉のように湧き出て、連合軍部隊や連合軍への日本人協力者の暗殺を行い、恐怖を与える作戦を展開することとなっていた。地方レベルで一連の作戦を指揮するため二俣分校の卒業生が選ばれ、それぞれの出身県に配属された。泉部隊は中野学校の中でも極秘とされ、富岡でもその存在を知る者はほとんどいなかった。春から夏になると、泉部隊の影の戦士達は民間人に扮してひっそりと故郷に戻った*28。

註

1 Georges Catroux, *Deux actes du drame indochinois* (Paris: Librairie Plon, 1959), pp. 8-9.

2 Philippe Devillers, *Histoire du Viet-Nam de 1940 a' 1952* (Paris: Editions du Seuil, 1952), p. 81.

3 立川京一「防衛庁からの戦史　太平洋戦争(大東亜戦争)の影に日仏協力あり」『Securitarian』防衛弘済会、二〇〇〇年九月、五〇頁。

4 金子正剛「安南秘密部隊」『臨時増刊週刊読売』読売新聞社、一九五六年一二月八日、一六一頁。Claude Paillat, *Dossier secret de l'Indochine* (Paris: Presse de la Cit'e, 1964), p. 32; and Jean Sainteny, *Histoire d'une paix manqu'ee: Indochine, 1945- 1947* (Paris: Amiot-Dumont, 1953), p. 33.

5 土橋勇逸「フランス軍を武装解除」『臨時増刊週刊読売』読売新聞社、一九五六年一二月八日、一五六頁。Devillers, *Histoire*, pp. 121-123; and Paillat, *Dossier*, p. 38; and Sainteny, *Histoire*, p. 23; and Jean Decoux, *A la barre de l'Indochine* (Paris: Librairie Plon, 1949), pp. 305-324.

6 中野校友会『陸軍中野学校』五六六頁。Devillers, *Histoire*, pp. 83, 88-89. 日本語では「明（あきら）」という文字は「明（めい）」とも読む。

7 Catroux, *Deux*, pp. 51-52. 土橋勇逸「フランス軍を武装解除」一五六頁。

8 金子正剛「安南秘密部隊」一六二頁。中野校友会『陸軍中野学校』五六八頁。土橋勇逸「フランス軍を武装解除」一五六頁。

9 中野校友会『陸軍中野学校』五七〇頁。金子正剛「安南秘密部隊」一六二頁。Devillers, *Histoire*, p. 89.

10 土橋勇逸「フランス軍を武装解除」一五七頁。金子正剛「安南秘密部隊」一六三頁。中野校友会『陸軍中野学校』五七一頁。バオ・ダイ皇帝はこの出来事を異なって回想している。彼の回想録には、彼と女皇が狩猟小屋から戻ろうとしたところ、日本が彼らを攻撃のあった夜の一一時ころにフエの城壁の外に留めたと書いている。一方、金子大尉が夜明けに王室の夫婦を発見し、身元が不明であったため、河合大佐に身元を確認したことを覚えているのに対し、バオ・ダイはその夜の一時頃に大佐が出迎え、彼を皇帝と呼び、城門から護衛についたと書いている。また、皇帝は金子大尉と会った記憶も握手した記憶もないとしている。Bao Dai, *Le Dragon d'Annam* (Paris: Plon, 1980), pp. 99-100.

11 中野校友会『陸軍中野学校』五七三頁。Paillat, *Dossier*, pp. 39-40; and Sainteny, *Histoire*, p. 29.

12 Donnison, *British*, p. 347.

13 S. Woodburn Kirby, *The War against Japan, vol. 4, The Reconquest of Burma* (London: HMSO, 1965), pp. 33, 333.

14 Donnison, *British*, p. 352; and U Maung Maung, *Aung San*, p. 76. 長崎暢子編『南・F機関関係者談話記録』アジア経済研究所、一九七九年、一八頁。

15 Farwell, *Armies*, p. 314; and Kirby, *Reconquest*, p. 386.

16 国塚一乗『印度洋にかかる虹　日本兵士の栄光』光文社、一九五八年、一八六頁。桑原嶽「ビルマ戦線、印度国民軍の雄図と挫折」『歴史と人物』一九八五年一二月、中央公論社、三二五頁。

17 桑原岳編『風濤：一軍人の軌跡』横浜、一九九〇年、一二五頁。桑原嶽「ビルマ戦線、印度国民軍の雄図と挫折」三二五頁。Farwell, *Armies*, p. 338.

18 桑原嶽「ビルマ戦線、印度国民軍の雄図と挫折」三一七頁。

19 田中俊男『陸軍中野学校の東部ニューギニア遊撃戦―台湾高砂義勇兵との戦勝録』戦誌刊行会、一九九六年、七

四、八七、一〇〇～一〇一、一一〇～一一七、一三八～一四三、一八三～一八九、一九六～二一六頁。

20 中野校友会『陸軍中野学校』二一四頁。So Ch'un-sik et al., eds., *Pukhanhak* (Seoul: Pagyongsa, 1999), p. 23. ここで地理的名称について、簡単な説明をしておく。第一に、延吉(えんきつ)（英語では Yenki と読む）の英語における代替の綴りは Yanji または Yenchi である。第二に、Kirin は現在の吉林(きつりん)（英語では Jirin と綴る）と同様に綴る。第三に、間島の日本語と韓国語の読みは、かんどう（現在の日本語では、かんとう）である。該当地域で活動していた特務機関名に言及する際は、満州国にいる日本軍部隊を間島(かんどう)特務機関ではなく、中国語で呼んでいたという風習に合わせて、間島(ちぇんたお)特務機関（Chientao 特務機関）としている。

21 Chang Ch'ang-guk, *Yuksa Cholopsaeng* (Seoul: Chungang Ilbosa, 1984), pp. 24-25. 中野校友会『陸軍中野学校』p. 214. Wan-yao Chou, "The Kominka Movement in Taiwan and Korea: Comparisons and Interpretations," in The Japanese Wartime Empire, 1931-1945, Peter Duus, Ramon H. Myers, and Mark R. Peattie eds. (Princeton: Princeton University Press, 1996), p. 63.

22 馬場嘉光『シベリアから永田町まで―情報将校の戦後史』展転社、一九八七年、四五～四九頁。

23 Kobayashi, "Rikugun," p. 173. 原田統吉『風と雲と最後の諜報将校―陸軍中野学校第二期生の手記』自由国民社、一九七三年、八頁。

24 Kobayashi Hisamitsu, "'Rikugun Nakano Gakko' kaku tatakeri," Purejidento (December 1985), pp. 175. 中野校友会『陸軍中野学校』二二一頁。

25 Kobayashi, "'Rikugun,'" p. 176. 中野校友会『陸軍中野学校』一八八～一九〇頁。三田和夫『東京秘密情報シリーズ　迎えにきたジープ』20世紀社、一九五五年、一八頁。

26 木下健蔵『消された秘密戦研究所』信濃毎日新聞社、一九九四年、三〇六～三二三頁。

27 中野校友会『陸軍中野学校』四八～五一頁。木下健蔵『消された秘密戦研究所』三〇六～三二一頁。

28 平川良典『留魂：陸軍中野学校　本土決戦と中野・留魂碑と中野』平川良典、一九九二年、一五九頁。中野校友会『陸軍中野学校』四九、五三、五四頁。

7

沖縄の戦い

一九四五年三月、牛島満《うしじまみつる》中将は沖縄での自身の行く末について現実を直視していた。その一か月前、日本はフィリピンを天王山、つまりそこが踏みとどまる決戦の地と宣言していた。京都の西にある天王山は、豊臣秀吉が一五八二年に明智光秀を破り勝利宣言した場所である。以来、「天王山」は勝敗を決する戦いを意味する言葉になった。三月、マニラを失った日本は、沖縄を大日本帝国の天王山にすると宣言した。日本最南端の地域防衛が帝国の運命を決めると宣言したのだった。しかし、秀吉役の牛島中将は、任地となる沖縄が未だ激戦に向けての準備ができていないことを理解していた。

牛島は鹿児島出身の学究的な歩兵将校である。鹿児島はかつて藩政時代に薩摩藩の支配下に置かれ、廃藩置県により鹿児島県となった歴史を持つ。一九四四年八月、牛島は新設された第三二軍司令官として沖縄防衛の準備を命じられた。牛島は陸軍士官学校長を務めていた東京を離れ、一か月後に那覇に到着した。その時までに、米国は難攻不落と思われていた南太平洋戦線を突破し、その過程で日本が拠点としたサイパン島要塞の守備についていた第三一軍を全滅させていた。

牛島には島を守るための兵や装備、補給物資などはほとんどなかった。攻勢防御《アクティブディフェンス》のためのそれまでの計画は、沖縄戦に向けた部隊をフィリピンへ無駄に転用をしたことで無に帰してしまった。この転用により選択の余地がなくなり、防衛的な消耗戦の準備をせざるを得なかった。実際、牛島は勝機がない沖縄の戦いが天王山になるわけがないことを分かっていた。牛島の役割は、沖縄と引き換えに敵に出来るだけ大きい対価を支払わせることだった。さらに大本営は、第八四師団の四国への移転計画を中止することで、牛島の役割を絶対的なものにした。伊江島に完成したばかりの飛行場は破壊を命じられ、米艦隊への攻撃機がそこから出撃することはなくなった。牛島の任務は、帝国陸軍が本土での最終決戦を準備している間、可能な限り長く沖縄の島を守ることだけであった*1。

牛島が担当したのは、北は九州以南の海域から南は中国南沖の台湾まで伸びる琉球列島であった。沖縄本島はわずか一二〇〇平方キロメートルで、列島の半分強の面積を占めている。かつては独立した王国であり、日本と中国の両方に貢ぎ物を納めていたが、一六〇九年に薩摩島津藩が沖縄を征服した際に、沖縄は日本の支配下に入った。一八六八年の明治維新と日本の封建制度の廃止を経て、一八七九年に沖縄は大日本帝国最南端の県となった。

民族的に異なり、相対的に貧しく、日本の他の県とは距離があった沖縄は、孤立した亜熱帯の辺境地だった。貧困のため多くの県民は大阪などの工業地帯に働く場を求めて島を離れた。また沖縄人の多くが移民としてフィリピン、ハワイ、米国本土、南米に渡っている。沖縄県は、その平和的伝統に則り、帝国の中で唯一地元の軍隊を保有しなかった。日本文明発祥の地であり、日本の武道精神の源でもある九州の福岡、熊本、鹿児島からは多くの将官が輩出されているのとは対照的に、琉球出身者が日本軍の中で出世した例はない。

一九四五年三月、牛島は太平洋戦争で最も強力な侵略艦隊から列島を守るため抜かりなく準備をした。レイモンド・スプルーアンス提督は、米軍の沖縄攻略作戦であるアイスバーグ作戦のために、一四〇〇隻以上の戦艦と商船を指揮下に置いていた。スプルーアンスの艦隊にはマーク・ミッチャー中将率いる一七隻の空母とバーナード・ローリング中将の英太平洋艦隊の四隻の空母が含まれていた。この艦隊にサイモン・ボリバー・バックナー中将の第一〇軍が乗船しており、海兵隊第三水陸部隊と陸軍第二四軍部隊で構成されていた*2。

舞台準備

軍艦、航空機、戦車、弾薬、その他の通常装備、どれをとってもはるかに凌駕している連合軍の侵攻からどうやって沖縄を防衛するか。海岸や野戦ではどのように戦っても自殺行為と同じになってしまう。そこで牛島は塹壕の中から敵を血祭りに上げ、わずかな戦力を温存しようとした。また、正規戦部隊が不足する中でその戦力を特殊作戦で補うことを検討した。陸軍と海軍のパイロットは、連合軍の軍艦や輸送船と自身の命を引き換えにしていた。また、海上では隠れた位置から敵艦隊の船体に対して特攻艇を走らせ爆発させた。陸上では、強襲部隊が敵の戦略的施設を破壊する一方で、敵線後方で恐怖と混乱を増幅し攪乱していた。琉球列島の離島では、情報将校が上官らに敵の動きを報告し、現地住民を率いて戦闘に参加した。沖縄でも他の地域と同様に、中野学校の要員達が陸軍の特殊作戦で重要な役割を果たすこととなる。

一九四四年九月、村上治夫《はるお》少尉と岩波壽《ひさし》少尉が第三、第四遊撃隊（第一護郷隊《ごきょうたい》、第二護郷隊）を組織するために那覇に到着した。この二人の将校は相武台の帝国陸軍士官学校第五五期を卒業後、中野学校で訓練を受けていた。各士官の指揮下には、中隊長として四人の少尉と情報と通信を担当する二人の軍曹がいた。この一二人の要員と遊撃隊に加わった数人の要員は、全員が中野学校出身者であった。二つの部隊にはそれぞれ約四〇〇人の精鋭が所属していた。村上と岩波の下には、労働、通信、情報のために徴用された沖縄人もいた。

鉄血勤皇隊という補助部隊には全体で一〇〇〇人以上の沖縄人の男性が勤務していた。その一つが名護にある第三高等中学校の徴用学生一五〇人からなる部隊で、第三遊撃隊司令部や情報補助部隊の中隊に配属された。第三二軍は中等部以上の男子学生を総動員して鉄血勤皇隊を編成、遊撃活動や浸透技術の訓練を行っていた。偵察部隊に所属した多くの沖縄の人の中で最も有名なのは、首里城にあった第三二軍司令部に情報補佐として配属され、戦後沖縄県知事となった大田昌秀である。

　歩兵指揮官とその部下によりまとめられていた他のコマンドー部隊とは異なり、村上、岩波が指揮する第三、第四遊撃隊は大本営からの直接命令を受けていた。牛島とその上級情報将校と調整しながら、二つの遊撃隊は独立して戦場で展開することとなっていた*3。

　その九月、村上、岩波と共に那覇に到着したのは、帝国陸軍士官学校と中野学校の同期生である広瀬秀夫少尉だった。広瀬は第三二軍情報参謀部長薬丸兼教《やくまるかねのり》少佐の下で参謀を務めた。広瀬は中野学校の卒業生で、琉球列島の離島で任務に就いている仲間の指揮に多くの時間を費やすこととなった。

　日本にある無数の小さな島々に軍は軍人をただ一人配置した。現地住民を遊撃部隊に仕上げて島の防衛に当たるほか、島に留まり敵の動向を報告した。東京では、大本営が一九四四年六月に陸軍部直轄特殊勤務部隊を設立し、離島作戦を統括していた。一二月には中野学校卒業生一一人が東京に集められ、琉球列島での隠密任務を命じられた。その中には、陸軍参謀総長梅津美治郎《うめづよしじろう》大将からの直接命令を受けて偽名で第三二軍に配属された木口富雄《きくちよしお》軍曹、酒井清軍曹らがいた。二俣分校では、卒業と同時に沖縄への赴任を命じられた阿久津敏朗少尉も列島の離島での任務に選抜された一人であった。

　酒井は一二月、著名な朝日新聞の記者を装い沖縄入りを果たした。酒井が着いた先は、一〇月の空襲で壊滅的な被害を受けた沖縄の中心地那覇だった。二七日、鹿児島から那覇港入りを果たした阿久津は、町の「壊滅」を目の当たりにし、荒廃した町の姿に、まさに戦場に入ったと実感した。

　一月一六日、中野本校の軍曹五人と二俣分校の六人が第三二軍司令部に集められた。指揮官室で彼らは命令を受けた。酒井は台湾の東、琉球列島最南端の波照間《はてるま》島に、木口富雄は、琉球列島最北端に位置する伊平屋《いへや》島に向かうこととなった。阿久津敏朗は、もう一人の中野要員と共に琉球列島最西端の与那国《よなぐに》島に向かうと知った。他の七人の影の戦士達は、他の小島に向かうこととなった。沖縄県知事との取り決めで、彼らは学校の教員を装い任地に向かった。授業が終わると、地域住民を遊撃部隊に仕上げ、来るべき戦いに備えるのだ。酒井らはその夜、薬丸ら第三二軍情報部の参謀達が出撃を祝して開いてくれた宴会に参加した*4。

山下という偽名を名乗った酒井は翌月、波照間島に到着した。地元の人達は、酒井の顔色と長い顔で本土の「大和人」だとすぐに分かった。軍人らしい風貌をした教師の正体に、島の人達は興味津々だった。酒井が持ち込んだオレンジ色の大きな木箱は教師の持ち物としては不自然だった。その箱の中には、軍服、刀、拳銃、手榴弾、登戸研究所で開発された爆薬と無線機が入っていた。また、敵の水道に細菌を放出するために登戸から提供された特殊ペンも持っていた。酒井は中野学校でこのようなペンの使い方を訓練しており、米軍が波照間島に上陸した時は井戸を汚染することになっていた。一方、酒井は島の若者達を防衛部隊に編成し、夜には柔道を教え、死を恐れないように諭していた。このような行動は、今でこそ学校教諭の職務ではなくなっているが、当時の酒井の偽装には適したものだった。一九四三年頃から、教師達は決戦に備えて地元の学生達を訓練していた。女学生も看護などの任務のためにひめゆり隊を組織し、それぞれ手榴弾一つを渡され、捕らえられそうになった場合はそれを使って自決するように命令されていた。

伊平屋島へは、木口も武器と無線機を持って上陸した。木口も宮城と名乗り、教師を装っていた。防衛準備の一環として、木口は山小屋に爆薬を隠した。歯磨き粉チューブのような形をした爆薬は登戸研究所製のものだった。授業外では、木口は若者達に軍事訓練を施していた。わら人形を竹槍で突き刺す彼らの叫び声が小さな島に響いた。

阿久津は那覇よりも台湾に近い離島である与那国島に上陸した。阿久津の荷物には爆薬の入った木箱が二つ含まれていた。彼の経歴はこの任務に十分適していた。阿久津は予備役士官訓練学校を経て、一九四四年九月に中野学校二俣分校の第一期生となった。そこでは三か月の厳しい訓練を受け遊撃戦の要点を学んだ。阿久津は同期生と共に爆破作戦の訓練をしていた。ある訓練では、地元の浜松航空基地へ模擬攻撃を行った。農夫の格好をした阿久津は、航空機や格納庫にダミーの爆薬を仕掛ける前に飛行場の防御や脆弱点の調査を行っていた。

与那国島では、阿久津は地元の学校で教鞭を執るという表向きの任務と、島民に遊撃戦の訓練をするという裏向きの任務を使い分けた。本土から来た異国情緒溢れる体格のいい青年は島民から「大和先生」と愛称で呼ばれた。阿久津は東京の地下鉄や映画館の話を聞かせてくれる人気の教師だった。大都市の明るい街の光など見たことのない与那国の住民にとって、阿久津の話はさぞ不思議なものだったに違いない。また、先生の課外活動は刺激的なものだったに違いない。阿久津はほぼ毎晩、数十人の若者と退役軍人を遊撃戦に向けて訓練し、また米国の侵攻に備えて、爆薬、武器、食料を隠した*5。

戦いの始まり

一九四五年三月二三日、連合軍は沖縄攻略戦（アイスバーグ作戦）を開始した。翌日、米艦隊は日本の防衛拠点であり、民間人が集中していた沖縄本島最南端を叩き、水陸両用作戦開始前に日本軍の防衛力の弱体化を図った。

沖縄本島での戦いの前哨戦として、米軍はまず那覇の対岸に位置する小島群の慶良間《けらま》諸島の確保に動いた。アイスバーグ作戦の間、船の修理や補給を安全に行う港が必要であったためである。島の確保に際し情報が不足する中、米軍が撮ったこの地域の航空写真にぼやけた物体が写っていた。画質が悪かったが、沿岸砲台の可能性があった。このような砲台が沖縄上陸作戦にもたらす危険を排除するため、米陸軍第七七師団は三月二六日慶良間諸島に上陸した。日本の防衛隊を撃破し、ぼやけた物体が実は製糖工場であることが分かったが、驚いたことに米軍に夜襲を仕掛けるためと思われる特攻艇が三五〇隻も発見されたのだ。もしこれらが発見されていなければ、この特攻艇は米艦隊に大損害を与えていたかもしれなかった＊6。

日本は特攻艇を失い大打撃を受けたが、特別攻撃機などによる侵略艦隊への一連の攻撃を成功させた。米英は神風攻撃が来ることを知っていたので、九州や台湾などの飛行場に空襲を仕掛けて懸命に阻止しようとしていた。しかし、日本はその神風を放ってみせたのだった。慶良間諸島を失った翌日、七機の日本機が米艦隊に向かって飛び込んだ。あるパイロットは自らの命を犠牲にして、戦艦ネバダの二門の一四インチ砲を破壊し、六〇人の死傷者を出した。また別のパイロットの体当たりで、駆逐艦オブライエンの乗員一〇〇人以上が死亡、負傷、行方不明となり、艦は航行不能となった。英太平洋艦隊に対しても神風攻撃は行われ、空母インディファティガブルに損害を与え、駆逐艦アルスターを修理のために撤退させた＊7。

四月一日、米軍は那覇の西海岸に上陸した。海兵隊第三水陸部隊は名護市や本部《もとぶ》半島など島の中部と北部を担当していた。米陸軍第二四軍の兵士達は、日本の防御部隊が集中している南部に進出することとなった。沖縄の東シナ海側の海岸である嘉手納《かでな》に上陸した第一海兵師団と第六海兵師団は、人口がまばらで丘陵とジャングルに覆われた島の北部の三分の二を確保することになっていた。しかし、上陸地点に牛島の部隊の姿はどこにも確認できなかった。実際、米軍はなんの抵抗もなく上陸したのだった。正午前には、米軍は読谷《よみたん》と嘉手納の二つの主要飛行場を抵抗なく奪取した。結局、島への上陸初日に米兵が遭遇した日本兵は二〇人にも満たなかったのだ。この上陸の日は奇しくもキリスト復活を祝う復活祭とエイプリルフールが重なる歴史的にも珍しい日であった。この歴史的な日に牛島はどんな罠を仕掛けているのだろうか。

牛島は実際、連合軍の水陸両用作戦に対する帝国陸軍の戦略の一環として、米軍に無抵抗上陸を許していた。大本営は太平洋の島々での過去の敗北から、海軍の砲撃と航空攻撃にさらされている浜辺で、はるかに強力な敵上陸部隊を撃退することはできないという結論に達していた。そこで大本営は、島の内陸部の山や洞窟、その他の自然要塞化された陣地から敵を迎え撃つ戦略を考案した。実際、参謀本部第二部は「水際で敵を全滅させる」という過去の失敗を教訓に、米軍の島嶼作戦に関する手引書を取りまとめた。

情報将校はこれを現場指揮官にブリーフィングした。この手引書の作成を担当した第二部の将校の一人である堀栄三中佐は、米軍のレイテ島上陸直前に山下大将にブリーフィングしており、新戦略は恐らく山下がマニラからルソン島北部の丘陵地帯に撤退したことを教訓として反映していたのだろう。必死の特攻という勇敢ではあるが無益なこれまでの慣習から脱却したことで、山下は戦争が終わるまで戦い続けることができた。

敵の船や航空機から守られた日本の防衛陣地では、突進してくる無防備な敵兵を倒した。牛島とその上級参謀の八原博通《やはらひろみち》大佐は、新戦略を各部隊に徹底させ、上陸地点での抵抗を避けた。さらに、第三二軍の大部分を首里城に置かれた司令部北側の島内陸部に配備した。四月五日、この首里戦線に突っ込んだ米第二四軍部隊は、山間部で激しい銃撃を受けた。沖縄戦が本格的に始まったのだ*8。

四月八日まで、牛島の部隊は米第二四軍の進撃を阻止し、丘陵地帯の塹壕から猛烈な攻撃を浴びせ続けた。第三二軍が踏みとどまる中、大本営は陸海軍合同の攻撃を立て続けに行った。この一連の大規模特攻は「菊水作戦」と命名された。日本の天皇にちなんだこの花の名前は、片道切符の任務を遂行する男達が直面する死に対してある種の美徳を与えることを意図していた。帝国海軍第五航空艦隊と帝国陸軍第六航空軍は、沖縄戦を通じて連合艦隊を苦しめた。特に悲惨だったのは、四月一二、一三日の菊水第二号作戦で、二〇〇〇人近くのパイロットが眼下に浮かぶ艦隊に向かって突っ込んでいった。日本の神風は駆逐艦マナート・L・エベールを沈め、他にも多くの打撃を与えた。四月六日から六月二二日までの一〇回の菊水作戦で一五〇〇機近くの航空機が出撃し、二六隻を撃沈、一六四隻を損傷させた*9。

沖縄北部の三分の二の地域では、村上治夫の第三遊撃隊と岩波壽の第四遊撃隊が名護へ北進中の海兵隊二個師団に対し徹底的な攪乱《かくらん》を仕掛けた。八〇〇人の兵と自警団として組織された地元の男達からなる大隊を従え、二人の指揮官は補給基地や野営地を強襲した。北部、特に名護と島北端の間の国頭《くにがみ》地区では、遊撃隊要員が海兵隊の歩哨を狙撃し、野営地の電話線を切断し、海兵隊は四六時中の陣地警戒警備任務を強いられることとなった。村上と岩波は、四月二〇日に沖縄北部の制圧が宣言されるまでの間に、不確かではあるが第六海兵師団に死者二三六人、負傷者一〇六一人の損害を与えていた。村上の計算では、彼の第三遊撃隊は約一〇〇人以上の米兵を死傷させ、多数の弾薬庫、燃料庫、食料庫、軍用車両を爆破した。岩波の第四遊撃隊も同様の戦果を挙げていた。

二人の指揮官の決心を反映して、遊撃隊の日本人の士気は高かった。無能な宇土《うど》武彦大佐の下にいた二〇〇〇人の兵隊との差は明らかだった。宇土は近くの伊江島と対岸の本部半島への玄関口で戦略的な位置にある名護を急いで放棄してしまった。ある夜、村上の野営地に現れた宇土は、司令部の看板を見つけた。そこには「敗走した宇土の残党一味は卑怯者」と書かれていた*10。

読谷への強襲

先の菊水作戦では甚大な被害を受けたが、米軍戦闘機パイロットは嘉手納と読谷《よみたん》で奪取した飛行場から出撃し、神風パイロットの多くが標的に到達するはるか前に迎撃できるようになった。帝国陸軍第六航空軍司令部は、一〇日間から一か月の間にこの二つの飛行場を破壊するための強襲計画を作り始めた。対地戦闘空中哨戒の脅威が排除され、他の米戦闘機もいなくなり、さらに空母も給油のために一〇日程度作戦地域から撤退していたため、菊水作戦は侵略艦隊に大損害を与えることができるようになっていた。この空襲計画を実行するために、帝国陸軍第六航空軍は精鋭の義烈空挺隊に目を向けた。一五〇人程の部隊で、その中の一〇〇人は中野学校出身者であった。

この時期に、日本が連合艦隊への攻撃で苦労したのは、敵の戦闘空中哨戒活動のみならず、日本の軍種間競争もあった。帝国海軍はフィリピンでの作戦後に消滅してしまったが、沖縄を帝国の真の天王山にすることを支持していた。そこで海軍軍令部は、使用可能な全ての特別攻撃機を投入することを主張した。

一方、帝国陸軍は既に沖縄を負け戦として見ていたため、大半の航空機と人員を本土での来るべき戦闘に備えて保持する案を選んだ。このため第六航空軍を用いた強襲計画への大本営の許可が遅れ、五月二日になってようやく陸軍参謀総長が許可を与えた。そして、義烈空挺隊は出撃予定地の熊本の陸軍健軍飛行場に飛んだ。新設されたばかりのこの飛行場はまだ連合軍の爆撃機の攻撃を受けていなかった。

五月二二日、中野学校出身者の義烈空挺隊隊員一〇人は、翌日に出撃を控え、もう一度中野学校の校歌を歌うために兵舎近くの林の中に集まった。辻岡という若き少尉は、感極まって涙を流しながら、切磋琢磨した仲間に感謝し、命を懸けて戦おうと励ました。石山俊雄少尉は「辻岡、笑って、笑って！　これが男の道だ」と思い切り励ました。悪天候のため予定されていた出撃は五月二四日まで遅れた。一〇人の若者が運命の双発爆撃機に搭乗するまでにそれぞれが最期の詩を読んだ。哲学が好きな繊細な男であった渡辺祐輔少尉は、間もなく帝国のために命を捧げる若者達を散りゆく桜の花びらに喩えて詩に託した。

かずならぬみ山に咲きし若桜　君が御為に散るぞうれしき

威勢の良い石山は、文学的な詩よりも戦いへの想いを込めた。

吾々の屍を踏み越へて進め＊11

彼らの運命の瞬間は目の前に迫っていた。

五月二四日未明、一二〇人の義烈空挺隊が一二機の陸軍爆撃機に乗り込み、沖縄への片道の旅に出た。各爆撃機に一〇人の空挺隊員と四人の乗組員を乗せた一六八人の兵士が沖縄強襲に向けて出発したのだった。しかし、運命は最初から彼らに逆らった。一二機のうち四機は、機体に機械的な故障を起こしすぐに胴体着陸を余儀なくされた。残る八機の爆撃機が九州を後にし、目標に向かう途中の八時半頃に伊江島を通過すると、米軍のレーダーが地上の対空砲要員に警告を出した。空には地上の砲からの激しい砲火が線を描いていた。読谷飛行場では一機の爆撃機が燃料タンクから火を放ちながら地上に墜落した。八機のうち七機が着陸前に撃墜された。

唯一生き残った爆撃機、三菱キ21（連合軍での呼称はサリー）が、読谷の戦闘機用滑走路を滑って横切り、爆撃機の腹が珊瑚の表面を擦るように火花を散らした。この機体から、手榴弾、焼夷装置、小銃で武装した一一人の空挺隊員が飛び出した。飛行場は大混乱に陥った。空挺隊員らは飛行場を駆け抜け、駐機中の航空機や燃料置き場に手榴弾や爆薬を投げ、行く手にいる者全てを銃撃した。飛行場に配備されていた米海兵隊は、軽機関銃や小銃、拳銃を投げ出して逃走した。

翌朝、最後の義烈空挺隊員が射殺され、全てが終わった。三人の日本兵が三菱の爆撃機の中で死亡していたが、恐らく対空砲火で死亡したのだろう。他に一〇人が飛行場周辺で倒れていた。近くの残波岬《ざんぱみさき》で殺された一人の日本兵は、見たところでは遊撃隊の最後の要員だった。墜落した四機の爆撃機の中で五六人の義烈空挺隊員が死亡した。戦死した者の中には石山や渡辺などの他にも中野学校出身者が七人いた。中野要員の一〇人のうち一人だけが生き残り、彼が搭乗していた爆撃機は離陸後すぐに機械的な故障で胴体着陸せざるを得ない状況だった。

当初の一二機の爆撃機のうち一機だけが沖縄に上陸を果たし、一握りの義烈空挺隊員が海兵隊員二人を殺害し一八人を負傷させた。また、二機のコルセア（F4U）と4機のC54輸送機を含む八機の航空機を爆破し、さらに二六機を損傷させた。加えて、約二六万五〇〇〇リットルの航空燃料を燃やした。それでも読谷飛行場はその日の昼前には運用を再開していた。首里城の第三二軍司令部から、八原大佐は読谷の夜空を照らす揺らめく炎を見ていた。結局はこの強襲がほとんど効果をもたらさないことを知っていながらも、義烈空挺隊の勇敢さに感動していた＊12。

終　幕

牛島司令官と八原大佐は日に日に高まる米軍の圧力に対して、四月中は首里城を中心に戦線を維持してきたが、二人は長　勇《ちょういさむ》中将の断固たる攻撃方針に逆らうことはできなかった。坊主頭、眼鏡、口ひげが東條に似ていた第三二軍の長参謀長は、帝国陸軍の兵士が洞窟や塹壕に閉じ籠もって戦うような消耗戦的戦略を続けることに強く反対していた。長は、積極的に攻撃することこそ日本の軍人として価値のある戦術だと信じていた一人だった。長と第三二軍の若い将校達は、ただ単に弾薬を使い切るまで防衛に徹するだけのように見える計画には最初から反対だった。

フィリピンでも、数週間前に山下大将は部下から、丘陵から米軍に対して即時攻撃の命令を期待した同様の要請を受けたが却下していた。マレーの虎は消耗戦的戦略を堅持することで、マニラ陥落後も戦い続けることができた。

天皇誕生日の四月二九日、長は第三二軍の会議の議長を務め、攻勢に出るための合意を求めた。出席したのは、上級参謀将校の八原博通大佐、上級作戦将校の長野英夫少佐、上級情報将校で航空隊、通信、兵站担当参謀将校の薬丸兼教少佐だった。この中で八原だけが攻撃の無益さを主張し、米軍をほぼ抑えていた消耗戦的戦略の維持を訴えたが、他の者は長の提案を熱烈に支持した。感情の余り涙を流しながら長は訴えた。「いろいろと考えておられるでしょうが、一緒に死のうではありませんか！　どうか、この攻撃に賛同していただきたい」

長の提案に反対し、失敗を予感していた八原だったが、最終的には出席者の総意に従わざるを得なかった。そして牛島司令官は、不本意ながら五月四日の大規模反撃を承認した。

夜明けの砲撃が第三二軍の攻撃開始を知らせた。一連の作戦で初めて日本兵は洞窟やたこつぼから出て米軍陣地に向かって北上する大規模な動きを見せた。しかし米軍の地上、航空、海上からの圧倒的な火力による攻撃を受け死傷者が続出し、作戦の継続は困難になった。獲得した陣地はごくわずかだった。翌日、牛島は攻撃を中止し、以前の防衛陣地に戻るように命令した。約五〇〇〇人の兵を失ったこの攻撃であまりにも多くの弾薬を消費したため、その後は砲兵は一日に一〇砲弾しか割り当てられなかった。長の攻撃方針では何も得ることはできず、ただ最終的な敗北の日を早めるだけだった。
正規戦部隊としての第三二軍の終焉は翌月に訪れた。牛島は既に首里城跡から南の洞窟に司令部を後退させていたが、六月一九日に戦闘継続という最後の命令を出した。その三日後、牛島満司令官と長勇参謀長は、武士の作法に則り、それぞれの刀を自身に向け、切腹自決を行った。東京への最終報告のために脱出を命じられた八原は、制服を脱ぎ捨て最終司令部を後にした。

中野学校出身の要員にとって、正規戦部隊としての第三二軍の終焉は、彼らの主要任務の始まりの時でもあった。広瀬秀夫は六月三日の戦闘で戦死していたが、同期生の村上治夫、岩波壽は第三、四遊撃隊の指揮に就いていた。四月二〇日に米海兵隊が沖縄北部の制圧を宣言したが、名護北部の国頭《くにがみ》地域を中心に、二人の日本人将校は強襲を引き続き率いていた。六月一三日、本部《もとぶ》半島北部で活動していた対敵諜報部隊（ＣＩＣ）の隊員二人が日本人遊撃要員の待ち伏せを受け戦死した。また、対敵諜報部隊に協力していた村長が遊撃要員に処刑される出来事もあった。村上と岩波の部隊も終戦間際にこのような作戦を展開した遊撃部隊の一つであった。おおむね銃撃戦は終わったが、米軍の哨戒部隊や日本人協力者は、人目のない道での待ち伏せや、夜間に遊撃要員が村や収容所に潜入し報復するという危機にさらされていた。

六月二五日、村上は牛島の死を知った。司令官の後を追うべきという意思を何とか振り払った村上は、七月一日に予定された嘉手納飛行場最終攻撃の準備を部下に命じた。しかし攻撃前夜、村上は感情のコントロールを取り戻した。村上は嘉手納飛行場への特攻は遊撃指揮官としての使命には反していることを悟ったのだ。そこで村上は代わりに、占領軍に新たな恐怖を与えることを計画した。村上は第三遊撃隊の沖縄人には、故郷の村で難民を装い持ち場につくように命令し、他の要員には、労働者として米軍基地に浸透（**Infiltration**）〔訳注：遊撃戦術の一つで、同一の目的、任務を持つ複数の要員がそれぞれ秘密裏に敵の内側やコミュニティ、戦線後方に展開し、攻撃や工作活動を行うこと〕するように命じた。そして村上の命令一下、彼の部隊は米占領軍に抵抗活動を起こすことにした。七月一〇日に村上と接触した岩波は第三二軍が全滅したことを知った。岩波は、多くの装備を隠し、現地出身の遊撃隊要員を帰郷させ情報収集に当たらせ、更なる命令を待った。

村上の計画は優れたものであった。対敵諜報部隊は日本人が米軍の戦線後方に浸透していることに気付いており、収容所に入る一般の難民が手続きをする場所で潜入要員のスクリーニングに力を注いだ。しかし大量の難民に対し日本語が話せる人材が不足しており、沖縄人を通訳補助として使わざるを得なかった。このような混乱の中で、村上は部隊の現地要員を故郷の村に帰らせ収容所に入り込ませた。慌ただしい日々の中で、少なくとも数人の遊撃要員が収容所に浸透できたのではないだろうか。そして筋金入りの村上の兵士達は小山に残った。

しかし、八月一五日の玉音放送により村上の計画は消え去った。占領下の沖縄で影の戦争を指揮することはできなかった。一〇月二日、岩波も中隊長らと共に小山から降り収容所に入った*13。

波照間の離島では、米軍の沖縄上陸に伴い、中野学校の酒井清が四月初旬に住民を隣の西表島《いりおもて》に避難させていた。彼は、マラリアが蔓延する西表への避難に消極的な住民を暴力で脅してでも連れて行った。しかしその結果は悲惨なものとなった。波照間の住民数百人、特に乳幼児や高齢者が強制的に移動させられた後にマラリアに感染し亡くなったのである。

波照間からほど近い与那国島では、阿久津敏朗は貯蔵武器が不足していると判断し、五月に台湾へ行き、台湾に駐留していた第一〇方面軍に物資の追加を要請していた。台北で阿久津は、中野学校の第一期生であり親しい間柄の牧沢《まきざわ》義夫少佐を見つけた。真珠湾攻撃の少し前にコロンビアで諜報員としてのキャリアをスタートさせていた牧沢は、台湾で情報機関の責任者として遊撃部隊の設立に取り組んでいた。牧沢は阿久津が要求した物資を確実に受け取れるように便宜を図った。爆薬、小火器、食料など兵士達を編成するのに十分な物資を得られた阿久津は七月初旬に与那国に戻ってきた。彼は遊撃要員達に武器と食料を秘密の洞窟に貯蔵させた。準備が進むにつれて、阿久津の選んだ若者達と退役軍人達は爆薬と小火器の扱い方を学んだ。また、阿久津は女性や少女達の訓練を監督し、竹槍を使った防衛訓練を行った。

終焉は翌月に訪れた。阿久津は八月一一日、広島と長崎が新型兵器で破壊されたことを訪問船の船長から聞いた。六日後、別の船が八月一五日の降伏を知らせる新聞を持ってきた。阿久津は米占領軍の追及の手が島の住民や自分に及ぶのを恐れて、九月二日に不利な証拠のすべてを海に捨てた。遊撃教官として特別な活動をしていたにもかかわらず、結局阿久津は米軍当局の目を逃れた。阿久津は教師の偽装身分のまま、一九四六年一月九日に復員船で無事に鹿児島の港へ到着した。

琉球列島の北端で、木口富雄はまた別の島に移動していた。伊平屋島を離れた木口は占領に抵抗する計画を立てた。木口は教師という偽装身分を保持していたが、破滅に導いた指導者への日本国民の怒りがすぐに木口の破滅を招くこととなった。占領下の最初の数か月間、各地で多くの日本人が直接の聴取やおびただしい手紙で同胞を米国当局に弾劾していた。そしてここでも、島民の一人が木口を裏切ったのだ。地元の教師が実は中野学校の情報将校であるという密告を基に、一一月に木口は逮捕された。留置、取り調べの最初の数週間は、任務や第三二軍の指揮系統など沖縄戦に関する尋問を受けた。一九四六年二月、木口は別の収容所に移送され、情報将校として特別待遇を受けた木口は東京に移送された＊14。

九州へ続く死の道

牛島司令官は沖縄で粘り強く戦った。攻勢に出るよう求めた長参謀長の熱心な要請に一時は屈するも、大部分の消耗戦的戦略を推進した。このようにして、牛島は米侵攻部隊に兵力と時間という高い対価を支払わせたのだった。七月二日になって米国の勝利が正式に宣言され、アイスバーグ作戦は終了した。米艦隊は一つの小さな島を占領する作戦に三か月近くを費やしたが、当初計画されていた四〇日の倍以上の時間であった。日本の防衛部隊はこの間に、人員、火力、物資においてはるかに優位な侵攻部隊の約一万二五〇〇人を倒している。米軍の戦闘死傷者数は約五万人に達した。その多くは沖縄に一度たりとも上陸することなく死亡した。神風が三〇隻以上の船を撃沈し四〇〇隻近くを損傷させたためである。日本軍はそれよりも大きい損失を被っていたが、本土防衛のための時間稼ぎだった。日本軍はまた、敵を血みどろにできるなら凄まじい損失も覚悟していた。もし連合軍が十分な損失を被れば、世論は指導者達に無条件降伏ではなく和解交渉をするように圧力をかけることもできただろう*15。

大本営にとって、牛島の沖縄防衛は軍民共同行動の実証済みモデルとなった。米第一〇軍の一八万三〇〇〇人から沖縄を守った約一〇万人の日本人のうちの三分の一は、現地徴用された沖縄人補助部隊だったのである。

日本社会の底辺に位置し、恐らく朝鮮人や帝国の他の従属民族よりはやや高い地位にいたにもかかわらず、琉球の住民は悲しいほど忠実で勇敢であった。中野学校の要員と憲兵隊は、米国に居住していた沖縄人、あるいは米国に親戚がいる人物が潜在的な敵の第五列を構成しているのではないかと恐れ、そうした兆候がないか監視した。だが、沖縄人の忠誠心を最も間近で見て実感したのは、中野要員や憲兵隊に他ならなかった。帝国陸軍は、沖縄人が本土の人間が理解できない地元の方言で会話しているのを見た場合、スパイとみなし処罰を課すと警告を出していた。日本兵達はまた、「投降した者は保護する」と書かれた米国のビラを持っている沖縄人を発見した場合は処刑するように命令されていた。

日本の軍当局を驚かせたのは、地元住民は忠誠心が強いだけでなく、真に戦闘アセットとなっていたからかもしれない。一〇代の女子学生達は看護隊に参加した。少年たちは学生補助部隊に所属していた。槍や農具で武装した大人達は自警団を組織した。状況が落ち着くと、約六万六〇〇〇人の正規戦部隊の兵が戦死していた。投降したり捕虜になったのはたったの七八〇〇人だけだった。自警団の約六〇%、学生補助部隊の半数も戦死した。非戦闘員を含めると一二万人以上の民間人が沖縄戦で命を落とした。帝国の小さな辺境の植民地で「末梢」日本人とされていた住民は、言葉では言い表せない苦しみに耐えていた。帝国陸軍の正規戦部隊の兵と共に戦い亡くなった沖縄の人々は、これまでの太平洋戦争で米国が勝利するのに最も犠牲を払うこととなった沖縄の防衛に貢献したのだった。

沖縄の北には、さらに多くの住民が住む大きな島がそびえていた。九州の山や森に潜んだはるかに大きい陸軍と民間人は、東京への道の次の経由地を計り知れないほど血なまぐさいものにすることを確かにしていた*16。

註

1 中野校友会『陸軍中野学校』六三五頁。

2 **A. J. Barker, *Okinawa* (New York: Galahad Books, 1981), p. 11.** 沖縄県生活福祉部編『平和への証言　沖縄県県立祈念資料館ガイドブック』沖縄県戦没者慰霊奉賛会、一九九一年八月、六頁。

3 中野校友会『陸軍中野学校』六四一～六四二頁。United States Army Forces, *Middle Pacific, Office of the Assistant Chief of Staff for Military Intelligence, "2605"* (1 November 1945), pp. 54-55. On file at U.S. Army Center for Military History; and George Feifer, Tennozan: The Battle of Okinawa and the Atomic Bomb (New York: Ticknor & Friends, 1992), pp. 161-62; and James H. Belote and William M. Belote, *Typhoon of Steel: The Battle for Okinawa* (New York: Harper & Row, 1970), p. 188. 村上は中野学校の卒業生であり、米国側の戦争に関する記述では数少ない卒業生の一人である。しかし、『天王山』でフェイファーは、村上を陸軍士官学校の卒業生で、「遊撃戦の専門家」としか見ていない。ジェームズ・ベロートとウィリアム・ベロートは、彼を単に「遊撃戦部隊のリーダー」と言及している。

4 中野校友会『陸軍中野学校』六六三～六六四頁。石原昌家編『もうひとつの沖縄戦―戦争マラリアの波照間島―』ひるぎ社、一九八三年、四七～四八頁。宮島敏朗「わが戦わざるの記」『俣一戦史―陸軍中野学校二俣分校第一期生の記録』二七三、二七五、二七七、二八六頁。阿久津少尉は、戦後に名字を宮島に変えている。

5 毎日新聞特別報道部取材班『沖縄・戦争マラリア事件―南の島の強制疎開』東方出版、一九九四年、九二、九四、九七、一一三～一一四頁。沖縄県生活福祉部編『平和への証言　沖縄県県立祈念資料館ガイドブック』一〇～一三頁。

6 上原正稔『沖縄戦トップシークレット』沖縄タイムス社、一九九五年、一三四頁。

7 Barker, *Okinawa*, pp. 19, 26.

8 Barker, *Okinawa*, pp. 29-31, 33-36. 堀栄三『情報なき国家の悲劇 大本営参謀の情報戦記』文藝春秋、一九九六年、一一八、一五六、一九五～一九八頁。

9 Barker, *Okinawa*, pp. 41-43, 46.

10 中野校友会『陸軍中野学校』六三八～六三九、六四四、六四七頁。Feifer, *Tennozan*, pp. 157-62.

11 中野校友会『陸軍中野学校』六三八、六五八、六六〇、六六三頁。

12 中野校友会『陸軍中野学校』六六一～六六三頁。Gerald Astor, *Operation Iceberg: The Invasion and Conquest of Okinawa in WWII* (New York: Donald I. Fine, 1995), pp. 319-321; and Feifer, *Tennozan*, p. 390. 八原博通『沖縄決戦―高級参謀の手記』読売新聞社、一九七二年。英訳版：Yahara Hiromichi, *The Battle for Okinawa* (New York: John Wiley & Sons, 1995), p. 62; and United States Army Forces, *Middle Pacific*, "2605," p. 46; and Roy E. Appleman et al., *Okinawa: The Last Battle, in series United States Army in World War II, The War in the Pacific* (Washington, DC: Department of the Army, 1948), pp. 361-62; and Belote and Belote, *Typhoon*, pp. 272-73.

13 中野校友会『陸軍中野学校』六三九～六四一、六四六～六四八頁。Duval A. Edwards, *Spy Catchers of the U.S. Army in the War with Japan* (Gig Harbor, WA: Red Apple Pub. lishing, 1994), p. 244.

14 毎日新聞特別報道部取材班『沖縄・戦争マラリア事件―南の島の強制疎開』九四～九五、一〇一～一〇二、一一四頁。宮島敏朗「わが戦わざるの記」二八六～二九三、二九六頁。

15 Barker, *Okinawa*, pp. 60-61; and Edward J. Drea, *In the Service of the Emperor: Essays on the Imperial Japanese Army* (Lincoln, NE: University of Nebraska Press, 1998), p. 58.

16 沖縄県生活福祉部編『平和への証言　沖縄県県立祈念資料館ガイドブック』一三～一四、一八、二四～二五、一三九～一四一頁。

8 最終決戦への備え

大本営は、最終防衛準備のため時間との戦いを繰り広げていた。日本は三年前に中国を征服しアジアの植民地から西洋列強を追放しようとしたが、加速する連合国の反撃に対応できていなかったようだ。一九四五年二月六日、帝国陸軍は五つの方面軍司令部と八つの軍管区を日本本土と朝鮮に新設した。方面軍司令官と参謀長は、軍管区の指揮を兼任し、その地域の軍・文民の防御活動の総指揮権が与えられていた。

その後、帝国陸軍は五〇師団創設の突貫計画を開始した。当時、日本には八個の一般師団と一四個の補給師団しか残されていなかった。朝鮮を守っていたのはわずか三個の補給師団だけであった。すでに三〇〇万人以上の日本人が海外で軍務に就いていたため、陸軍は新しい師団の役職に若者と年配者を宛てた。兵備は三度に分けて実施された。第一次兵備は二月二八日に行われ、一六個の沿岸配備師団のために徴用が行われた。第二次兵備は四月二日に行われ、八個の「決戦」師団を対象としていた。五月二三日、軍当局は七月までにさらに一九個師団に必要な人員を兵備する計画を立てた。

日本を防衛する部隊には二種類あった。一つは沿岸部を防衛する部隊で、その隊員は海岸で米軍と会敵することになっていた。彼らは大した装備もないまま大規模な艦砲射撃と空爆に直面することになる。彼らの運命は定まったも同然であった。死に際して、彼らは上陸してきた侵攻部隊にそれなりの代償を支払わせようとした。海岸の先には、「決戦」を戦うために重装備した部隊が待ち構えていたのだ。期待通りに事態が展開すれば、内陸に進出してきた侵攻部隊はこの第二梯陣《ていじん》によって壊滅させられるのだ。

四月八日、大本営は更なる計画を立案した。米軍が日本の部隊を孤立させようとすることを予期して、日本を二つの担当方面に分けた。総軍は方面防衛を主任務とし、各方面の最上級将校が五つの方面軍を指揮した。東京の杉山元《はじめ》陸軍元帥指揮下にある第一総軍は、本州東北部、北海道、樺太（サハリン南部）、そして千島（千島列島）を防衛することとなった。広島の畑俊六《はたしゅんろく》陸軍元帥指揮下にある第二総軍は、大阪をはじめとする箱根以西の本州、四国、九州の防衛を担当していた。大本営は、日本の最終防衛に備えるために決号作戦（決戦）を発出した。これは全部で七つある作戦計画で、侵略軍に決定的な一撃を加えることを目的にしていた。決六号作戦は九州を対象とし、決三号作戦は東京方面を対象としていた*1。

連合軍の日本侵攻の司令官はダグラス・マッカーサー元帥であった。マッカーサーは三年前の開戦時にはフィリピン防衛という不可能な任務を与えられ、一九四二年初頭、部隊の投降という破滅的な状況の中、オーストラリアに退いていた。野心家のマッカーサーは、ライバルであり、かつての部下であったドワイト・D・アイゼンハワー大将のノルマンディー上陸作戦をも凌駕する規模の侵攻部隊による作戦を計画をした。この島国の帝国を征服することは、マッカーサーのそれまでの敗北や挫折を帳消しにすることにもなるのだ。

マッカーサーは二つの段階に分けて作戦を計画した。第一段階はオリンピック作戦と命名された。一九四五年一一月、日本を襲う台風の時期が終わるのを待って、ウォルター・クルーガー大将指揮下の第六軍の約三五万の部隊を九州の海岸に送り込むこととなった。九州を確保し、そこを航空機や補給物資の基地とした後、マッカーサーは本州の侵攻作戦であるコロネット作戦を実行する手筈であった。一九四六年初頭に向けた作戦計画であるこの第二次作戦では、マッカーサーはヨーロッパから移動してくる米六個歩兵師団と英連邦軍の数個師団を含む大規模部隊を指揮することとなっていた。この計画通りに進んでいたらマッカーサーは史上最高の将官として歴史に名を残しただろう。つまり、彼には日本の防御を突破できる目算があった*2。しかし日本のポツダム宣言受諾で、この作戦が実行されることはなかった。

マッカーサーは、マスコミや議会の共和党議員との人脈を築き、ワシントンの「ヨーロッパ第一主義」の政策の中、わずかな予算で対日戦争に勝利を収めた天才的な軍人との評判を高めた。マッカーサーは一九四八年の大統領選の共和党候補指名を期待したが、それは叶わなかった。

九州の第一防衛線

沖縄戦に先立って、大本営は九州で大規模な防御の準備を始めていた。日本の主要四島の最南端であり、アジア大陸に最も近い九州は過去にも侵略に直面したことがあった。一三世紀に二度にわたるモンゴルのフビライ・ハンによる侵略を九州で撃退していた。日本人の勇気と台風の風が世界最強の帝国を打ち負かしたのだった。大日本帝国の将官達はその偉業を再び達成すべく九州で準備を進めた。

九州は三万六〇〇〇平方キロメートルの広大な島で、シチリア島のほぼ半分の大きさである。内陸部には森林に覆われた山々があり、大半の海岸線は切り立った崖が続いており、広い浜辺や港がほとんどない九州は、ガダルカナルのようなむき出しの太平洋の小島よりもはるかに防御には有利だった。帝国陸軍はタラワ島や硫黄島のような太平洋上に点在する島々では劣勢で孤立し蹂躙《じゅうりん》されたが、それでも米軍に大きな犠牲を払わせてきた。日本は九州で米軍に計り知れないほどの打撃を与えようとしていた。山間部にある要塞は、米海軍戦艦の艦砲射程の圏外にあり、洞窟と山は米軍の空襲からも防衛隊を守っていた。最も重要なのは立地条件で、九州の帝国陸軍の部隊は、狭い海峡を渡るだけで本州にも朝鮮半島にも移動することができた。

二月の最初の国家総動員では、新設された四個の沿岸配備師団のうちの二個師団が九州の第一六方面軍に組み込まれることとなった。四月の総動員では、大本営は島嶼防衛に二個「決戦」師団、二個戦車旅団、一個装甲連隊を割り当てた。五月の動員では、さらに三個師団と四個混成旅団が第一六方面軍の下に編成された。既存の師団も九州防衛に加勢した。四月には満州国の関東軍を第二五軍、第二六軍に分割し、五月には満州国から北海道に移った精鋭の第七七師団が九州に展開した。こうして一九四五年夏までに帝国陸軍は一四個師団、八個独立混成旅団を九州に集結させた。加えて、第六航空軍、第五航空艦隊は九州を拠点にした。また、陸軍は九州防衛のために、米国艦隊攻撃に向けて特攻機を合計で二〇〇〇機、通常攻撃機一一〇〇機を配備した。これらの航空機は野原や地下に新設された格納庫に分散していたため、侵攻前に破壊される可能性は低かった。

結果、帝国陸軍は七〇万以上の兵力を集結させていた。マッカーサーは史上最大の侵攻指揮の中、犠牲者の数を低く抑えようとした。しかし、米軍の犠牲者数が二五万人に達する可能性があることが次第に明らかになっていった。というのも、たとえマッカーサーの部隊が航空機を撃墜し、沿岸部の防御に苦戦して上陸したとしても、そこには自身の土地を死守しようとする兵士で溢れていたからだ。そして、この膨大な正規戦部隊の後ろには、中野学校の影の戦士達が率いる非正規戦部隊がいたのだ*3。

九州の影の戦士達

一九四四年一〇月、中野学校の新しい戦術や装備を試す実験部隊の要員四人が九州に到着し、遊撃戦の一次準備を開始した。数波に分かれて二俣分校から来たコマンドー要員は、島の民間人の遊撃訓練の中心を担った。一二月には二俣分校から四〇人、三月には二〇人、そして八月初旬にはさらにもう数人が到着した。彼らの任務には軍事地形情報の収集も含まれていた。帝国陸軍は一九世紀の九州で西郷隆盛が起こした反乱を鎮圧して以来、海外でしか戦ってこなかったため、国内での作戦に適した軍事地図を持っていなかった。ソビエト極東や中国と比べて、本土は未知の領域だったのだ＊4。

その他の影の戦士達も九州に赴いた。東京からは中野学校の情報領域のベテランで、かつて参謀本部第二部で勤務していた者が来ていた。亀山六蔵少佐は中野学校の第一期生で、謀略課から異動してきた。射手園《いでぞの》達夫大尉は第五課から福岡へ、第六課の桜一郎大尉も同様に福岡へ、第七課の牧野正秀大尉は熊本方面軍司令部に赴任した。情報将校らは東京の情報の中枢から、沖縄戦以降の最前線に人材を移すという大きな流れの中にいた。かつて第二部英国課課長を務めた安倍邦夫中佐と徳永八郎中佐もまた、九州での新たな任務のために東京を離れた。帝国陸軍は遅ればせながら欠如していた情報能力の強化に取り組んでいたのだ。皮肉なことに、参謀本部第二部の能力が強化されるにつれて、反対に日本の運は衰えていった。情報将校の敵情報告は向上し、軍の「目」は良くなっていたが「筋力」は衰えていた。帝国陸軍は情報将校による調査と分析を活かして行動することができなくなっていた。九州防衛のため戦略情報の訓練を受けた者達が前線に行ってしまったからである。

大陸から九州にやって来た中野学校出身者がいた。荒木五郎は満州国の関東軍から長崎地区司令部に転属し、原田春一は支那派遣軍から宮崎地区司令部へ転属した。東南アジアからは藤原岩市中佐が来ていた。藤原機関はマレーとシンガポール攻略で成功を収めていた。藤原は宮崎で第五七軍の上級参謀に就いた。一九四四年一二月に卒業した中野学校二俣分校第一期生からは二六人の影の戦士が九州にやって来た。山本福一少尉は、福岡の薬丸勝哉中佐の情報参謀として配属された。山本は、捕虜となった米軍機搭乗員の対応、島民動員計画の立案、九州の軍事新聞の発行を担当した。射手園隊長の指揮下には、中野学校を卒業したばかりの若き見習い将校楢崎《ならざき》正彦と九人の同期生がいた。二俣分校第一期生約三〇人のコマンドー要員を含め総勢約一〇〇人の中野学校要員が最後の任務とされる九州に到着した＊5。

九州の影の戦士の多くは、沖縄と同様、遊撃戦における非正規戦部隊の訓練、指揮をすることになっていた。一月下旬、帝国陸軍は宮崎県日南に遊撃戦訓練部隊を設けた。この「霧島部隊」の名称は、地元の神社と霧島山系の両方の名前を冠している。ニニギノミコトを祀る霧島神宮が部隊名の由来となっている。ニニギノミコトは天皇家の祖先であるとされている。霧島部隊の影の戦士達は大日本帝国を死守することを使命としていた。その任務は自警団に集められた民間人へ遊撃戦術を教えることだった。町の学校で二〇世紀最大の激戦となる戦いに備えて兵士を訓練した。

霧島部隊の指揮官は、一〇月から九州に入っていた中野学校出身将校の一人、岸本岩夫（坂井芳雄）隊長であった。帝国陸軍の非正規戦第一人者である岸本は、すでにソビエトや中国共産党のパルチザン部隊の遊撃戦関係資料を基に手引書を作成していた。『国内遊撃戦の参考』は岸本の研究の最初の集大成だった。その後、岸本と中野要員らは実際に使えるように改良した。『九州遊撃戦の参考』は、より具体的に山林や町でのヒット・アンド・ラン作戦の実行に特化した内容を加えた資料となってい。これは九州全域に配布され熟読された。

岸本の指揮下には、二俣分校第一期生を含む約七〇人の要員がいた。その中の一人が末次一郎少尉だった。二俣分校で学んだことを霧島部隊の選りすぐりの下士官に授けるのが、末次ら霧島部隊の教官の任務であった。末次らは部下に偽装や浸透の技術を教えた。一か月の訓練を終えた後、霧島部隊の要員の多くは九州各地の司令部に配備され、地形学的調査の実施、予備役や女性などの現地協力者に対する訓練の実施、その他の情報任務を行った。二俣分校の末次の同期生である原口重彦少尉は、長崎県の五島列島に一人赴任した。五島列島（文字通り五つの島から成る）を構成する五大島の最西端にある福江が原口の活動拠点となった。美しい海岸、古いローマカトリック教会、武家屋敷があり、農民や漁師の島として魅力的な場所だった。この地区の特別警備隊に配属された原口だったが、福江の美しさを楽しむ時間はなかった。侵攻が差し迫っていたのだ*6。

霧島部隊の教官数人は五月に訓練任務を終えると、九州の南部と東部の前線部隊に赴いた。岸本と末次は福岡の西部地区軍司令部に向かった。末次は岸本の部下として留任し、岸本は新たに創設された西部地区軍司令部の参謀付調査室の指揮を執った。岸本は、第一六方面軍情報部長の薬丸勝哉中佐の補佐として情報作戦を監督していた射手園達夫少佐に直接着任を報告した。隠密部隊の任務は九州全域の遊撃部隊の作戦計画を立案することだった。中野学校出身の影の戦士三人と女性数人が補助職員として部隊に所属し、岸本と末次は現場にいる同期生のために作戦計画を熱心に作成した。彼らは夜になっても執務室から出てこないことが多かった。机の上に布団を敷いて、三、四時間の仮眠を取って仕事を続けていたのだ*7。

六月初旬、調査室は末次を熊本県に派遣し、二つ目の霧島部隊を作る場所を偵察させた。その候補地の一つが、広大な火山がある阿蘇山周辺だった。そこには巨大なカルデラがあり、丘や小川が緑豊かな森に覆われており、部隊設立には最適な環境だった。六月一〇日、末次は列車で出発し、候補地の山間部にある宿営地と候補生訓練所となる地形の探索をした。末次は熊本に向かう列車の中で空襲警報が鳴り響くのを聞いた。福岡県と熊本県の県境に差し掛かる久留米駅に列車が着くと、米軍のＢ29爆撃機の編隊が頭上に現れた。爆弾が真下に落下してくる。末次は列車の下に身を隠した。近くで爆発が起き、駅舎には直撃弾が当たった。線路もやられたため列車は運行中止となった。九死に一生を得た末次は、服装を整えると状況を報告するために司令部に戻った。任務のため不在にしていた熊本は燃えていた*8。

季節は春から夏へと移り変わり、想定される秋の侵攻が近づく中、九州の影の戦士達は大きな戦果を上げていた。中野学校の岸本らは、約五〇〇〇人の日本兵を非正規戦に向け訓練し監督していた。また、一万人以上の地元の退役軍人や民間人に遊撃戦を訓練していた。訓練の主な内容は、空挺部隊への攻撃、待ち伏せの展開方法、夜襲の実行方法、妨害工作の展開方法などであった。訓練を受けた者は武術の本質も学んだ。使用できる通常武器がないため、民間人の部隊は矢を射ることと竹槍を扱うことを訓練した。他に使える武器は、手榴弾、拳銃、焼夷装置、刀しかなかった。破壊と死をもたらすＢ29爆撃機の猛烈な爆撃の雨にはもはや為す術はなかったが、米軍部隊が九州にやってくれれば、民間人部隊は報復の機会を得ることができる。米兵がパラシュートで降下したり、田んぼの脇道や森の中の尾根道を歩いたり、基地で寝ている時に、霧島部隊と会敵することになるのだ＊9。

帝都に潜む遊撃要員

帝都では大本営が防衛の準備を進めていた。マッカーサーが九州を制圧すれば間違いなく東京へ進出するだろう。一九四五年二月、第一二方面軍と東部方面軍司令部が東京に設立された。田中静壱《しずいち》大将を司令官とする第一二方面軍は五つの野戦軍で構成されていた。サイパンやレイテでの戦いの教訓から、牛島が沖縄で展開していたのと同様、限りなく少ない資源で激しい消耗戦を行う準備をしていた。米軍が九十九里浜や相模湾に上陸しても、そこには必死の覚悟のわずかな沿岸防衛部隊しかいないだろう。田中は米海軍の砲弾が届かない内陸部に主力部隊を集め、マッカーサーに鋭い一撃を与えようとしていた＊10。

帝国陸軍の正規戦部隊の背後には、影の戦士率いる非正規戦部隊が攻撃に備えていた。その地域のコマンドー作戦の中心にいたのが中野学校の要員だった。その一人である荒井藤次《ふじつぐ》大尉は、東京方面で活動する精鋭コマンドー部隊の編成を命じられた。戦争初期、荒井は実験部隊の一員だった。遊撃部隊の編成を任される前、荒井は中国で活動していた。一九四四年三月、南京の帝国陸軍は南京政権に忠実な日本人と中国人の混成部隊を訓練する計画を始動していた。荒井は中野学校から選抜されたわずかな要員の一人として、この訓練を率いていた。

一九四五年四月、荒井は東部方面軍司令部に移り、首都圏の遊撃部隊編成計画の指揮を執った。荒井の部隊は日本の古《いにしえ》の名前にちなんで八洲《やしま》部隊と命名された。荒井は東京西郊の五日市町の小学校に部隊司令部を置き、厳選された精鋭たちを集めた。第一二方面軍参謀副長の高嶋辰彦少将にとって、八洲部隊は最も精鋭たる部隊だった。しかしこれが唯一の遊撃部隊ではなかった。東部地区方面軍は、三月に発出された命令を受けて、帝国陸軍の東日本防衛の補助的役割を果たす遊撃作戦に民間人を徴用するため、いくつかの地区警備部隊を編成した。ここでも中野学校の影の戦士達が、部隊の編成や民間人の訓練といった重要な役割を果たすのだった。中野学校の要員は総勢で一〇〇人近くが各地区軍司令部に所属していた。

荒井の下には、中野学校から一〇人程の将校と下士官が集まり、これが八洲部隊の基幹を担っていた。彼らは約一〇〇人の部下を指揮しており、米軍が東京を占拠した後に任務を遂行することになっていた。その頃には大本営は正規軍部隊と共に長野県の松代に移っているはずだ。荒井らは東京に残った住民を攻撃部隊に編成して、米軍部隊の戦線後方から攻撃する手筈になっていた。荒井は五日市の西の丘の洞窟に、遊撃戦遂行に必要な無線通信機、武器、食料などを備蓄したほか、墜落したＢ29爆撃機から武器や食料、衣類などをかき集め、作戦遂行に役立てようとした。また墜落した航空機からは一〇〇丁の小火器と弾薬を手に入れた。さらに荒井は、現地の活動家と手を組んで、竹槍や粗悪な手榴弾やその他の武器を作ってもらった。

八月初旬、その荒井に衝撃が走った。東部方面軍司令部から関東平野の内陸部より海岸部に作戦区域を移すように命じられた。つまり水際で敵を迎え撃てと命令されたのだ。荒井は驚いた。軍司令部の参謀将校らはこれまでの戦いで何も学んでいないようだ。荒井は軍司令部の会議のたびに、防衛のためとはいえ、空と海からの凄まじい砲撃から身を隠す場所のない浜辺では兵の命を投げ出すようなものだと訴えていた。

「戦う前に犬死させることに何の意味があるのか」とも問うた。荒井は当初の計画通り進めるよう強く承認を求めたが、参謀将校達は正規軍らしい辛辣な批判で荒井の意見を却下した。

「命がそんなに大切か。貴様の言うような類の戦術は陸軍士官学校の教書には載っていない」

荒井は命令に従う他なかった。数日後、三人の部下の将校と共に水際防衛など到底無理な相模湾を見ていた荒井は、自身の墓を見ているような気分になった。しかし、荒井に救いの手が差し伸べられた。鎌倉の防御の視察後、荒井は戦闘停止を告げるラジオ放送を聞いたのだ*11。

北部の遊撃作戦

帝国の最北端でも帝国陸軍は米軍の攻撃に備えて防御を強化した。米国の西部開拓の辺境と同様、一九世紀末の北方地域は日本の辺境地であった。かつては先住民族の故郷であった、北海道、樺太（サハリン）、そして北海道とカムチャッカ半島の間に連なる千島列島（クリル列島）は、日本の影響をより強く受けるようになった。日本は、シベリアから東と南に影響力を拡大していたソ連と競い、開拓と定住の政策を追求してきた。一八六八年までに、日本は北海道全域を確保することができた。一八七五年にはソ連と交渉し、樺太と引き換えに千島列島の領有権を獲得した。そして日露戦争の勝利で一九〇五年に樺太の南半分を帝国に加えた。

第二次世界大戦の前半、この地域は重要な軍事行動の舞台となった。日本が第二次世界大戦に参戦した一九四一年一二月、真珠湾の米海軍基地を攻撃する帝国海軍の打撃部隊が、千島列島の単冠湾《ひとかっぷ》から秘密裏に出撃した。日本の成功の最高潮を迎えた一九四二年六月、日本軍はアリューシャン列島西端のアッツ島とキスカ島を占領したが、戦局が悪化するとこの地域で逆境に陥った。一九四三年五月、米軍がアッツ島を制圧した。七月末、日本はキスカ島から部隊を密かに撤退させ、八月中旬の米軍上陸時には空っぽの島を残した。アリューシャン列島は完全に米国の手に落ち、近くの千島列島は脅威に晒された。

大本営は、北方防衛強化の一環として、一九四四年初めに第二七軍を設立した。寺倉正三《てらくらしょうぞう》中将指揮の下、択捉島《えとろふ》に司令部を置いた。新軍は千島列島防衛を任務としていたが、他の地上部隊や航空部隊と合わせても、第五方面軍を構成していた戦力はごくわずかであった。

北方の正規戦部隊と行動を共にしていたのは、日本の影の戦士達だった。一九四四年一二月、萩《はぎ》三郎少将は第五方面軍参謀長としてこの地域の軍事情報作戦を指揮した。陸軍士官学校第二九期歩兵科、陸軍大学校と進んだ萩は、新進気鋭の将校に与えられる特別な優遇措置で東京帝国大学政治学科を卒業し、一九三七年一一月から一九三九年五月まで関東軍の参謀を務めた。

萩の指揮下には、二俣分校も含め中野学校要員が一〇〇人以上勤務していた。例えば、谷山樹三郎《たにやまきさぶろう》大尉は参謀本部第二部米国課を経て第五方面軍に着任した。谷山ら情報将校の任務は、米軍の標的に対する情報能力の強化を図ることだった*12。

米国の侵攻に備えている間、萩はソビエトにも目を光らせていた。萩はサハリンの南半分の樺太特務機関の活動を監督した。樺太特務機関は防諜活動、レーダー監視、電話回線の盗聴、サハリンでの隠密偵察など様々な作戦に従事した*13。

しかし、日本への侵略が差し迫る中、萩の活動の重点は情報収集から遊撃戦に向けた組織化へと必然的に移行していった。その礎を築いた一人が牟田《むた》照雄大尉だった。陸軍士官学校第五五期生の牟田は、中野学校で遊撃戦の訓練を受けた。北方辺境の地での牟田の活動は、一九四四年九月に札幌の第五方面軍司令部に到着したことから始まった。一一月初旬、牟田は第二七軍司令部情報部に配属され、千島列島の南端の択捉島に赴任した。軍事地形学調査を行い、数週間後には牟田は島内での遊撃戦の要点を記した手引書を完成させていた。

一二月初旬、牟田は遊撃部隊育成の訓練を始めていた。この計画を監督した牟田の上官は鈴木敬司少将だった。四年前、鈴木はビルマで英支配の転覆を目的としていた南機関の任務の一環として、ビルマの若き活動家グループである三〇人の同志の訓練を監督していた。しかし日本が英米と戦争に踏み切ったことで、ビルマ侵攻の副次的役割に縮小されてしまった。軍事支配の押し付けに反対して上官と衝突した鈴木は師団参謀に転じ、その後は二度連続して運輸部に配属され、これを経て択捉島へ赴任していた。

牟田は、遊撃訓練を行うために、第二七軍司令部の情報将校と島の三個大隊の中から二五人の最も優秀な将校を選抜した。そのうちの一四人は中野学校の卒業生だった。牟田は二つのシナリオを作って幹部を訓練した。一つ目は、単冠湾に停泊中の敵の船舶に夜襲をかけるというシナリオである。二つ目は、単冠湾付近の敵軍司令部に対しての夜間着上陸強襲というシナリオだった。中野学校の要員は、特に二つ目のシナリオの訓練に熱心に参加していた。

しかし、択捉での遊撃抵抗活動は大きい問題を抱えることとなった。千島列島の中でも最大規模の火山島である択捉島は、南北二〇〇キロメートル、東西三〇キロメートルに過ぎず、隠れられる場所はほとんどない。食料は魚を除いては貧しかった。さらに島の人口は少ない。日本人と先住民族のアイヌが混在しており、高齢者、女性、子供など配給が必要な者ばかりで、択捉の防衛に補填できる者はいなかった。一月下旬、第二七軍司令部は解散し、部隊の大部分は仙台に南下した。情報将校のほとんどは第五方面軍の司令部である札幌に向かったが、影の戦士達は択捉に残った数人のほかは仙台に向かった。

二月六日、大本営は本土防衛計画の一環として、札幌を第五方面軍と新設された北方方面軍の両軍司令部に再指定した。一九四二年八月から札幌で指揮を執っていた樋口季一郎《きいちろう》中将は、新たに指定された軍部隊を引き続き指揮した。萩は参謀長に留任し、この地域を防衛するため軍民混成警備部隊の設立を指揮した。このような部隊が合計二四個北海道に設置され、別の九個部隊が樺太に設置された。

萩もまた、連合軍の侵攻を見越して遊撃部隊を編成した。六月には旭川周辺で一週間の遊撃演習を実施した。七月下旬、第五方面軍は北方軍遊撃幹部訓練部隊を編成し、札幌と千歳の間に配備した。萩はこの部隊を指揮することとなった。二人の主任教官のうちの一人が中野学校の牟田照雄大尉であった。七月下旬に行われた訓練課程では、約一〇〇人の若き将校達が非正規戦の課程を受講した。八月初旬には二回目の訓練課程が予定されていた*14。

朝鮮防衛

影の戦士達は日本列島の外でも活動していた。日本は朝鮮を放棄するつもりはなかった。日本は一九一〇年に半島の領有権を正式に獲得する前に、朝鮮を巡り中華帝国、ロシア帝国と戦争をしていた。一九四一年以降に獲得したマレーや他の西洋植民地とは異なり、朝鮮は大日本帝国にとって不可欠な植民地であった。朝鮮には日本人が全体で数十万人おり、半島の南部には約五〇万人が住んでいた*15。

一九四五年春、丸崎義男少佐は朝鮮に到着した。中野学校第一期生であった丸崎は、戦前にオランダ領東インド諸島で情報収集をし、スラバヤの日本領事館の職員として身分を偽装して活動していた*16。いくつもの潜入任務を経て、丸崎は大日本帝国の朝鮮軍司令部に国内抗戦担当参謀として着任した。一九四五年以前は、中野学校の影の戦士達はほとんど朝鮮には展開していなかった。半島は静かだった。連合軍による大日本帝国への侵攻の脅威が高まる中、影の戦士達が静かなる朝の国、朝鮮に到着し始めた。一九四四年一二月、二俣分校第一期の卒業生四人が朝鮮軍司令部に遊撃戦部隊を組織した。全羅南道光州《ぜんらなんどうこうしゅう》付近の寺を拠点に、彼らは下士官を対象に遊撃戦術の訓練を行った。一九四五年夏までに、少なくとも中野学校本校と二俣分校の卒業生四五人が朝鮮に到着した。彼らは、半島南部にある済州《チェジュ》島から北東部の羅南までを担当作戦区域としていた。京城府（現ソウル）の外では、全羅南道光州、羅南、平壌、大邱《テグ》が影の戦士達の重要拠点となっていた。彼らは日本人居住者とおそらく朝鮮人で構成された遊撃部隊を指揮することとなった。しかし、後者は戦力としては疑わしかった。朝鮮人は植民地警察部隊と帝国軍の主力募集源となっていたが、一方で日本支配に対する民衆の憤りは燻《くすぶ》り続けていた。連合軍が侵攻する事態になれば、影の戦士達は広範囲に朝鮮人の抵抗に直面する可能性が高かった*17。

油山での殺人事件

中野学校の要員達は、帝国陸軍の正規戦部隊と共に戦うために遊撃部隊の準備に奔走していたが、九州の第一六方面軍司令部には不満が募っていた。米爆撃部隊の猛烈な攻撃を受け、司令部付の参謀らは命からがら福岡郊外に避難した。八月一一日早朝、海外の短波ラジオ放送を傍受していた司令部の部隊は、ポツダム宣言について知ることとなった。その内容は日本が連合国に無条件降伏するというものだった。八月六日に広島は原爆のキノコ雲の下に消えていた。そして九日、つまり米国の一発の原爆が長崎を焼き尽くしたのと同じ日、ソ連のスターリンの装甲軍団は轟音をあげて満州国との国境に向かっていた。

第一六方面軍司令部のある影の戦士達は、無条件降伏に激怒して、捕虜の米軍パイロットに怒りの矛先を向けた。墜落した米軍機搭乗員は、すでに第一六方面軍の情報参謀将校らの尋問に苦しめられていた。帝国陸軍の捕虜となった連合軍の航空兵には特に容赦しなかった。捕虜から情報を聞き出すために、袋叩きにしたり拷問したりするのは当たり前だった。なかでも将校である米軍パイロットは、一般の歩兵や水兵よりも多くの秘密を持っていたので尋問も苛烈を極めた。例えば、ドーリットル空襲部隊の搭乗員が中国で友軍の戦線から離れたところに不時着して日本軍の手に落ちた際、大本営は米軍の情報源として彼らを尋問するため東京に移送するように命令した。

さらに、一九四二年四月の東京へのドーリットル空襲に激怒した帝国陸軍は、捕虜となったパイロット達を処刑する方針を打ち出した。民間人を無差別に爆撃した罪は、処刑を正当化させた。人口が密集し、住宅街に無数の小さな工場や作業場が点在していたことを考慮すれば、東京を爆撃すればほとんどの場合、民間人に犠牲を出すことになるのだ。

加えて、戦争末期の米陸軍航空軍は、爆撃対象を軍事目標に限定しなくなっていた。ユタの砂漠にあるダグウェイ実験場では、技術者達が丁寧に再現した日本家屋を使った実験で焼夷弾を完成させていた。木、紙、藁でできた日本家屋を攻撃することを爆撃機搭乗員は夢見ていた。カーチス・ルメイ少将ら航空将校達は、空爆の有効性を実証しようと、対日爆撃で恐怖を与える方針を打ち出した。広島と長崎への原爆投下以前から、ルメイは日本の人口密集地に対しての焼夷作戦を計画していたのだ。実際、一九四五年三月九日夜の東京大空襲では約一二万人の住民が死傷し、二五万戸近い家屋が破壊された。

日本人から見れば、米軍パイロットは殺人罪を犯していた。地上で銃撃するか高所から爆撃するかはもはや問題ではなかった。一方で米軍は、捕虜になった航空兵を処刑している日本こそ殺人者だと決めつけていた。米陸軍の週刊誌『ヤンク』の社説では、日本が行ったドーリットル隊所属のパイロット処刑に対して、「残酷で残忍な文明戦争の規則を犯した、公然公式の殺人」とある米国人の見解に言及した。残念なことに、二〇世紀の血塗られた歴史の中で、戦争の文明性などとっくに失われていた。九州では六月に、撃墜された米軍機の航空兵八人が第一六方面軍によって処刑されていた。降伏の時が迫る中、参謀将校らはさらなる報復を決意した＊18。

八月一〇日夜、射手園達夫隊長は遊撃訓練に参加している影の戦士約二〇人を集めて会合を開いた。射手園は上級航空参謀将校の佐藤吉直大佐の命令で、遊撃戦に参加している全ての将校が翌朝、米軍捕虜八人の処刑に立ち会うことを伝えた。射手園はさらに、処刑には空手と弓矢を使用すると伝えた。山本福一少尉は捕虜に空手の技を試したいと言っていた。射手園は佐藤の許可を得て遊撃訓練の実戦訓練として捕虜を使うこととなった。射手園は、中野学校を卒業したばかりで、戦場をまだ見たことがない部下達の士気高揚のための機会としようと考えていた。第一六方面軍参謀副長の友森清晴大佐は、射手園の要請を承認した。新兵により血を流させるこのような行為は、決して射手園の個人的な残虐行為ということではなかった。この習慣は、中国で戦っていた日本の部隊の間で一九三七年に始まり、帝国陸軍全体に広がっていった。

翌朝、射手園は影の戦士達と八人の米軍捕虜を西部軍司令部から福岡の南にある丘陵地の油山に連れて行った。木々に覆われた丘の中の空き地で、まず捕虜の服を脱がせいくつもの穴を掘らせた。遊撃部隊の少尉が、跪《ひざまず》いている捕虜の上に立った。少尉は刀を振りかざし捕虜の首を一撃で刎ねた。それから四人の捕虜も同じように処刑された。

その後は武術である。射手園が志願者を求めると、何人かの影の戦士達が準備運動を始め、一人が前に出てきて、後ろ手に拘束された捕虜に空手の打撃を何発か加えた。その後この捕虜は将校が振り下ろした刀で首を討たれた。同様の方法で七人目の捕虜が殺され、中野学校の楢崎正彦少尉が刀でとどめの一撃を加えていた。二俣分校の山本福一少尉は、空手の打撃を加えた影の戦士の一人であった。友森清晴大佐は、捕虜への最後の一撃を命令していた。

その後、最後の捕虜を無理矢理座らせ、二俣分校第二期生の見習将校大槻隆が約三メートルの距離から捕虜に矢を放った。二度外したが三本目が捕虜の左目上の頭を貫いた。その後、瀕死の捕虜を跪かせ刀で首を切り落とした。

暑い八月の空の下、油山の青々とした草むらには、八人の米軍航空要員の真紅の血が流れていた。帝国陸軍の方針に沿って処刑された彼らは、射手園の影の戦士達の手により残酷な死を遂げていた。すべてが終わると、友森大佐はこれから迎える決戦に向けて貴重な経験を積んだと述べた＊19。

註

1 中野校友会『陸軍中野学校』六七二～六七五頁。

2 Thomas B. Allen and Norman Polmar, *Code-Name Downfall: The Secret Plan to Invade Japan-And Why Truman Dropped the Bomb* (New York: Simon & Schus. ter, 1995), pp. 143, 147, 297-303.

3 中野校友会『陸軍中野学校』八一四～八一七頁。Walter Krueger, *From Down Under to Nippon: The Story of Sixth Army in World War II* (Washington, DC: Combat Forces Press, 1953), p. 333; and Drea, *Service of the Emperor*, pp. 149-150; and Edward J. Drea, *MacArthur's ULTRA: Codebreaking and the War against Japan, 1942-1945* (Lawrence, KS: University Press of Kansas, 1992), pp. 209-210.

4 増田民男「西部軍関係総括」『俣一戦史—陸軍中野学校二俣分校第一期生の記録』俣一会、一九八一年、四一三頁。

5 中野校友会『陸軍中野学校』七〇六～七〇七、八二二～八二七頁。平川良典『留魂：陸軍中野学校 本土決戦と中野・留魂碑と中野』平川良典、一九九二年、一八二頁。増田民男「西部軍関係総括」四一一頁。山本福一「西部軍に赴任して」五七七～五七八頁。

6　増田民男「西部軍関係総括」四一一頁。末次一郎「『霧島部隊』の思い出」『俣一戦史―陸軍中野学校二俣分校第一期生の記録』俣一会、一九八一年、四四一～四四二頁。末次一郎「第二霧島部隊計画消ゆ」『俣一戦史―陸軍中野学校二俣分校第一期生の記録』四四六～四四七頁。中野校友会『陸軍中野学校』八二四頁。

7　増田民男「霧島部隊の跡を訪ねて」『俣一戦史―陸軍中野学校二俣分校第一期生の記録』四四三、四四五頁。United States Army CCD. Testimony of Itezono Tatsuo. Record Group 331. National Archives.

8　末次一郎「第二霧島部隊計画消ゆ」四四六～四四七頁。

9　Testimony of Itezono Tatsuo, Record Group 331. National Archives; and United States Army. Far East Command. Trial of Japanese Army officers. Record Group 153. National Archives.

10　中野校友会『陸軍中野学校』七七五頁。

11　中野校友会『陸軍中野学校』二七九～二八〇、七七七～七八〇、七九一～七九五頁。

12　中野校友会『陸軍中野学校』七三二、七三九～七四〇頁。

13　中野校友会『陸軍中野学校』七四一～七七七頁。

14　中野校友会『陸軍中野学校』七五一～七五五頁。

15　加藤正夫『陸軍中野学校―秘密戦士の実態』潮書房光人新社、一九六七年、二一七頁。

16　中野校友会『陸軍中野学校』一六八頁。

17　中野校友会『陸軍中野学校』七二五～七二九頁。加藤正夫『陸軍中野学校―秘密戦士の実態』二一七頁。京城以外の朝鮮半島の地名は、あまり知られていない日本名での表記ではなく、現在のものを使用している。

18　“Historical Testing: German and Japanese Villages,” United States Army, Dugway Proving Ground, DPG: The Nation'sChemical and Biological Defense Proving Ground. 平川良典『留魂：陸軍中野学校　本土決戦と中野・留魂碑と中野』一八三頁。William Craig, *The Fall of Japan: The Last Blazing Weeks of World War II*, 1967. Reprint (Green Farms, CT: Wildcat Publishing Company, 1997), p. 141; and Yank, 14 May 1943, p. 11.

19　Craig, pp. 141-43; and Stephen Harper, *Miracle of Deliverance: The Case for the Bombing of Hiroshima and*

Nagasaki (New York: Stein and Day, 1985), pp. 46, 146; and War Crimes Office, United States Army Judge Advocate General's Office, "U.S. vs. Kiyoharu Tomori et al.," Record Group 153, National Archives; and United States Army, Judge Advocate General's Office, "Post-Action Review of the Case of U.S. vs. Aihara et al. 31, Docket No. 288 (Western Army Case)," Record Group 331, National Archives; and Testimony of Itezono Tatsuo at the Legal Section Office, Fukuoka, between 21 November 1946 and 10 December 1946, Record Group 331, National Archives. 英国軍航空要員も油山での米軍航空要員らが辿った運命を免れることはなかった。八月一五日の玉音放送直後に、日本は一九四五年一月のパレンバン石油精製所に対する空襲後に拘束した英国太平洋艦隊の九人の航空要員を処刑した。別の事例では、八月一五日に東京上空で撃墜された英国軍戦闘機パイロットは、同日降伏発表の数時間後に処刑された。

9　大戦の終結、新たな同盟の獲得

春から夏に移り変わる季節、帝国陸軍はダグラス・マッカーサー元帥の侵攻部隊に壊滅的な打撃を与える準備をしていた。大本営は米軍の侵攻を水際で撃退するか、消耗戦で損害を与えることで和平交渉を俎上に載せるかのいずれかを検討していた。日本は、五月にドイツが経験した無条件降伏という悲惨な運命から逃れられる可能性があった。

日本の防衛の役割は二つの主要司令部に振り分けられた。東京に司令部を置く第一総軍は、首都から以北の本州防衛を担当し、広島に司令部を置く第二総軍は、本州南西部と九州で敵と交戦することとなった。帝国陸軍の情報将校達は、マッカーサーが本州進軍前に九州を制圧しようと計画していたことを正確に予測していた。将官達はこれまでに九州を屈指の要塞に作り替えていた。

帝国陸軍は死力を尽くして戦っていた。軍の指導者は一九四五年までに、それまでの「万歳」突撃や水際で敵を全滅させようとする試みが、いかに無駄で無益であるかを学んでいた。沖縄では、牛島司令官が米軍部隊の無抵抗上陸を許してから、塹壕などの防御陣地から激しい消耗戦を展開していた。しかし、沖縄は本土決戦を想定した前哨戦に過ぎなかった。陸軍は沖縄を犠牲にした。ほぼすべての人員、航空機、資源を最終決戦に備えて温存していたのである。

ワシントンでは、ハリー・S・トルーマン大統領が日本の強固な防御について不安を募らせていた。戦後、ホワイトハウスの奪取を目指したマッカーサーは、史上最大の侵攻作戦の先頭に立ちたいと意気込んでいた。しかし、九州侵攻だけでも二五万人の犠牲者が出ると見積もられた。仮に九州拠点化ができたとしても、これだけ大きな犠牲を払うことになれば、東京を制圧し日本の無条件降伏を勝ち取るという最終作戦に対して米国民の反感を生むことになりかねなかった。トルーマンは、日本の軍備増強に関する情報に深い懸念を抱き、マッカーサーの楽観主義には不信感を抱いていたが、ここで一つ手を打った。この時米国は世界初の原子爆弾の開発と製造に成功していた。砂漠で行われた実験成功の報告は、何十万人もの米国人の命を失うことなく日本を無条件降伏させる方法であると示していた。トルーマンは運命の決断として、日本への原爆投下を命じたのだった*1。

広島に舞う死の灰

一九四五年八月六日の朝八時一五分頃、広島の上空を飛行中の一機の爆撃機から一発の爆弾が投下された。しばらくして、広島の街の大半が消滅した。一九三七年、スペイン内戦でフランシスコ・フランコ大元帥傘下のドイツ軍爆撃機がゲルニカ村を壊滅させたことを世界は恐怖とともに知った。スペインの芸術家パブロ・ピカソが空襲された街を描いた作品は、民間人の大量死という新たな恐怖をしっかりと捉えていた。一九四五年までに軍事技術と戦術は驚異的な進歩を遂げた。ゲルニカでは通常の爆弾で何百人もの死者が出た。そのゲルニカからわずか八年後、広島ではたった一つの原子爆弾で一〇万人の命が地獄の火球に呑まれた。そしてそれと同じくらいの人々が時間の経過とともに放射線中毒で息絶えていった。

その朝、第二総軍司令部のほとんどがキノコ雲の下に消えた。無数の犠牲者の中に、司令部に配属された二人の中野学校の情報将校、岡本広美《ひろみ》と原田敬三がいた。中野学校二俣分校第一期を一年前に卒業した細川昌史は一か月の間放射線障害と闘いその命を落とした＊2。軍事情報部長の有末精三《ありすえせいぞう》中将は、広島の街が新型の破壊的な爆弾により壊滅的な被害を受けたことを聞いた。その夜、有末とその仲間らは東京の大本営で米国が広島上空で原爆を爆発させたとの短波ラジオ放送を傍受していた。

翌日、有末は帝国陸軍原爆計画の上級研究員である仁科《にしな》芳雄博士を含む軍民の専門家数十人の調査班を率いて広島に向かった。仁科は一九三一年に日本で最高峰の理化学研究所に「仁科研究室」を設立（後に軍部の命令で日本の原爆開発研究として知られる二号研究を主宰）した。彼は一九二〇年代の大半をヨーロッパでラザフォード男爵やニールス・ボーアの下で研究に費やし、日本初のサイクロトロンを完成させていた。皮肉なことに、広島と長崎への原爆投下のわずか一か月前に、陸軍は原爆計画を非現実的なものとして断念していたのである。

有末の調査班は、その日の夕方五時半頃広島に到着した。惨状は驚くべきものだった。調査班の眼下には、家や建物があったであろう場所に黒い影が続く風景が広がっていた。葉を吹き飛ばされた木がぽつんと一本立っていた。爆心地から四キロメートル離れた軍用飛行場では、飛行機が停止場所に向けてタキシングしていても出迎える兵士はいなかった。有末らが飛行機から降りると初めて、顔の左側が赤く焼け、制服がボロボロになった将校が防空壕から出迎えてくれた。

有末はその後、少し離れたところにある陸軍船舶司令部へと向かった。本館は無事だったが、窓ガラスのすべてが割れていた。有末は、軍海上輸送部の参謀長から被害状況を聞いた。その日の夜、ガラスの破片が散乱する中ロウソクを灯した客用宿舎で、有末は東京への第一報を口頭で行った。翌日、有末は第二総軍司令部と第五九軍司令部で更なるブリーフィングを受けた。第五九軍司令部の廃墟から参謀長松村秀逸《しゅういつ》中将が姿を現した。松村は「これは戦争だから、仕方がない」と有末を迎えた。ストイックな松村は後に国会議員に当選し、一九六二年に他界するまで退役軍人の擁護者として活躍した。

八月九日の朝、有末は突然、調査を仁科博士に託し大本営へ慌てて戻った。有末の下には新たな悲劇の報せが届いていた。米国が二つ目の原子爆弾を投下し、今度は長崎の大部分を消し去った。さらに悪いことにスターリンが日本に宣戦布告し、ソ連赤軍は満州国に侵攻していた。かつて大日本帝国陸軍の誇りであった関東軍は、日本の傀儡帝国を守る力を失って久しい。関東軍の精鋭部隊が本土や南方戦線に転出させられたことで、敗北は必然だった。

長崎は一五世紀にポルトガル人とスペイン人が到来して以来、日本のキリスト教の中心地であり、何世紀にもわたり鎖国していた日本の西欧への窓口であった。この町が一瞬の閃光で壊滅し、何十万人もの人が即死した。そして気の毒なことに、多くの人が放射線の影響で息絶えるまでの数日から数週間を闘った。

風光明媚な福江の沖合にいた二俣分校第一期生の原口重彦少尉は、爆撃の時、地区司令部の会合のために長崎へ来ていた。被爆したものの爆心地から十分離れていたため爆風を回避できた原口は、福江に戻り任務を継続した。日本の降伏が決まったことを知った原口は、断固としてそれに反対した。八月一八日に長崎に戻った原口は、長崎地区司令官の松浦豊一《ほいち》少将との会談で、西部軍の兵だけでも戦闘継続するように要求した。九州の師団はまだ戦闘状態にはなかった。長崎の惨状を目の当たりにした後で降伏を受け入れることは、若き少尉には耐えがたいものであったに違いない。しかし、松浦には従うべき命令があった。

すげなく断られた原口は、降伏を覆すため横山勇中将を説得すべく久留米に向かったが、衰弱した少尉は第一六方面軍総司令官に会うことはできなかった。福島参謀副長は、命令は命令であると繰り返すことしかできなかった。八月二三日、原口は意気消沈して長崎に戻った。気を紛らわすため、原口は音楽に目を向けた。その日の夜も、その次の日も、原口は夜が更けるまでフルートを演奏した。原口はまた、地区内の中野学校の要員数人に、敵船が入港した際には敵を攻撃するため準備を進めるように迫った。原口の同志達は、武器を置くという大本営の命令に背けば占領軍の報復を招くことになると言った。さらに悪いことに、命令不服従は帝国のために自己を犠牲にする精神を犯すことになる。単に体調が悪かったのか、原口はそれ以上の行動を取らなかった。原口は八月二五日、放射線中毒で死亡した*3。

ソビエトの捕虜達

八月九日の朝、日ソ中立条約が破棄された。その日の朝に至るまで、日本はソ連からの脅威を感じつつも、米英との戦争に専念することができた。この奇妙な情勢は、日本とソ連が中立条約を結んだ一九四一年四月まで遡る。ソ連による満州国への政治的独立性、領土への不可侵、日本によるモンゴルへの不可侵を目的に締結された。この条約締結は、その後の日本の南進政策の決定にも影響を与えた。中国では泥沼に陥るも、パプアニューギニアまで勢力を南下させていた日本は、依然として満州国を掌握下に置いていた。東條はヒトラーのロシア極東への侵攻に対する要求に聞く耳を持たなかった。中立条約締結が完了したばかりの頃である一九四一年の夏、ヒトラーのドイツ国防軍がヨーロッパロシアを征服した場合に備えて、帝国陸軍はシベリアへ侵攻するために動員された。しかし、ソ連赤軍はその冬を持ちこたえた。一九四五年までに、バイカル湖まで征服を進めようとする日本の夢はとっくに消えていた。ソビエトによる侵攻の可能性が高まる中、日本の指導者達は満州国、朝鮮半島、そして日本の北部を防衛するという厳しい現実に目を覚ました。

絶望のあまり、日本はソ連に戦争終結の交渉を持ちかけた。かつて一九〇五年、大日本帝国は米国の仲介による和平交渉で戦争を終結させた。米英軍部隊を前に大敗を喫した一九四五年の大日本帝国は、再び外交を基に和平交渉を持ちかけた。ソ連も日本と共に参戦し、英米の攻撃に終わりを告げようと提案した。ソ連の赤軍とロシアの石油、帝国海軍と日本の新帝国である東南アジアからの資源を組み合わせれば、日本とロシアは広大なアジア太平洋地域の支配者になることができる。また、かつてのロシア領であった千島列島とサハリン南部をちらつかせた。しかし遅すぎた。ルーズベルト大統領はヤルタ会談で、ソビエトの宣戦布告の見返りに、スターリンがこれらの領土を獲得することを合意していたのだ＊4。

スターリンは日本を救うどころか、八月九日にはソ連赤軍を満州国へ侵攻させた。関東軍には国境を守れる力はなかった。日本の将官達は朝鮮に近い通化《つうか》周辺に陣地を構築した。満州国北部の広大な平野ではソビエトの戦車群に対してなす術はなかったが、険しい山の地形の通化周辺であれば、わずかだが日本の守備隊が攻撃を阻止できる可能性があった。もしそれができなくても、関東軍は鴨緑江を越えて朝鮮に撤退することもできた。しかし、ソビエトは全面的な総攻撃を開始したので、日本の防衛計画は崩れ去った。ソ連赤軍は満州国北部を素早く突破しただけでなく、ソ連第二五軍の部隊は八月一一日に豆満江《とうまんこう》を越えて満州国とソビエトの国境付近にある朝鮮の慶興《キョンフン》に侵攻した。八月一四日、ソビエト太平洋艦隊の海兵隊は、朝鮮東海岸の主要港である清津《チョンジン》に上陸した。また、千島列島にも海兵隊による侵攻が行われた。さらにソ連軍部隊は日本領のサハリン南部に投入された*5。

前線でソ連赤軍と対峙していた日本軍は、後方でも同じような危険を感じていた。多くの中国人や朝鮮人などがこの機に乗じて日本に対して蜂起したのだ。一〇〇人ほどの日本人民間人を内モンゴルの安全な場所に避難させていた帝国陸軍特務機関の所在が先住民族からのソ連赤軍への通報によって知られてしまい、ソ連軍の執拗な攻撃でほぼ全員が死亡した。また傀儡満州国軍の中核を成していた五〇〇〇人の日本人の多くにも死が訪れた。日本の指揮下にあった中国人、朝鮮人、満州人、ロシア人の混成部隊であった満州国軍は、主に「盗賊鎮圧」作戦の補助部隊として機能していた。しかし、この兵士達が時として日本人将校に反旗を翻したり、「盗賊」に協力したりしたことで、この部隊はほとんど信頼できないことが証明されていた。八月九日にソ連が国境を越えてきた時、日本人司令官に従って戦闘に参加した満州国軍部隊もあったが、多くは姿を消していた。中国人と満州人の将校の中には部下に日本人上官の殺害を命令した者もいた。満州国最後の日、約二〇〇人の日本人が反抗部隊の手によって殺された*6。

満州国にいた中野学校要員で、死や拘束を免れた者はほとんどいなかった。何人かは降伏直前の激しい戦闘の中で命を落としていった。五〇万人以上の関東軍の将兵が武器を置き、その運命を待っていた。その中には満州国に配属された中野学校の卒業生一二〇人以上が含まれていた。秋草俊少将も捕虜の中の一人だった。秋草は中野学校創設者の一人で、ソビエト情報の専門家でもあったが、関東軍の情報部長として終戦を迎えた。ハルビンでは降伏交渉に参加した。勝利したロシアは、関東軍に通訳として勤務していたロシア語学者らを引き渡すよう秋草に要求した。これは日本の情報将校の身分偽装を暴くための策略だった。秋草はその後、市内のヤマトホテルに拘留され、そこで最初の尋問が始まった。

モスクワに連行された秋草は、翌年八月、関東軍の協力者として秋草と関わりのあった白系ロシア人グリゴリー・セミョーノフとコンスタンチン・ロジャエフスキーの二人を裁くモスクワ裁判の証人として出廷することになった。秋草は一九四九年初め、捕虜のままモスクワ近郊で病死したと報告されている*7。

ソ連占領軍は、関東軍の情報将校の追跡を急いだ。拘束された多くの者は中野学校の卒業生だった。関東軍が長年に渡ってソ連情報を収集していたことから、ソビエトは満州国での日本の情報作戦というパズルのピースをかき集めたのだ。この捜査網を逃れた日本の情報将校はほとんどいなかった。多くの場合、情報補佐や工作員として仕えていた白系ロシア人らが裏切ったのだった。自身の命を守るために日本人を裏切った者もいれば、長年の屈辱に対する復讐のために裏切った者もいた。ほとんどがキリスト教正教徒で、ロシア帝国時代には上級の地位にあった白系ロシア人が体験した屈辱とは、例えば毎朝神社の前で皇居の方角にお辞儀をするように要求したといったことだった*8。

ソビエトの捜査網にかかった日本人情報将校の中に、間島《かんとう》特務機関の任に就く前に中野学校で訓練を受けた馬場嘉光大尉がいた。間島を占領したソビエト第二五軍の防諜将校らは八月二一日に馬場を拘束した。第二五軍が朝鮮北部に進軍する中、馬場は幼少期の故郷である平壌の近くで過ごしたが、間もなくしてシベリアに抑留された。馬場は他の捕虜となった情報将校らと共にさまざまな尋問を受けた。

一九四八年、馬場は軍事法廷で裁判を受け、諜報員として反ソビエト活動に従事したとして実刑判決を受けた。彼はその後、何年にもわたり、何十万人もの日本兵、ドイツ兵の戦時捕虜とソビエトの政治犯達が強制労働させせられたソ連の広大な「収容所群島（グラグ）」に囚われた。ソ連は一九四六年一二月に日本人捕虜を解放し始め、親ソビエトと判定された者、情報活動や他の「戦争犯罪」の罪がないと判断された者は自由の身となった。しかし馬場が解放されたのは、一九五六年の日ソ関係が融和期に入ってからで、モスクワはようやく元情報将校や満州国で重要な地位に就いていた捕虜を解放したのだった*9。

インド作戦の壮絶な最後

ソ連赤軍が満州国の広大な平野を駆け抜けるなか、スバス・チャンドラ・ボースはソビエトとの会合のため、崩壊した日本の傀儡帝国へと向かっていた。激しい性格のベンガル人民族主義者は、インドの解放を求めて新たな同盟相手を探していた。光機関長として英国領インド帝国への情報作戦を指揮していた磯田三郎少将は、英国が戻ってくる前にボースをシンガポールから出国させたいと案じていた。その一週間前、日本はアジア各同盟国の指導者らの保護を持ちかけていた。玉音放送の前日の八月一四日、ボースの仮政府への特使の磯田と蜂谷《はちや》輝雄はボースに、シンガポールを去り日本へ向かうようにしきりに促していた。フィリピンのホセ・ラウレル大統領やビルマのバー・モウはすでに日本に避難していた。しかし、日本に隠れても連合軍部隊の占領下ではすぐに見つかってしまうので意味がないと考えたボースはその提案を却下した。

それより重要なことは、ボースが未だにインドから英国を追い出そうとしていたことだ。六年前、ボースはインドを離れてドイツにいた。そこで、彼はインドと中東にプロパガンダを放送し、捕虜で構成されていたインド軍団（Indian Legion）を率いた栄光のインド入りを夢見ていた。しかしドイツ国防軍がソ連の征服に失敗したためインドに到達できず、ボースは日本と手を組んだのだ。日本もまたボースを失望させたが、彼は臆することはなかった。八月一二日、インド独立連盟の二人のメンバーが、ボースに日本の降伏が間近に迫っていることを伝えた。彼はただ笑みを浮かべて、「それはそういうことだ。さて、次は何だ」とだけ答えた*10。

ドイツ、日本に続いて、ボースにとって最良の選択はソ連であるように思われた。一九四四年一〇月に三度目で最後となった東京訪問で小磯國昭《こいそくにあき》大将の新政権を表敬訪問した時から、ボースはソ連との協力を考え始めていた。東京からの帰路の上海で、ボースは日本在住インド人のアナンド・モハン・サハイと会い、ヤコフ・マリク大使と連絡を取るように要請した。しかし、重光葵《しげみつまもる》外務大臣をはじめとする日本政府関係者らは、マリクとの会合は「無用」としてボースの要請を拒否した。一九四五年五月のドイツ降伏後、ボースは再度仲介者を介して日本と接触し「第二戦線」を開こうとした。六月、日本側はソ連との間を取り持つのは難しいとし、再び彼を落胆させた。ボースは満州国に赴き、ソビエトと接触すべきだと決意した*11。

枢軸国から世界的共産主義国に同盟を乗り換えたボースは、「敵の敵は味方である」という古代の政治的格言に則り行動した。英国とロシアは一世紀以上にわたり中央アジアを巡る主権争いをしていた。英国がインドを失うことになればロシアが得をすることになる。日本にもまた、ボースを行かせた理由があった。戦争に負けた日本は、インドにおける英国統治への転覆活動をボースがソ連から継続することで、英国支配に対抗できると考えていた。

八月一七日、ボースは陸軍の改造された爆撃機に乗り込み、満州国に向けてサイゴンを出発した。新たな資金調達のために、ボースは八〇キロのダイヤモンドや貴重品を携行していた。彼はまず大連港に向かい、そこでロシア人と取引してからソ連に入る計画だった*12。この計画に、ボースの補佐官として七月に関東軍総参謀副長に就任したばかりの四手井綱正《しでいつなまさ》中将が同行した。翌朝、その飛行機は台湾の台北飛行場に着陸した。昼食後、ボースと乗組員が再び飛行機に乗り込んだ。しかし左舷プロペラが破損し、離陸するのもやっとの状態で、滑走路を一〇〇メートル進んだところで飛行機は機首から地面に突っ込んだ。

四手井はその場で息絶えた。ボースは頭から出血し、服を火に包まれながら燃え盛る機体からよろめき出てきた。近くの軍病院に運び込まれたボースは、その夜、火傷のため死亡した。ボースの最後の言葉は、次のように記録されている。

「インドはまもなく自由になるだろう。自由なインドに万歳」＊13。

ボースの人生最後の日に立ち会った日本は、彼の亡骸を収容し、火葬し、台北にある西本願寺に遺灰を納めた。降伏調印から三日後の九月五日、帝国陸軍の将校がボースの遺灰を密かに東京へ運び出していた。その後、九月一八日に光機関や関係する情報将校らは日蓮宗の寺である東京多摩の蓮光寺に密かに遺灰を運び、秘密裏に葬儀を行った。後に、インド情報作戦と最も密接な関係にあった有末精三、磯田三郎、岩畔豪雄《いわくろひでお》、高岡大輔は、東京にいたベンガル民族主義者らと共にスバス・チャンドラ・ボース・アカデミーを結成した。日本の情報機関のＯＢらは、戦時中の最大のパートナーに敬意を表した＊14。

切り札と遊撃戦

有末精三中将は戦争が終ろうとしていることを知っていた。敵が日本に迫っていたのだ。鋭い情報将校であった有末は、戦後の米英とソ連の間で生起する対立から日本も恩恵を受けることができることも理解していた。降伏前夜、有末は執務室に特別任務を付与された参謀将校を呼び出した。天野輝美大尉は、一九四一年の中野学校卒業以来、有末の参謀本部第二部第五課で勤務していた。天野は第二部にいた数少ない中野学校要員だった。他のほとんどの要員は、各陸軍司令部に転属して最前線で戦っていた。第五課で天野はシベリア横断鉄道でモスクワとの間を行き来する外交クーリエとして、ソ連の情報収集を行っていた。また、ナホトカの情報収集のために船乗りに扮して、一週間かけて密かに港をスケッチしたこともあった。天野の任務のほとんどは軍事地形学に関連したものだった。

有末は、天野に新たな任務の指示をした。それは、帝国陸軍が保有する満州国とシベリアの詳細な地形情報を、有末が米国との交渉で利用できるようになるまで隠匿しておくという任務だった。有末は、ソビエト情報を手元に確保しておき、米国に提供できるようにしておけば有利になると見抜いていた。しかしこのような切り札を用意した情報部長は有末だけではなかった。ドイツ国防軍の対ソビエト情報機関、東方外国軍課（ＦＨＯまたは Foreign Armies East）の戦時中の長であったラインハルト・ゲーレン将軍は、米国との交渉の手土産にするため、ドイツ国防軍に関する情報をバイエルンの山中に隠すように数か月前に部下に命じていた。

天野は、ある少尉に手伝ってもらいながら機密文書を集め、一四個の大きなトランクに入れた。八月一五日の午後、天皇の玉音放送を受けて、天野と助手は任務に向けて出発した。天野はトランクを兵庫県に、助手は三重県に運んだ。特段の指示がなければ、毎年八月一五日に伊勢神宮に集まり、書類の処分について協議することとした＊15。

有末は交渉材料の手配を進める一方で、占領の実態が容認できない場合に備えての戦闘計画も承認していた。これに関与していたのが、中野学校第一期生の猪俣甚弥《いのまたじんや》少佐だった。猪俣は一九三九年に中野学校を卒業して以来、主にソビエトを標的とした任務で成果を挙げていた。

降伏が不可避と思われた時、猪俣は白木末成《しらきすえなり》大佐に抵抗活動を提案した。若き将校は、中野学校の先輩である秦正宣《はたまさのり》、太郎良《たろうら》定夫の両少佐と米占領軍への抵抗活動について既に協議し合意を得ていた。第二部第五課長の白木は、猪俣の関東軍情報部時代の上司である。猪俣の提案は、占領に先立ち、陸軍は武器や物資の貯蔵を準備すべしというものだった。日本各地に居住している中野学校の情報将校は、その地域の占領当局の動向を監視し報告することとなっていた。必要に応じて、彼らは外国軍部隊とその日本人協力者に対して遊撃作戦を展開することにもなっていた。白木は猪俣の構想を承認し、計画の概要を記した覚書を作成して指揮命令系統に送った。有末はそれを承認し、上官である帝国陸軍参謀次長河辺虎四郎《かわべとらしろう》中将もそれを承認した。次の段階は中野学校への指示であった。白木は太郎良少佐に群馬県富岡へ行くように命じて、中野学校に新しい命令を伝えた*16。

猪俣がこの提案をする前から、陸軍参謀本部は本土でいかに遊撃戦を遂行するのが最善なのかを熟考していた。民間人を伴う非正規戦闘の計画を担当した中野学校は、遊撃戦の原理を考案し、秘密組織を編成した。中野学校には基本教育課程を超えた活動をしていた特定の軍人がいたが、その存在は猪俣を含めてほとんどの要員に知られていない。中野学校は本土で遊撃戦を遂行する部隊を用意した。教官は選りすぐりの者達であり、ニューバランの「緑の地獄」でコマンドー部隊の隊長として優れた戦果を上げた小俣《こまた》洋三大尉も含まれていた。また、遊撃戦術を研究し実戦検証した数人の教官のうちの一人である山本舜勝《きよかつ》少佐も指導者であった。部隊名は泉《いずみ》である。地下から水のように湧き出て戦争を遂行することを目的としていた*17。

中野学校閉校に先立ち、泉部隊の要員は遊撃戦に備えて出発していた。ある者は元いた連隊に復帰し、またある者は民間人を装い故郷に戻っていた。中野学校の中でも泉部隊の存在を知る者はほとんどいなかった。秘密部隊の精鋭たちは六月から八月にかけて厳しい訓練を受けた。訓練は爆薬の使い方に重点を置いた。また、全国に連なる山や谷を有効活用し、民間人をテロ作戦に参加させる方法や無線傍受を避けるために伝令として使う方法も学んだ。多くの指導は沖縄戦で教訓とされたことに基づいていた。沖縄から東京への民間人を使用した作戦に関する報告は、泉部隊の訓練に影響を与えた*18。

富岡では、山本敏少将《はやし》が八月一一日の東京からの命令で中野学校を閉校する準備をしていた。そのわずか数日前には新入生が到着していた。二日後、山本は二人の部下を東京に送り込み、来る降伏の詳細について調査させた。同時に、山本は学校の秘密を抹消するように命令した。学校の上空に煙が立ち上がり、機密文書や武器、通信機器などが次々と燃やされた。こうした光景は日本全国で見られ、軍の将校や文官がそれぞれの秘密を燃やした。

大本営は、登戸研究所での機密計画の証拠隠滅にも注力した。八月一五日、陸軍省軍務局は、軍の「特別研究」に関わる全ての資料の破棄を命じた。リストに真っ先に挙げられたのは、登戸研究所と風船爆弾計画だった。また、生物兵器開発のため捕虜を使った人体実験を行っていた関東軍の七三一部隊もリストに入っていた*[19]。長野県などに分散していた登戸研究所では書類や資料などを燃やす煙が上がっていた。ある研究所では、部隊司令官が四〇人の部下に最後の命令を出した。彼らは地下抵抗活動ネットワークの構成要員として分散配備されることになり、招集されれば占領軍に対し遊撃戦を展開することになる*[20]。

八月一五日の朝、山本は中野学校の校庭に集合を命じた。正午、全員が初めてラジオ越しの天皇の声に耳を傾けた。沈黙の中、彼らは降伏を受け入れ「耐え難きを耐え……」という天皇の呼びかけに聞き入った。ラジオが静まると、最後の式典が執り行われた。感情のこもった声で最後の指示を出した後、山本は富岡に中野学校を疎開させた際に持ってきた楠公神社に近づいた。そして司令官としての最後の行動としてその神社に火を放った。こうして中野学校は消滅したのだった。

その日の夜の最後の会合では涙を流しながら校歌を歌い、職員らも解散した。数人が武器や装備を処分するために次の朝まで残った。その後、学生達は故郷に帰り、そこで身を潜めて次の指示を待つことになった。

武器や装備の一部は地元の部隊、警察、政府関係者に分配したが、将来の蜂起に備えて学校の敷地内にも埋めていた。そうした作業を八月下旬には終え、最後の中野学校要員が富岡を離れた*[21]。

富岡での中野学校最後の式典に参加したのは、ほとんどが二俣分校の教官らだった。同日、訓練所の閉所命令を受けた彼らは、第四期生の解散を伝えるため戻った。二俣分校の閉校命令を聞いた学生達は、徹底抗戦を叫び、出ていくことを拒否した。司令官は、一人一人を軍曹に昇格させ原隊に復帰するよう命令してこの危機的状況を鎮めた。そして職員と学生は学校の弾薬や装備品の破棄に着手し、マッカーサー元帥の先遣隊が厚木基地に到着する三日前の八月二五日をもって、二俣分校は消滅した*[22]。

同盟と新王の存在を匿う

中野学校の要員は占領軍と戦う覚悟ができていた。この傍らで、連合軍への抵抗を激化させるため、ある二つの計画が検討された。一つ目の計画は、英国に追われていた戦時下ビルマの指導者バー・モウをかくまうことで抵抗すること。二つ目に、連合軍の天皇一家処刑に備えて、皇統護持のために皇太子を先に保護、かくまうことを画策した。この二つの計画は、降伏前の慌ただしい日々の中で浮かび上がってきた。ポツダム宣言を受け入れる政府の決定に警戒した中野学校OB達は八月一〇日の夜東京で会合を開き、どのような行動を取るべきか議論した。集まった第一期生の中には猪俣甚弥少佐もいた。

彼らは、椎崎《しいざき》二郎中佐が降伏の妨害工作に加わるよう呼び掛けていたのを聞いた。椎崎の力強い訴えに多くの人が感銘を受けたが、第一期生の久保田一郎少佐もこの企てに加わろうとした。工作の細部に話が及んだ時、秦正宣少佐がその白熱した議論に加わってきた。秦は第二部第五課の将校で、中野学校の訓練後は一時期ドイツの情報活動に従事していた。プロの情報将校として超然とした態度で話し始めた秦は、日本を救う見込みのない反乱には参加するなと警告した。ドイツの専門家として、ドイツが崩壊するまで戦ったヒトラーの過ちを指摘したのだ。秦は、日本再建という利益を考えて蜂起を拒否するよう呼びかけた。秦の説得により、久保田らは破滅的な陰謀への参加を思いとどまった。椎崎ら若き将校達は、上級軍司令官の支持を得ることができず、数日後、椎崎は自決した*23。

この反乱に加担しなかった中野学校要員らは、別の行動に出た。通信情報の専門家であった広瀬栄一中佐は中野学校と陸軍参謀本部の窓口となっていたが、中野学校の上級要員数人と密会し、日本の皇統を護持するするための提案を行った。降伏によって、天皇一家の安全は危険にさらされていた。ソビエトは自国のニコライ二世とその家族を残忍にも殺害していたし、米国の世論調査では天皇の即時処刑を支持する人が約三分の一、戦犯として裁判、投獄、または国外追放を支持する人が約三分の一という結果が出ていた＊24。

広瀬は、連合国が天皇一家を処刑した場合は、北白川宮道久親王をかくまって皇統の存続を確保しようと計画した。広瀬は明治天皇の孫である道久親王は、たとえ姿を消しても占領軍当局の目は引かないであろうと考え、また皇位の正当な後継者として十分な近さであると見ていた。実際、有末はある将校から出された明仁皇太子を地下にかくまうという案は、占領軍当局に皇太子の失踪をすぐさま察知され追われてしまうとして却下したばかりだった＊25。広瀬は、若き親王の父と共に陸軍士官学校に通ったこともあって、北白川宮家をよく知っており、六月に長野県松代に建設中だった広大な地下軍事司令部の視察から東京に戻った際にも北白川宮家を訪問していた＊26。

広瀬が中野学校の要員らに皇統護持の計画実行を説得していたのと同じ頃、外務省は日本の同盟の亡命者をかくまう計画に加わった。ラングーンから撤退したバー・モウは、捕虜になるか命を奪われる前に、終戦時には東南アジアから逃亡していた。日本が降伏する数日前、英軍の航空機がバー・モウのいた家を銃撃した。バー・モウは日本人大使と共にビルマを出発し、泰緬《たいめん》連接鉄道を経由して八月二二日にバンコク入りを果たした。そこから彼は台湾を経由して東京に飛んだ＊27。

外務省には二つの選択肢があった。一つは彼を英国に引き渡すこと。もう一つは彼が手配犯でなくなるまでかくまうこと。最終的に枢軸国派の役人達は重光葵外務大臣にバー・モウをかくまうように説得した。バー・モウは外務省職員と共に東京を離れ、日本海側の新潟県の僻地に身を隠した。バー・モウは薬照寺《やくしょうじ》に避難し、彼の身分は満州人とされた＊28。

八月下旬、猪俣は東京で同期生と会い、道久親王潜伏先の準備について報告していた。中野学校第一期生の久保田一郎少佐は猪俣から衝撃的な知らせを聞いた。久保田は新潟県六日町に住む知り合いに支援を求めて向かった。ハム工場の経営に成功した今成拓三《いまなりたくぞう》は愛国心豊かで、僻地に居住していたことから、久保田の目にはこの作戦に理想的な要員として映った。しかし、久保田が猪俣にブリーフィングしているうちに、今成がすでに外務省からバー・モウをかくまうよう迫られていることを知った。九州出身で気の短い理想主義者である久保田はこの案に快く応じた。

猪俣はこの話に不信感を抱き、久保田に反論した。しかし久保田の決心は固かった。亡命中のビルマ人をかくまえば当初の計画が暴露することはほぼ間違いない。戦時下の同盟を放棄することは不道徳であり、将来の東南アジアとの関係の中で日本に対する信用を失うことになると主張し、いずれにしてもすでに約束したことだと久保田は説明した。久保田はまた、英語が堪能な同期生の越巻勝治《こしまきかつじ》少佐を六日町に残し、バー・モウの世話をさせた。結局、猪俣の不安は解消されないまま計画は進められた。

これで作戦は二つとなった。バー・モウをかくまう「東計画」と道久親王を保護する「本丸計画」の二つだ。両作戦に資金提供したのは、ボンベイでの隠密任務から帰還した後、戦時中は参謀本部第二部の参謀情報将校として英米課で過ごした阿部直義少佐だった*29。

猪俣は任務を次の段階に進めた。親王のための身分偽装である。彼の目的地は広島だった。廃墟と化した広島は追跡が困難な偽造文書を作るには理想的な場所だった。一方、新潟県の僻地では、バー・モウが中野学校要員らの保護を受けていた。森を散歩したり、今成に英語を教えたり、越巻と会話したり、宴会で「支那の夜」など戦時中の名曲を歌ったりしていたが、バー・モウは退屈な時間を過ごしていた。

マニラでの会合

大日本帝国の降伏には、その後に続く強力な政府を必要とした。苦渋の決断を受け、鈴木貫太郎内閣は総辞職した。後任は、天皇と縁戚の陸軍大将東久邇宮稔彦王《ひがしくにのみやなるひこ》であった。将校兼王子が政権を握るのは近代日本では前例がなかった。日本の皇室は近代日本を支配するのではなく統治していたのだ。しかし、時代は強力なリーダーシップを必要としていた。帝国陸軍は騒然としていた。椎崎を含む将校らがクーデターを起こして天皇の身柄を拘束し降伏を阻止しようとしたが失敗し、近衛師団長を殺害したのである。一方、各戦地に残された帝国陸軍にほとんど被害はなかった。南方軍司令官の陸軍大将寺内寿一《ひさいち》伯爵は、サイゴンの司令部から、日本はポツダム宣言を拒否すべしという電報を送った。

東久邇宮が政府を率いることになったのは、こうした軍事的不安や民衆の革命を恐れたからである。さらに追加措置として、天皇陛下は他の王子兼将校らに、海外にいる日本人将校に皇室の意思を伝えるように指示した。陸軍少将の閑院宮春仁王《かんいんのみやはるひと》は寺内の率いる南方軍への勅使としてサイゴンとシンガポールへ赴き、陸軍大将の朝香宮鳩彦王《あさかのみややすひこ》は岡村寧次《やすじ》大将の支那派遣軍へ説明のため南京と北京に赴いた。陸軍中佐の竹田恒徳《つねよし》王は新京に赴き、関東軍に停戦を命じた＊30。

八月一七日に首相に就任した東久邇宮は、最初の任務としてマニラに使節団を派遣し、マッカーサー元帥の参謀と来るべき軍事占領の詳細について協議した。東久邇宮は主要メンバー一六人と二人の通訳で構成された使節団の長に河辺虎四郎中将を任命した。一六人の代表のうち七人が陸軍、六人が海軍、外務省の文官も二人いた。

日本の任務にはインテリジェンスのカラーがはっきりと出ていた。富山県出身の航空将校であった河辺は優秀な情報将校だった。彼の経歴には、モスクワ（一九三二～三四年）、ベルリン（一九三八～三九年）での武官としての勤務、満州での関東軍情報部長（一九三五～三六年）としての期間が含まれる。満州では、一九三六年に河辺は白系ロシア人部隊である浅野部隊を組織していた＊31。代表団のもう一人の天野正一《まさかず》少将は参謀本部第二部の英米情報課を指揮していた。山本新《あらた》大佐と高倉盛雄大佐は共に第二部第八課の上級要員として情報部に所属していた＊32。通訳の大竹貞雄少尉と竹内春海《はるみ》少尉の二人も第二部の所属であった。海軍将校の中にも情報将校がいた。この任務に従事していた二人の外交官の一人、岡崎勝男は外務省調査局長だった。

河辺一行は、八月一九日に東京を出発し、降伏反対派からの攻撃を避けるため木更津航空基地から極秘裏に出発した。途中で米軍戦闘機のエスコートを受け、同日マニラに到着した。ニコルス飛行場で代表団の飛行機の到着を待っていたのはマッカーサー元帥の情報将校だった＊33。

マッカーサーは、マニラでの降伏交渉で参謀第二部（G２）に「重要な役割」を与えることを情報部長のチャールズ・ウィロビー少将に認めていた。ウィロビーは、「日本軍の戦力と配備に関する詳細な情報」と「参謀本部の組織や他の軍事機関」を理由に、このような役割を求めていた。ウィロビーはまた、日本の軍事動員解除に関するG２の監督権も得た＊34。

ウィロビーは容姿と経歴が印象的だった。熊のように筋肉質な体格で、身長はマッカーサーなみに高かった＊35。ドイツ人の父と米国人の母の間にカール・ヴァイデンバッハとしてドイツに生まれ、一八歳の時に渡米した。名を英語名にし、母の旧姓を組み合わせ、チャールズ・ウィロビーとなって米陸軍に入隊し、第一次世界大戦ではフランスで従軍した。インテリジェンス領域でのキャリア初期にはコロンビア、エクアドル、ベネズエラで武官を務めていた。その後、レブンワース砦にある米陸軍指揮幕僚大学で一〇年を過ごし、そこで軍事史の講義をしていたことでマッカーサーの目に留まることとなった。ウィロビーは、フィリピンでマッカーサーの下で兵站を担当する参謀第四部（G４）の参謀副長を務め、一九四二年初頭にマッカーサーと共にオーストラリアへ撤退した後に、G2として情報部を担当することとなった＊36。

情報将校としてのウィロビーの評価はあまり芳しくなかったようだ。連合国翻訳通訳部（ATIS）を担当していた部下のシドニー・マシュビル大佐によると、「ウィロビーは優れた歩兵だった。……彼は戦闘行動中も非常に勇敢な将校であった。彼はフィリピンの大隊を奮起させ、戦闘に送り戻したことが幾度もあった。しかし情報将校としての実績は皆無だった」と証言している＊37。マッカーサーでさえ、ウィロビーは情報将校としては大したことがないと見ていた＊38。

ウィロビーはマッカーサーへ崇拝にも等しい忠誠心を示していた。マッカーサーの防諜部長エリオット

・ソープ准将によると、「ウィロビーには人を惹きつける才能があった。私が知る限り、彼とコートニー・ホイットニーの二人だけがマッカーサーに媚びることに成功し、その見返りを得ている」と証言している*39。米国人よりも「プロセイン人」と評されたウィロビーは、うなずくような会釈よりもかかとを合わせて腰からお辞儀をするような人物であった。彼はまた、出会う女性の手にキスをする習慣があった。さらに、彼のことを「プロセイン人」と呼ぶ者にはかなり敏感に反応した。戦後、歴史家のD・クレイトン・ジェームズによるインタビューで、ウィロビーはマッカーサーの第六軍司令官ウォルター・クルーガーについて次のように述べている。「クルーガーはドイツ生まれだった。少なくとも私には米国人の母親がいた」。このような細部に対する厳格さを追求する性格から、ウィロビーは「サー・チャールズ」と呼ばれるようになった。怒りやすく、甲高い声で長広舌を振うこともあったため、ウィロビーはマッカーサーの参謀の中では、ふざけた上級将校達のからかいの的となっていた*40。

ウィロビーは来たる日本の軍事占領を指南する役割を担っていた。ウィロビーは日本の使節団の到着を出迎えたが、シドニー・マシュビル大佐が使節団に会った。飛行場に降り立った河辺はマシュビルに握手を求めた。そこには記者やカメラマンがいた。マシュビルは河辺の求めを受け入れるとみせて次の瞬間、河辺の手を振り払った。カメラマンはこの勝者側の冷たい仕打ちをしっかりと記録した。それは気まずい始まりだった。

マスコミが記録できなかったことの方がはるかに興味深い。その後の会談は、会議室の外の雰囲気よりもはるかに日本にとって有利な形で進んだ。会談の議題はマッカーサーの政治的野心によってある程度決められていた。五つ星の将軍としてキャリアの頂点に達したマッカーサーは、今回はホワイトハウスを手中に収めようとしていた。南西太平洋で戦争をしていた一九四四年の選挙では、マッカーサーは共和党の大統領候補として名前があがっていたが、マニラでは、勝利した元帥の心は次の一九四八年の選挙に向けられていた。リチャード・ニクソンは後に、ノルマンディーの英雄でありマッカーサーのライバルでもあったドワイト・D・アイゼンハワー大将も大統領執務室を切望していたことを思い出した。ニクソンによれば、二人の違いはマッカーサーだけが野心をむき出しにしていたことだと言う。マッカーサーの策略はあまりにも明からさまで、「一九四八年には、日本で現役の元帥である間に大統領選に出馬できるよう、あらゆる機会に姿を見せていた」のであった*41。

マッカーサーは、太平洋での勝利が候補者指名とホワイトハウスへの当選の好機となると計算していた。日本の軍事占領を成功させれば、マッカーサーの指導者としての評価が高まるだろう。一方、日本の抵抗活動は彼の経歴に傷をつけることになるだろう。マッカーサーの野望が込められた、史上最大のオリンピック作戦を主導することで英雄となれるはずだった。降伏させたにもかかわらずさらに戦うことは、「子供たち」を早く家に戻してほしいと考えていた米国民には受け入れられなかった。

こうした背景から、河辺は日本に有利な方向に導ける立場にいた。日本側使節団は表面上、命令を受けるためにマニラに飛んでいたが、マッカーサーのチームは無条件降伏であるはずなのに降伏の条件を交渉していることにすぐに気が付いた。東京での軍部の反乱の失敗やマッカーサーが降り立つ予定だった厚木基地の戦闘機パイロット達が首都圏での一件で動揺していることを知った米側は、日本側の延期要請に応じた。マッカーサーの先遣隊は八月二一日にマニラを出発し厚木に向かう予定だった。しかし同日、会談を取り仕切っていたリチャード・サザーランド中将は、日本軍が内部の秩序を取り戻すための時間を確保するため、八月二六日まで先遣隊を待たせる河辺の要求に同意した*42。マッカーサーが何事もなく上陸するためには日本の協力が必要であると認識していたサザーランドに、選択の余地はほとんどなかった。

結局、マッカーサーの大統領選への野心と、それを利用した日本の交渉が功を奏し、日本への直接的な軍事統治を免れた。マッカーサーの参謀は河辺の使節団に、日本政府が占領の指令を実行することを伝えた。日本は皇室制度を含む政府を保持することになる。マッカーサー元帥は占領に対する認識を次のように述べた。

「マッカーサーの部隊は、日本が現地部隊を武装解除した後、指定された地域を徐々に占領することとなる。連合国軍の人員による直接的な非武装化は行わず、日本が連合国の監督の下、自国の軍隊の武装解除と動員解除を管理することとなる」＊43。

軟化した姿勢で日本への進出を決断した背景には何があったのだろうか。皇室の威信を利用する利点を評価したことも一つの理由であった。天皇が日本の降伏を宣言し、王子らを勅使として現場司令官にその決定を伝えたことで反乱を未然に防いできたのだった。また別の要因として、河辺使節団の協力的な姿勢があった。日本政府を介して統制するか、直接統制し戦いが続くリスクを冒すか、その違いは明確だった。

正規軍部隊の反乱の脅威とは別に、マッカーサー司令部もまた、遊撃戦を恐れていたのだろう。米陸軍指揮幕僚大学で軍事史の教官を務めたウィロビーは軍事占領に対するゲリラ戦の危険性を、ナポレオンがスペインのゲリラを鎮圧しようとした時の悲惨な試みから教訓として学んでいた。「愛国者の部隊に蹂躙された地域の占領軍は、常に神経を研ぎ澄まして警戒している。そのような状況に置かれている軍隊は自国でも敵国でも、そして自身に対しても支持がなく、用心深く待つことは非常に気骨が折れることになりがちである」。ウィロビーはイタリアの政治家でカミッロ・カヴール伯爵の言葉を借りてこの教訓を締めくくった。「銃剣があれば、その上に礎を築くこと以外は何でもできる」＊44。

マッカーサーの参謀もまた、帝国陸軍の幻の特務機関の隠れた脅威を心配していたのだろう。米英情報機関は、中国と東南アジアで活動する情報将校と工作員の影のネットワークをかなり以前から察知していた。帝国陸軍は中野学校卒業生を一〇〇人あまりフィリピンに投入していた。マッカーサーのG2が彼らの存在に気づいた可能性は十分にあった。沖縄戦では中野学校の影の戦士数十人が戦ったが、その頃、マッカーサーの防諜工作員は中野要員を探し回っていた。フランク・ギブニー少尉が作成した島田叡《あきら》捕虜尋問報告書では、島田が中野学校もしくはそれに類する要員であるとを指摘している。報告書によると、島田は「特務機関要員を訓練する教育課程には参加せずに、長勇《ちょういさむ》中将の推薦で一九三九年に直に北京特務機関へ配属された」と述べている。

八月に沖縄で出された対敵諜報部隊の報告書では、朝鮮における優先防諜標的のリストに中野学校が挙げられていた。対敵諜報部隊の朝鮮に関する研究では、特務機関の標的について次のように述べられている。「この部隊の要員は、東京の特別教育課程の修了者であり、良く訓練されている」。情報要員養成機関としての中野学校の役割については米軍は漠然とした情報しか持っていなかった。例えば、同じ報告書で、米軍情報部は特務機関を単一の組織と考え、その司令官は土肥原賢二《どひはらけんじ》大将、現地司令部は京城（ソウル）に置かれていると推測していた。しかしこの三点はすべて間違っていた。土肥原は一九三〇年代に中国で特務機関の指揮官をしていたことは知られていたが、一九四五年まで土肥原には特務機関に関する権限は与えられていない。そして京城に特務機関はなかった。半島唯一の特務機関は朝鮮、ソビエト、満州の国境に近い北部の咸鏡北道羅津《かんきょうほくどうらしん》にあったのだ。中野学校の卒業生は朝鮮軍司令部やその他の部隊がいた羅津で活躍した。日本の秘密組織に関する正確な情報の欠如は、決して対敵諜報部隊に限ったことではなかった。日本が降伏した八月一五日、ワシントンの軍事情報部が作成した情報報告書に帝国陸軍の技術研究所に関する項目が含まれていたが、第九陸軍技術研究所、通称登戸研究所の機能については空白になっていた＊45。

こうした米国の情報の空白を埋めることができる人物がマッカーサーの客人の中にいた。有末の上官であった河辺は、日本の軍事情報に関する詳細を知る立場にあった。また、中野退役軍人による占領軍監視計画の提案を有末に承認させていたことから、河辺は重要な責務を負っていたとうかがえる。いずれにしても、マッカーサーの情報将校達は河辺に好意的に接していた。河辺は夜はマッカーサーの参謀将校らとビールを飲んでいた。これまで日米間で戦争をしてきたが、この時河辺はこうしたささやかな「将校の集いの場」で米将校達から敵意を感じることはなかった。早朝、ホテルの部屋に戻った河辺はウィロビーの好意でタバコとウイスキーが贈られているのに気が付いた。

翌日、会談が終わると、河辺はウィロビー、マシュビルと共に飛行場へ向かった。車中で河辺はウィロビーとはドイツ語で、マシュビルとは日本語で話していた。かつてマシュビルが河辺と握手を拒んだことなど遠い昔のことのように思えた。車がニコルス飛行場に到着すると、河辺はマシュビルと握手を交わした。ウィロビーは河辺を機内の席に案内して握手をした。河辺は、ウィロビーが"auf wiedersehen（さようなら）"と言ってくれたので、任務が無事に完了し心穏やかに帰路に就くことができた＊46。

マッカーサーは占領に向けて河辺らと建設的な交渉ができたと思ったのだろう。日本政府が「占領」を代行することで、平和的に占領を進められると考えたからだ。マッカーサーは彼の参謀に次のように伝えている。「降伏文書が正式に調印されるまでの間、全ての戦線で休戦状態が保たれ、無血降伏が実現することを私は切に願っている」＊47。こうした発言の背景には、マッカーサー家の歴史が大きく影響を与えていた。彼の実父であるアーサー・マッカーサー中将は、かつてフィリピンで独立を求めるゲリラ運動を鎮圧する作戦を率いていた。

当初想定していたものとは大きく異なる占領の舞台が整った。マニラ会談に先立ち、日本の占領について書かれた機密文書「ブラックリスト」では、日本からの抵抗活動が想定されていた。「降伏条件に対して何らかの形で抵抗活動が起こる可能性が高い。……このような状況下では、一定の制裁を科すか、報復措置を講じる必要があるかもしれない」。さらにこの文書では、「すべての日本人は敵である」とし、「妨害工作と地下抵抗活動は複雑な言語と民族心理のため、二重の脅威である」と指摘していた。降伏実現に向けた情報活動には、憲兵隊、特務機関要員、およびその他の標的機関で活動している者の「逮捕および／または情報統制」が含まれていた＊48。

しかし、マニラへの河辺使節団派遣後、見通しはかなり明るくなった。サザーランドに宛てた覚書の中でウィロビーは、降伏したドイツのように占領されるとは考えていなかったと述べている。そして、ウィロビーは、ドイツを手本にして作られた占領への指示書の「初期草稿」を非難し、「誤った根拠に基づいた懲罰的な負担」であると指摘した。ウィロビーによれば、「ドイツの占領は敵対政府とそのイデオロギーの完全解体を伴うものであり、日本の占領はその国の完全な維持と特定のイデオロギーの行使、すなわち神道を基盤にした世俗的政府を目指すものである」。そして、彼はマニラ会談に言及した。「日本の使節団との公式な会談では、我々の要求とその要求に対する日本側の応諾について、軍やその他の政府筋、関連機関を利用することが具体的に示された。米占領軍部隊と日本の残存する主要部隊との間には、根本的な違いが多くあるため、懲罰的または懲戒的な役割を付与することは現段階では実現不可能であり、早期にこれが実行されていたら、致命的な結果になりかねない」。解決策は、ウィロビーが主導する日本軍との連携であった*49。

有末のオアシス

八月二八日、有末精三はマッカーサー元帥の先遣隊歓迎の公式レセプション委員会の長として厚木基地にいた。台風の影響で、チャールズ・テンチ大佐を長とする一五〇人の通信専門家と技術者らの到着が二日遅れた。有末は河辺からマニラ会談の進展状況について事前にブリーフィングを受けていた。このとき米国からの敵対心はもう感じられないと報告を受け、占領はうまく行くと確信していた。しかし有末は最悪の事態を覚悟していた。しばらく前に有末は中野学校の最後の校長であった山本敏少将に六〇〇万円を渡していたが、山本は八月一八日に降伏後の隠密作戦のための資金を得るため有末のところに来ていた。

先遣隊が到着すると、有末は彼らをテントに案内し軽食を提供した。出されたレモネードを飲むのをためらっている客人を見た有末は、毒を盛るつもりなどないことを示すためにそれを飲み干した。その直後、東京にあるソビエトの武官事務所の制服を着た二人が現れた。有末は米国人将校にこの二人のロシア人について尋ねた。将校はソビエトの二人と米国は何の関係もないと淡々と答えた。この時有末は、米国とソ連の同盟はこの先あまり続かないだろうと確信した。そして、二つの超大国間の対立により、日本が敗戦の灰の中から立ち上がるために必要な機動力を得ることができると予見した＊50。その二日後、有末は再び厚木でマッカーサー元帥と参謀達に挨拶した。

有末がマッカーサーの到着部隊との最初のリエゾンを担当することについては、当然のことながら意見が分かれた。マッカーサーのＧ２が中心となってリエゾンを行うことを考えると、有末が選ばれるのは適切なことであった。それでも東久邇宮首相は、有末とイタリアの独裁者ベニート・ムッソリーニとの関係性がよく知られていることを心配して、有末の任命には躊躇していた。実際、有末のムッソリーニへの憧れとイタリアへの愛は、彼が「イタリア人になった将校」として揶揄されるほどのものだった＊51。有末は軍事戦略を学ぶために一九二八年に初めてイタリアに赴き、一九三一年後半に大隊の指揮を執るように命じられるまでイタリアで勉学に励んでいた。一九三六年八月、有末は武官としてローマに戻っていた。

有末が適任か否かを協議する会議で、東久邇宮内閣の一人がファシストとの繋がりを問題にした。有末は確かにムッソリーニを尊敬していた。しかし有末は自分はファシストではなく帝国軍人であると述べた。さらに、イタリアや華北での長年の経験から、国際的な礼儀作法を熟知しており、西洋人との付き合い方にも臆するところはないと主張した。実際、有末は米国人らを相手にすることに長けていた。例えば、一九四五年八月の米国の原爆とソビエトの戦車のダブルパンチで日本は降伏したが、占領下の日本で敗北の原因について尋問された際、有末はマッカーサーの天才的な指揮や戦果について言及し、それを説明した＊52。有末は占領地の問題についても無知ではなかった。北支那方面軍が満州国とモンゴルの国境線を巡って対立した際に、有末は北支那方面軍で勤務していたのだ。北支那方面軍の情報将校達は占領地を統治する任務を負っていた。結局、東久邇宮は帝国陸軍の「イタリア人」情報部長をレセプション委員長に任命することとした。

東久邇宮政権による占領に向けた米国とのリエゾンは、占領代行へと役割を切り替えた。まず日本政府は、あらゆる次元で占領施策を施行できるように、多方面で入念な下準備を行った。手始めに、米国での経験を持つ軍人、官僚、実業家を総動員した。帝国陸軍は米国情勢に精通した鎌田銓一《かまだせんいち》中将、大井成元《しげもと》大将、原口初太郎中将らが戦前に知り合った米軍将校との関係を再開できるように動いた＊53。

米国では宗教の影響が大きいことを知っていた日本の指導者達は、著名なキリスト教徒を前線に動員した。日本当局は長い間、宗教を彼らのプロパガンダの矢筒に収められた矢として位置付けていた。満州国の日本人最高文官である星野直樹は、武藤富男を傀儡帝国のプロパガンダ作戦長として任命し、武藤がキリスト教徒としての経歴を欧米との取引に活かすことを期待した。また東久邇宮首相は、日本で最も著名なキリスト教活動家の一人である賀川豊彦を内閣に呼び寄せた＊54。

日本の宗教的感性を利用した作戦は、個人レベルにまで及んでいた。例えば、有末はマッカーサーの第八軍司令官のロバート・アイケルバーガー中将がローマ・カトリック教徒であることを知り、金曜日に魚を配達するように手配したが、この行為がどれほど中将に感銘を与えたかは不明である。日本を敬う気持ちなど全くなかったアイケルバーガーが八月三〇日にマッカーサーより数時間早く日本に到着した際、彼はレセプションを次のように振り返っている。「私は有末という名前の日本人将官と非生産的な協議をした」。第一次世界大戦、シベリアの米外征軍の軍事情報部長であったアイケルバーガーは、白系ロシア人の中で「殺人鬼」とされたコサックの統領であるセミョーノフらを支援している日本を非難していた。

日本の一連の宗教作戦は、公けの場では必ずと言っていいほど神の言葉を引用した米国聖公会信徒のマッカーサーにも確実に効果があった。ジャーナリストのジョン・ガンサーは、かつてマッカーサーがローマ教皇のサイン入り肖像画を受け取ったときの喜びをこう表現している。「マッカーサーは、自身と教皇を今日のキリスト教を代表する二人の人物とまで考えているほどだ。教皇はいわゆる精神面で戦い、マッカーサーは地上で共産主義と戦っている」＊55。

精神的な側面を大切にしながらも、日本の政府関係者らは肉体面にも気を配った。八月一八日、東久邇宮政権は特殊慰安施設協会（ＲＡＡ）を設立した。これは入国してくる米兵のための公式の売春宿制度であった。数百万円という巨額の資金を投じて「慰安所」のチェーン店を設立し、ＧＩの「性の防波堤」の役割を果たした。ＲＡＡは「真っ当な」日本人女性を不名誉から救い、その一方で戦場で疲弊した兵士をも守った。この組織は隠されたものではなかった。一九四五年一〇月一日付のニッポンタイムズ（現ジャパンタイムズ）にＲＡＡの広告が掲載された。そこには「占領軍部隊向けの大規模アミューズメント施設が完成。ＲＡＡの施設へ前進！」と書かれていた。マッカーサーは基地生活の現実を理解していたベテラン司令官だった。そして、こうした環境下で生活する兵が引き起こした性に関わる事件を見て見ぬふりをしてきた。ウィロビーの情報将校の一人であったフォービアン・バワーズは数年後のインタビューで日本の慰安政策について冗談交じりで高く評価していた。「この政策が日本を侵略から救った」と*56。

八月二八日と三〇日に行われた厚木でのレセプションを過大評価して浮かれていた有末は、すぐに楽観的な考えを持ち始めた。八月三一日、マッカーサーが最初の司令部を置いた横浜のグランドホテルから電話がかかってきた。有末はフレデリック・マンソン大佐の声が聞こえたことを喜んだ。前日に厚木に到着していたマンソンは、三日前にサザーランド中将から第一復員省（帝国陸軍）と外務省のリエゾン将校を命じられていた。マンソンは日本の軍事情勢に精通し日本語も堪能であった。マンソンが初めて日本に降り立ったのは一九三二年、語学学生としてだった。一九三五年〜三六年の冬、彼は半年間、姫路の第一〇師団野砲兵第一〇連隊付として配属され、帝国陸軍を視察した。マンソンが日本から北京へジョセフ・スティルウェル大佐の補佐として赴任したのは、スティルウェルが華北での日本軍の活動について報告するため、日本語が堪能な将校を必要としていたためであった*57。

したがって、有末はマンソンのことを戦前から知っていた。有末にとって、マンソンの声を聞くことは、「砂漠でオアシスを見つけた」または「地獄で仏に会うこと」のようだった。有末は日本語が堪能なマンソンを「日本人の心理や日本軍の感情を一〇〇％理解してくれる」人物と認識していた。マンソンを日本の良き理解者として迎えたことで、有末の不安は大きく軽減された。実際、占領下の日本で一年間、マンソンは有末のために占領軍の一部の非協力的なメンバーに対し調整を行い、有末と協力して今日も続く二国間の情報関係の基礎を築いた＊58。

インテリジェンス・パートナーシップ

九月二日の降伏文書調印式のため戦艦ミズーリに乗艦していたのは、有末の部下二人だった。一人は杉田一次《いちじ》大佐で、三年前に「マレーの虎」山下奉文《ともゆき》大将がパーシバル中将を降伏に追い込んだ際に通訳を務めた情報将校であった。奇しくもこの時パーシバルも乗艦していた。シンガポール陥落後、杉田は参謀本部第二部第六課を指揮し、中野学校の教官も務めた。降伏文書調印式に先立ち、東久邇宮政権の代表として杉田はマンソンに呼びかけ、マッカーサーが日本の占領を軽々しく扱わない保証を求めていた。杉田と共にミズーリに乗艦していたのは永井八津次《やつじ》少将だった。戦時中、永井は第二部謀略課を率い、プロパガンダ放送を指揮した。この放送では、複数の日系米国人女性がパーソナリティを務め、彼女たちは連合軍の兵士から「東京ローズ」と呼ばれた＊59。

降伏文書調印式から二日後の九月四日、有末はマンソンから、米陸軍が日本軍の暗号解読やその他の通信情報（ＣＯＭＩＮＴ）の能力に関心があり、話し合いたいと電話を受けた。有末は翌日に米陸軍の日本のＣＯＭＩＮＴ専門家であるヒュー・アースキン中佐と会うように命じられた。

翌朝、有末はアースキンを訪ねた。会議には日系二世の通訳が同席していた。自己紹介の後、アースキンはすぐさま有末に、陸軍参謀総長の下でＣＯＭＩＮＴ作戦を展開している中央特殊情報部（ＣＳＩＤ）について話して欲しいと頼んだ。しかし有末はその組織の名前について知らないふりをした。通訳を介していたアースキンは流暢な日本語で、何について尋ねているのか有末はよく知っているはずだと問い直した。有末はその時、アースキンが日本で生まれ育った人物であることを知った。有末はやや緊張を解き、アースキンの尋問の目的を知りたいと要求した。戦犯探しのためか、戦史や参考資料にするためか、それとも将来のソ連と中国共産党との戦いに備えるためなのかと。

アースキンは、帝国陸軍のＣＯＭＩＮＴ担当の将校を戦犯として特定するための情報収集ではないと断言した。他の二つの可能性については直接言及しなかったが、このような情報が価値を持つときが来るかもしれないとほのめかした。ほっとした有末は中央特殊情報部についてブリーフィングした。アースキンは日本がフィリピンを征服した際にマニラで押収した米軍の表計算機の問題を取り上げた。米陸軍は初期のコンピュータである表計算機を暗号解読に使用していた。アースキンはソビエトの手に渡らないように、この行方不明の計算機の在り処を知りたがっていた。有末は、この計算機は終戦時に川に捨てられたと答えた。会談は友好的な雰囲気で終了し、有末は次の会議で日本のＣＯＭＩＮＴについて、さらに詳細を話すこととなった。

会議を終えた有末は上機嫌だった。中央特殊情報部の要員は、軍のＣＯＭＩＮＴ活動の証拠を隠滅し、占領当局から戦犯の烙印を押されるのを恐れて身を隠していた。有末はマッカーサーの情報参謀らが日本の情報を使用してソビエトに対抗しようとしていることを知った。有末は、彼らが中央特殊情報部長の西村敏雄少将と面談することも知っていた。九月九日の西村との面談に先立ち、有末は西村と会い、どう対応するかを話し合った。米ソ間の溝が拡大すれば日本が利益を得られる立場にあることを理解し、有末と西村は、依頼されればソビエトに対するＣＯＭＩＮＴについて米国に協力することで一致した。

米国からの依頼はすぐに来た。九月一七日に有末がマッカーサーを追って横浜から東京に向かった数日後、ウィロビーは米陸軍の補助として活動する日本のＣＯＭＩＮＴ秘密組織の設立に関する起案を用意するように依頼した。有末は部下の永井八津次少将に依頼し、数十人のＣＯＭＩＮＴを担当した退役軍人を集め、内容を練り上げた。三か月後のクリスマス近くに、日本は彼らにプレゼントを渡した。一〇〇万円近い予算を要求する仰々しい提案に対し、ウィロビーは提案書を有末に戻して修正させた。

有末は、米軍とのCOMINT（現在のSIGINT）パートナーシップ実現に向けた戦後初の日本の歩みを進めることができなかった。しかしその後、日本と米軍はすぐに相互理解に達したことがわかる。国家安全保障局の活動履歴を振り返ると、日本は第二次世界大戦以降、米軍のCOMINTの優先標的から主要な活動拠点へと変化した。日本本土でソ連に最も近い北海道では、一九四五年九月に日本のCOMINT拠点である千歳に最初の米軍部隊が到着した。一九四九年までに、NSAの前身である陸軍秘密保全庁は、ソビエトの信号を監視するために第一二軍秘密保全庁（ASA）野戦局を千歳に開局した。詳細は不明だが、ウィロビーと有末がある程度の理解を得たことは明らかなようだ*60。

有末機関

厚木のレセプション委員会を率いていた有末は、次にウィロビーやその部下とリエゾンのための情報機関を組織した。九月一七日にマッカーサーが横浜から東京に向けて出発した時、有末もそれに続いていた。日本の新しい最高司令官は、皇居向かいの堂々とした建物の第一生命保険ビルに本部を移した。横浜でのリエゾン機能を維持するために数人の将校を残した有末は、目立たないように日本倶楽部に活動拠点を移した。倶楽部が入っているビルはマッカーサーの本部に隣接していた。有末のオフィスはウィロビーやマンソンのオフィスにも面しており、手を振るだけで会議に呼ばれることも度々あった。中村勝平海軍少将が運用していた海軍情報リエゾンと合わせて三〇人近くの情報将校が日本倶楽部を拠点に活動していた*61。公式には、有末は陸軍連絡委員会（東京）という組織を運営していた*62。

有末は退役情報将校を中心とした「有末機関」を組織した。有末の参謀長を務めた山本新《あらた》大佐は、米国情勢の第一人者だった。山本は、陸軍士官学校、陸軍大学校で優れた成績を収めていた。帝国陸軍将校としては珍しく、最優秀学生に与えられる海外赴任先の大学院進学に、ドイツやソ連ではなく米国を選択した。山本は、真珠湾攻撃の半年前までワシントンで武官補として勤務し、終戦時には米国担当課の情報課長を務めていた。その経歴から、前月には河辺のマニラへの使節団にも参加していた。

山本の下には「参謀将校」として従軍した四人の退役軍人がいた。そのうちの一人手島治雄大佐もまた、情報の専門家であった。手島はインドの駐留軍人として三か月近く勤務した後、真珠湾攻撃の数か月前にチリに武官として赴任していた。一九四三年に帰国後、手島は中野学校の隠密作戦の装備や技術の試験、開発を担当する部隊を指揮した。また手島は本土での遊撃戦遂行の手引書を作成していた。この手引書作成に関する作戦には、若手将校二人、下士官数人、そして補助職員数人が参加していた。二人の若手将校のうちの一人山田耕作少佐は、中野学校でフランスについての講義を担当していた。

有末機関はG2の影で活動していただけでなく、マッカーサーの命令を実行するために設立された日本の公式な政府機関との密接な関係も保っていた。八月下旬、日本政府は外務省に占領当局との連絡窓口として終戦連絡中央事務局（CLO）を設置した。有末は終戦連絡中央事務局の長官岡崎勝男と親しくしており、岡崎は外務省調査局長として終戦末期の数か月間は有末と定期的に面会していた。

有末機関の終戦連絡中央事務局における総合窓口は、名目上、軍事、公安を担当する第一課ではなく、井口貞夫の下に置かれた総務部であった。井口は真珠湾攻撃までの数か月間、ワシントンの日本大使館で上級外交官を務めていた。終戦連絡中央事務局のいくつかの事務所でリエゾンを務めた後、公職を追放されたが、その後サンフランシスコ講和条約（一九五一年）に関わり、駐米大使（一九五四～五六年）、駐台湾大使（一九五九～六二年）を務めた。そして有末機関は陸軍省直轄で活動し、指揮系統は帝国陸軍に準拠していた。大本営は九月一三日に廃止され、翌月に陸軍参謀本部は解体されたが、陸軍省は一二月まで機能し、その後第一復員省となった。大日本帝国の陸軍省の痕跡は、後に厚生労働省社会・援護局として残った＊63。

表向きには、有末機関は戦犯の特定と拘束、海外からの部隊の復員、その他大日本帝国陸軍の解体に関わる業務を支援するために、マッカーサーの司令部に情報を提供するだけであったが、実際には、米軍と日本の軍事情報機関との関係の中で、日本側のパートナーとして機能していた。

この意味で、有末は、戦時中にヒトラーの東部戦線で軍事情報課長を担当したラインハルト・ゲーレン少将に似ていた。ゲーレンはヨーロッパでの戦争終盤まで、ソ連に関する情報を担当するドイツ国防軍参謀本部の東方外国軍課を指揮していた。有末が交渉の切り札としてソ連の情報を隠したように、ゲーレンも同様に自身の組織が有していたソビエトの情報をドイツ南部の山に埋めていた。冷戦初期、ゲーレンの組織はワシントンにとって重要な情報源だった。八月下旬に有末がマンソン大佐から最初の電話を受けた頃、ヨーロッパにいた米陸軍将校はゲーレンをはじめとするドイツ国防軍の情報将校をワシントンへ向かわせ、ソ連に関する情報ブリーフィングを行っていた＊64。

意見の一致

有末はウィロビーをパートナーとして迎えることができて何よりも幸運だった。ソ連と英米同盟が急速な崩壊を迎えたことで、米陸軍の将校達は戦争の灰が温かいうちに、日本とドイツの情報資源を活用しようとした。したがって、有末は誰が厚木にG２として降り立ったとしても、パートナーとして同様の役割を得ていただろう。それでも、有末にとっては「プロイセン人」と称されるウィロビーが日本に来たことが何よりも幸運だった。ウィロビーはかつての枢軸国の敵に対して微塵も憎しみを抱くことはなかった。ウィロビーが日本に到着するやいなや、マンソンは彼を陸軍大学校長として終戦を迎えた陸軍中将賀陽宮《かやのみや》恒徳王《つねのり》に紹介した。賀陽宮とレブンワースの指揮幕僚教官であったウィロビーは共に楽しい夜を過ごした＊65。

有末がオアシスを見つけたのではないかという、かねてからの疑念は、九月二四日の夜、ウィロビーや他の幹部が滞在していた帝国ホテルで明らかになった。その夜、有末と河辺はウィロビー、マンソンと食事をした。有末はウィロビーの機嫌が良いことに気がついた。客人を安心させようとするウィロビーは、米陸軍と帝国陸軍に何ら違いはないと明言した。河辺に向かってドイツ語で話しかけたウィロビーは、「軍国主義者」を声高に弾劾する日本の人々を非難し、自身も「軍国主義者」であると宣言した。政治の行く末、すなわち戦争の勝敗によって決まる軍人の不確かな運命について思いを巡らせていたウィロビーは、将来の戦争で彼自身が戦犯として裁かれる日が来るかもしれないと断言した。

実際、後にある占領当局者がウィロビーについて書いているように、彼と同様に極端な見解を持つ日本人は誰でも追放された。この「プロイセン人」将校は、彼の論文『戦争における機動』(Maneuver in War 一九三九年)の中で、自身の世界観を率直に明らかにしている。一九三六年にムッソリーニがエチオピアを征服したことについてウィロビーは、イタリア軍の汚点であった一八九六年の皇帝メネリク二世に対する大敗を今回の征服で払拭したと書いている。「当時の感情的な霞が晴れた歴史的判断は、ムッソリーニが白色人種の伝統的な軍事至上主義を何世代にも渡り再確立させることで、敗北の記憶を一掃することを確証するだろう」。中国に対する日本の宣戦布告なき戦争については、ウィロビーは「赤旗か旭日旗」の選択のように捉えていた。もちろん、彼は後者を好み、日本を共産主義の「侵略」に抵抗するアジアにおける資本主義の「勝者」とみなしていた。

ウィロビーはマニラでの敗北という「悲劇」の状況下で河辺を見て、ウィロビーの気持ちがいかに河辺に向けられていたか、帝国ホテルでの夜のことについて思い返していた。つい最近終焉を迎えたばかりの世界的惨禍について、ウィロビーは思索していた。彼はどちらが正しいかと議論をすることを「おかしい」と指摘し、日本が「算術の誤りを犯した」だけのことであると示唆した。言い換えれば、日本が戦争をすることになったのは、誤算だったということだ。また、ウィロビーは第一次世界大戦時のフランスでの歩兵将校としての功績を語った。有末と河辺は、彼らが共に働くことができるマッカーサーの情報部長が「世界の通人」と分かったと感心し、その夜は終わった*66。

残務整理

有末は早くからウィロビーと良好な関係を構築していた。二人のムッソリーニ崇拝者は友人となっていた。実際、ウィロビーにとって有末は共感と信頼のおける情報分野の仲間となっていたようだ。有末はウィロビーを「サー・チャールズ」とばかにしたり、彼のプロセイン的なやり方をあざけ笑ったりすることは決してなかった。ウィロビーはG2のトップとして感じた不満をむき出しにし、米陸軍の作戦部と情報部の関係の難しさを語り、米陸軍と海軍の競争について議論した。ウィロビーの発言を聞いて、有末は自身を悩ませていた問題と一致していることに気が付いた*67。

有末は、米陸軍が把握していた日本のインテリジェンスについての多くの情報源となった。有末は米国側と話す前に彼に助言をしていた日本の情報将校らと連絡を取り、調整役を果たした。また自身の立場を利用して情報の流れをコントロールすることもできた。例えば、フィリピンでの戦争犯罪の罪における本間雅晴《まさはる》中将の裁判で、有末は辻政信大佐がバターン死の行進の推進力となったことを示唆したという情報を米国の検察側から隠していた*68。有末はまた、彼の情報機関を調査した米国戦略爆撃調査団（USSBS）の調査員を欺いた。この結果を反映した日本のインテリジェンスに関する調査団の報告書は、無価値な物となった。すぐに真に受ける米国人は、例えば、日本には情報訓練学校が存在しなかったという有末の言葉を鵜呑みにした*69。

しかし、有末はウィロビーの側に付いていたにもかかわらず、対等な立場ではなかった。何しろ日本は敗戦していたのだから。有末は米陸軍から日本のインテリジェンス・コミュニティという多くの宝石の略奪を阻止することができなかった。初期の標的は南満州鉄道（ＳＭＲＣ）の東京にある組織だった。世界有数の情報機関であった南満州鉄道は、中国、満州、ソ連極東に関する情報を蓄積した宝庫であった。南満州鉄道の評判は今日にまで至る。日本を代表するロシア専門家の一人は、最近の新聞記事で、今の日本にはこれに匹敵する対ロシア調査機関がないと嘆いていた。東京にある関連事務所である東亜経済調査局は諜報員を養成していたことでも知られている。

降伏文書調印式から数週間以内に、マッカーサーの部下達は、戦争末期に空襲を避けるために東亜経済調査局が避難していた福島県に急いだ。米陸軍は大量の文書を持ち去ったが、その多くがロシア語のものだった。マッカーサーの尋問官らは南満州鉄道関係者を呼び出した。その一例に、堀場安五郎は一九三九年のノモンハンでの日ソ間の戦闘について尋問された＊70。

また、中野学校の関連機関や個人も標的にされた。一九四五年八月三〇日、米第一騎兵師団の先遣部隊が東京の中野学校校舎を占拠した＊71。第四四一対敵諜報部隊分遣隊の隊員達は、一〇月に長野県にある登戸研究所を見つけ、登戸研究所要員は尋問のために東京に呼び出された。一九四五年一一月末、米軍の捜査網は中野学校の将校だった山本政義《まさよし》少佐を捕らえた。戦時中にオーストラリア北部に上陸し、侵攻を検討できる海岸について調査していた山本は、日本の南西で占領軍の監視をしていたところを対敵諜報部隊により東京へ召喚された。山本は、中野学校での訓練内容とそこで訓練を受けた者について三週間の尋問を受けた。そこで中野学校の知り合いをリストに書くように強要されたという＊72。

日米両軍の影の戦士達が互いに協力と欺瞞を繰り返す一方、占領は数週間の間に順調に進んでいった。ワシントンを後ろ盾にしたマッカーサーは、日本の皇族と政府機関を介して行動することで遊撃戦を回避した。ボナー・フェラーズ大佐は、マニラから東京へ向かう途中の沖縄でマッカーサーに言われたことを思い出していた。マッカーサーは、「これは非常に単純なことだ。我々は日本政府の手を介して全ての命令を発出する」と言った。そして、「米国のために人を家から追い出すと、追い出された人はそれに腹を立てる。しかし、誰かが天皇の代理としてその人の所へ行って、この家は占領軍に明け渡さなければならない。これは、天皇の意思だと伝えたら」とも言った。これがマッカーサーの持った天才性の全てであった。もし、天皇が戦犯として裁かれていたら、戦争はまだ続いていただろう*73。

この成果を誇りに思っていたマッカーサーと彼の部下達には、一部の批判が天皇を退位させ、更には処刑を求める理由が理解できなかった。マニラでの取引内容を明かさなかったウィロビーは、一九四五年一一月二一日の記者会見で怒りを露わにした。天皇や日本政府関係者を介して統治するというマッカーサーの政策への批判に「完全に困惑している」と説明したウィロビーは、代わりとなる選択肢は、「銃撃戦だ」と述べた。彼の言葉を借りれば、「撃たずに入るか、撃ちに入るかのどちらかだ。一人の犠牲も出さずに占領に行くか、何十万もの死傷者を出すかのどちらかだ」と説明している。マンソンは後に米国の歴史家に「日本人が天皇にやめなさいと言われれば、その通り、彼らはやめたよ」と説明した*74。

同じ年の一一月、米軍情報将校が山本少佐を尋問し、ウィロビーがマッカーサーの「軟化」路線を擁護している時、中野学校の猪俣甚弥、久保田一郎らが北白川王を匿うために有末に協力を求めてきた。有末は彼らをある政治結社の葬儀に連れて行き、日本の裏社会の大物ゴッドファーザーを頼ることができる可能性を示した*75。皇統を保護する計画はまだ立案段階だったが、一部の中野学校の要員の中にはその作戦はもはや不要であると感じていた者もいた。この作戦を遂行するにも、占領があまりにも平和的に感じられたのだ。阿部直義をはじめとする参加要員は、このような考えのもと、この年の年末には計画を廃案にした*76。

註

1 Allen and Polmar, pp. 204-209.

2『俣一戦史―陸軍中野学校二俣分校第一期生の記録』俣一会、一九八一年、五七七頁。

3 有末精三『有末機関長の手記―終戦秘史』芙蓉書房、一九八七年、二八～三五頁。藤崎竜円「原口重彦少尉の思い出」『俣一戦史―陸軍中野学校二俣分校第一期生の記録』俣一会、一九八一年、四四七頁。John Dower, *Japan in War and Peace: Selected Essays* (New York: New Press, 1993), p. 64.

4 Allen and Polmar, pp. 263-264.

5 So et al., Pukhanhak, p. 25.

6 川原衛門『関東軍謀略部隊』プレス東京出版局、一九七〇年、一二、三四～三五頁。

7 United States Army Forces Far East. *Record of Operations against Soviet Russia: On Northern and Western Fronts of Manchuria, and in Northern Korea* (Washington, DC: Department of the Army, 1954), pp. 186-187; and Stephan, Russian *Fascists*, pp. 351-354; and 平川良典『留魂：陸軍中野学校 本土決戦と中野・留魂碑と中野』平川良典、一九九二年、一三八頁。中野校友会『陸軍中野学校』一八二頁。

8 Yamamoto, *Four Years in Hell*, pp. 33-36; and Stephan, *Russian Fascists*, pp.334-335.

9 馬場嘉光『シベリアから永田町まで―情報将校の戦後史』展転社、一九八七年、七、二九～三二、五一頁。

10 Netaji Inquiry Committee Report (New Delhi: Ministry of Information and Broadcasting, 1956), p. 8.

11 Netaji Inquiry Committee Report, pp. 6-8.

12 日本近代史料研究会『岩畔豪雄氏談話速記録』二二〇頁。

13 Netaji Inquiry Committee Report, pp. 13-14; and Hugh Toye, *The Springing Tiger: Study of a Revolutionary* (London: Cassell, 1959), pp. 166-67.

14 Netaji Inquiry Committee, pp. 45-51. 蓮光寺の銅像の台座にある銘板には、学会員の名前が刻まれている。

15 中野校友会『陸軍中野学校』三二、一四四～一四五、一七二～一七三、七〇七頁。

16 秦郁彦『昭和天皇五つの決断』文藝春秋、一九九四年、一一四～一一五頁。別の説明では、皇室に危害が及んだ場合、進駐軍を攻撃する計画を白木大佐に提案したのは太郎良少佐だった。白木大佐はこの計画を陸軍大臣の阿南惟幾に承認してもらった。中野校友会『陸軍中野学校』七〇九八頁。

17 平川良典『留魂：陸軍中野学校 本土決戦と中野・留魂碑と中野』三〇～三三頁。

18 中野校友会『陸軍中野学校』五三～五四頁。平川良典『留魂：陸軍中野学校 本土決戦と中野・留魂碑と中野』三三頁。
19 木下健蔵『消された秘密戦研究所』信濃毎日新聞社、一九九四年、三八〇頁。７３１部隊の活動は隠匿されたが、当局は占領の早い時期に登戸研究所が「死の光線」実験を行っていたことを明らかにした（ニッポンタイムズ、一九四五年一〇月八日）。
20 斎藤充功『謀略戦―ドキュメント陸軍登戸研究所』時事通信社、一九八七年、九六～九七頁。
21 中野校友会『陸軍中野学校』五〇頁。
22 中野校友会『陸軍中野学校』五〇頁。
23 中野校友会『陸軍中野学校』七〇七～七〇八頁。
24 Christopher Thorne, *Allies of a Kind: The United States, Britain and the War against Japan* (London: Hamilton, 1978), p. 657.
25 有末精三『有末機関長の手記―終戦秘史』四九～五〇頁。
26 秦郁彦『昭和史の軍人たち』文藝春秋、一九八七年、一一八頁。
27 Allen, *End of the War in Asia*, pp. 19-21.
28 深田祐介『黎明の世紀―大東亜会議とその主役たち』文藝春秋、一九九四年、二二四～二二七頁。
29 秦郁彦『昭和史の軍人たち』一五四～一五六頁。中野校友会『陸軍中野学校』七〇八～七〇九頁。
30 Willoughby, *Reports of General MacArthur*, vol. 1, p. 447; and John Toland, *The Rising Sun: The Decline and Fall of the Japanese Empire, 1936-1945*, vol. 2 (New York: Random House, 1970), p. 1060.
31 中野校友会『陸軍中野学校』二〇二頁。
32 Willoughby, *Reports of General MacArthur*, vol. 1, p. 447. ウィロビーは、山本新、大竹貞夫、竹内春海を単に帝国陸軍参謀本部の将校とし、高倉盛雄を陸軍省の一員とすることで、日本代表団のインテリジェンス・カラーをあいまいにしていた。また、ウィロビーは自身の情報将校らを「言語将校」とだけ呼んでいた。
33 Willoughby, *Reports of General MacArthur*, vol. 1, p. 447.

34 Willoughby, *Reports of General MacArthur*, vol. 1, supplement, p. 117.

35 Frederick P. Munson, "Oral Reminiscences of Brigadier General Frederick P. Munson," Interview by D. Clayton James, Washington, DC, 3 July 1971, on file at MacArthur Archives, pp. 5, 13.

36 チャールズ・ウィロビー（延禎訳）『知られざる日本占領―ウィロビー回顧録』番町書房、一九七三年、一二～三頁。

37 Sydney Mashbir, "Oral Reminiscences of Colonel Sidney F. Mashbir," interview by D. Clayton James, Laguna Beach, California, 1September 1971, on file at MacArthur Archives, p. 16.

38 Drea, *MacArthur's ULTRA*, p. 187.

39 Elliott Thorpe, "Oral Reminiscences of Brigadier General Elliott R. Thorpe," interview by D. Clayton James, Sarasota, FL, 29 May 1977, on file at MacArthur Archives, p. 5.

40 Faubion Bowers, "Oral Reminiscences of Major Faubion Bowers," interview by D. Clayton James, New York, NY, 18 July 1971, on file at MacArthur Archives, p. 3; and Charles Willoughby, "Oral Reminiscences of Major General Charles A. Willoughby," interview by D. Clayton James, Naples, Florida, 30 July 1971, on file at MacArthur Archives, p. 11; and Mashbir, "Oral Reminiscences," pp. 17-18.

41 William J. Sebald, *With MacArthur in Japan: A Personal History of the Occupation, with Russell Brines* (New York: W. W. Norton, 1965), p. 106; and Richard M. Nixon, Leaders (New York: Warner Books, 1982), p. 129.

42 United States Army Forces Far East. Outline of Operations Prior to Termination of War and Activities Connected with the Cessation of Hostilities, Japanese Monograph No. 119, Washington, DC: Department of the Army, pp. 16-17.

43 Willoughby, *Reports of General MacArthur*, vol. 1, p. 449.

44 Charles A. Willoughby, *Maneuver in War* (Harrisburg, PA: The Military Service Publishing Co., 1939), p. 219.

45 Yahara, *The Battle for Okinawa*, p. 232; and United States Army Forces in Korea, Headquarters, *Counter*

Intelligence Corps, "CIC Area Study, Korea, August 1945," p. 38, in Asian Culture Research Institute, Hallim University, ed., *Migunjonggi chongbo sajip: CIC Pogoso (1)*, p. 243. 中野校友会『陸軍中野学校』七二三〜七二七頁。Military Intelligence Service, "Japanese Intelligence," *Military ResearchBulletin* No. 21 (Washington, DC: Military Intelligence Division, War Department, 15 August 1945), p. 10.

46 有末精三『有末機関長の手記―終戦秘史』五〇〜五二、五七〜五八頁。河辺虎四郎『河辺虎四郎回想録―市ケ谷台から市ケ谷台へ』毎日新聞社、一九七九年、一八四〜一八六頁。

47 Willoughby, *Reports of General MacArthur*, vol. 1, p. 450.

48 United States Army Forces, *Pacific, Basic Outline Plan for 'Blacklist' Operations*, pp. 1, 11, 17. On file at the U.S. Army Center for Military History.

49 United States Army Forces, Pacific, General Headquarters, "Punitive Features of Annexes to Operations Instructions," p. 1. Memo to Chief of Staff. On file at the U.S. Army Center for Military History.

50 Willoughby, *Reports of General MacArthur*, I, p. 452. 有末精三『有末機関長の手記―終戦秘史』六五〜六七、八五頁。

51 堀栄三『情報なき国家の悲劇 大本営参謀の情報戦記』文藝春秋、一九九六年、七八頁。

52 有末精三『有末機関長の手記―終戦秘史』二三五頁。

53 有末精三『有末機関長の手記―終戦秘史』六四、六七、一〇四〜一〇五頁。

54 Price, *Key to Japan*, p. 288.

55 John Gunther, *The Riddle of MacArthur* (New York: Harper & Brothers, 1950), p. 75; and Robert L. Eichelberger, with Milton MacKaye, *Our Jungle Road to Tokyo* (New York: Viking Press, 1950), pp. xii, xiii, 262, 283-284.

56 『産経新聞』一九九五年八月一三日)。Bowers, "Oral Reminiscences," p. 21.

57 Munson Oral Reminiscences, pp. 4, 34, 43, 53.

58 有末精三『有末機関長の手記―終戦秘史』一一二一〜一一二三頁。

59 Willoughby, *Reports of General MacArthur*, vol. 1, pp. 447, 454. 有末精三『有末機関長の手記—終戦秘史』一二五～一二六頁。杉田一次『国家指導者のリーダーシップ—政治家と将帥たち』原書房、一九九三年、三六三頁。

60 桧山良昭『暗号を盗んだ男たち—人物・日本陸軍暗号史』光人社、一九九四年、二九一～二九七頁。有末精三、『有末機関長の手記—終戦秘史』二三八～一四五、二四九頁。James Bamford, *The PuzzlePalace* (Boston: Houghton Mifflin, 1982), p. 159; and letter from Edward Drea, 8 August 1999.

61 有末精三『有末機関長の手記—終戦秘史』一六三～一六五頁。

62 Imperial Japanese Government, *Central Liaison Office, "Erroneous Report, 30 August 1946*, Record Group 331, National Archives.

63 有末精三『有末機関長の手記—終戦秘史』一六七、一六九、二〇〇～二〇一頁。平川良典『留魂：陸軍中野学校本土決戦と中野・留魂碑と中野』六五六頁。

64 Reinhard Gehlen, *The Service*, trans. David Irving (New York: World Publishing, 1972), pp. 1-2.

65 Munson, "Oral Reminiscences," p. 48.

66 有末精三『有末機関長の手記—終戦秘史』一五九頁。河辺虎四郎『河辺虎四郎回想録—市ケ谷台から市ケ谷台へ』一九五～一九六頁。Willoughby, *Maneuver*, pp. 196-97, 235.

67 有末精三『政治と軍事と人事—参謀本部第二部長の手記』芙蓉書房、一九八二年、二六四頁。

68 有末精三『有末機関長の手記—終戦秘史』一九一頁。

69 War Department. *The United States Strategic Bombing Survey* (Pacific), Japanese Intelligence (Washington, DC: Government Printing Office, 1946), pp. 72,

70 伊藤武雄『満鉄に生きて』勁草書房、一九六四年、二六六～二六七頁。United States Army Forces, *Far East, Small Wars and Border Problems: The Nomonhan Incident* (Washington, DC: 1956), pp. 161-62; and Hakamada Shigeki, "Japan Way Behind in Eurasian Studies, Resources.. (Daily Yomiuri On-Line, 21 January 1999).

71 日垣隆『「松代大本営」の真実』講談社、一九九四年、一七五頁。

72 秦郁彦『昭和天皇五つの決断』一六九頁。

73 Bonner Fellers, "Oral Reminiscences of Brigadier General Bonner F. Fellers," interview by D. Clayton James, Washington, DC, 26 June 1971, on file at MacArthur Archives, Oral Reminiscences, p. 29.

74 『ニッポンタイムズ』一九四五年一一月二三日)。Munson, "Oral Reminiscences," p. 43.

75 有末精三『有末機関長の手記—終戦秘史』一三八頁。

76 秦郁彦『昭和天皇五つの決断』一六六頁。

10 隠れ家から朝鮮へ

一九四五年も終わろうとしている頃、来る占領に向けて準備活動をしていた情報将校達は達成感を感じていた。河辺中将とその使節団は、八月にマニラで皇位と日本政府機関を維持する交渉で大きな成果を収めていた。有末中将は、マッカーサーの情報参謀の中に「オアシス」を見出していた。有末はまた、米陸軍が日本のインテリジェンス・リソースを将来のソビエト連邦との対決の際に活用することに関心があることを知った。占領が穏やかに進んだことによって、泉部隊の要員達が影から湧き出て暴力的な行動に出る可能性は次第に低くなっていった。一方、新潟県の僻地では、依然として中野学校の要員が亡命中のバー・モウを英軍から匿っていた。猪俣少佐と数人の仲間達は、皇統存続のために北白川宮を匿う計画を練っていた。新年が明けると、日本の情報将校達は、占領軍に協力しながらも虎視眈々と機をうかがっていた。

新年の逮捕

ある情報提供によって、亡命中のビルマ人指導者バー・モウと北白川宮の作戦が失敗した。東京の対敵諜報部隊は、新潟のある日本人から「怪しい外国人僧侶が寺の周辺によくいる」と通報を受けた。バー・モウは匿われている間、寺周辺の森を散歩することを許されていたのだ。その僧侶がバー・モウであることを知った連合国軍最高司令官総司令部（ＧＨＱ）は、すぐさま外務省に引き渡しを要求した。日本政府関係者は新潟に赴き投降を促したが、バー・モウはそれを拒否し、代わりに朝鮮へ秘密裏に脱出させるよう要求した。バー・モウを説得できなかったため、地元の青年指導者の今成は、亡命の最後の訪問先として東京へ行き、そこで広瀬中佐や中野学校の将校らと共に、日本を離れる前に送別会を開くと持ちかけ、バー・モウを納得させた。

一月中旬の夜、バー・モウ、広瀬、今成、外務省関係者二人などが、東京の丸の内ホテルに集まり送別会を開いた。バー・モウは気丈だった。広瀬を紹介されたバー・モウは彼の手を握り、これまでの支援に感謝した。バー・モウと広瀬が話している間に、一人の政府関係者が部屋を出た。しばらくすると、米軍の憲兵がドアを破って乱入しバー・モウを逮捕した。だまし討ちのような不愉快な出来事が終わった後も、広瀬らは部屋に残り宴会を続けたが、その一時間後、再びドアが突然開き、憲兵がバー・モウを連れて戻ってきた。裏切られたことで頭に血が上ったバー・モウは、護衛に就いていた者達を激しく糾弾した。結局全員が逮捕された。

尋問を受けたバー・モウは、二つの作戦に参加した中野学校要員の名前を挙げた。その後すぐに久保田と越巻が逮捕された。一月二二日、ニッポンタイムズ（現ジャパンタイムズ）の一面にバー・モウ逮捕の記事が小さく掲載されたが、逮捕の裏話が世間に知られることはなかった。

北白川宮隠匿作戦の長であった猪俣はその後しばらくは逃亡していた。二月に警察が自宅にやって来た時、猪俣は在宅していたが、幸いなことに、猪俣には広島から持ってきた北白川宮の偽造身分証を妻に廃棄させるだけの精神的余裕があった。巣鴨プリズンに連行された猪俣は、かつて死刑囚のために用意された三階の独房に入れられ、何日もの尋問を受けた。憲兵監視下で廊下を歩くのが唯一の運動だった＊1。

何人かの情報将校達が投獄され、他の者は自由の身となった。英国はスバス・チャンドラ・ボースと関係していた帝国陸軍光機関の基幹要員多田稔《みのる》中佐だけは見つけることができなかった。多田は、ボースと共に出発したがサイゴンで別れていた。その後多田は日本に戻ったが、何とか逮捕を免れ、故郷の島根県で一九五一年に亡くなった。有末精三はもはや隠れる必要すらなかった。バー・モウの一件への関与を疑われ英軍の尋問を受けたが、中野学校やその作戦についての情報を否定した。ウィロビーとの関係が深かったため、有末は巣鴨プリズンに入れられることはなかった*2。

結局、バー・モウは七月に巣鴨を出た。英国は恐らく、彼を殉教者にすればアジア情勢が複雑になってしまうと判断し、早期釈放を決断したのだろう。しばらく英国大使館に滞在した後、バー・モウは家族の待つビルマに帰国した。彼を匿っていた日本人達も数日後には釈放された。看守の好意で仲間と共にプリズンから車で送ってもらった猪俣は、投獄中の情勢変化を振り返っていた。GHQの民政局が独自に作成し、日本語に翻訳されて三月に発表された新日本国憲法では、天皇制が維持されていた。皇統存続の危機は回避されたのだ。半年近くの投獄を終えて東京の道を走りながら、猪俣は一体何のための投獄だったのだろうかと考えていた*3。

各地の武器庫

占領軍はバー・モウの他にも多くのものを見つけている。マッカーサーの参謀はマニラで河辺に、日本は武器を引き渡し日本軍の軍事施設に関する情報を提供するように通達していた。しかし、占領軍部隊は、東京近郊の「巨大な地下の戦闘機エンジン工場」や四国のダミーハウスに覆われたトーチカなど、日本全国に隠された無数の武器庫や軍需品を発見した。終戦時、中野学校となっている富岡の学校を含め、多くの学校にはこうした禁断の埋蔵品が隠されていた*4。一九四六年一月、米軍部隊は古都奈良で軍需品のケース数百個を発見した。その貯蔵庫が見つかったのは、日本最大の仏像である奈良の大仏の近くであった。この事件をきっかけにAP通信のある記者は、この大仏は「武装解除されるのを待っていた」と報じている*5。四国と本州南西部を占領した英連邦占領軍（BCOF）の巡察部隊は、占領の最初の年に、「広大な洞窟の中に武器と弾薬の貯蔵庫」を発見した*6。多くの武器庫は占領期間中、場合によってはさらに数十年も隠されたままだった。一九九八年、かつて帝国陸軍第一六工廠があった相模総合補給廠で日本の戦車が掘り起こされた。戦車は終戦時に日本軍によって埋められたもののようであった*7。

GHQは、掘り出された武器庫は日本の指揮系統の崩壊を示唆しているとしたが、中には実態を詳細に追及しなくてはならないものもあった。バー・モウが逮捕された一月、そのような事例が表面化した。戦争末期に中野学校が移転した群馬県の富岡中学校の校長は、校庭に埋蔵された武器があることを当局に通報した。調査の結果、小火器、機関銃、爆薬の武器庫であったことが判明した。ウィロビーは、有末に関係者を東京に召喚し尋問するよう求めた。調査の結果、これに関わったのは中野学校の坂本亮雄《すけお》中佐と片木良平少佐であることが分かったが、二人とも依然として姿をくらましていた。マンソン大佐、第四四一対敵諜報部隊分遣隊のR・G・ダフ大佐との会談で、有末はまたしても真実を隠すことで難局を回避した。有末は憤慨するダフに、坂本と片木はただ単に武器を処分しただけで、武装蜂起のために武器を埋めたのではないと説明したのだ。

有末はGHQが彼らを戦犯として起訴しないと約束すれば、坂本と片木を東京に召喚できると提案した。マンソンとダフが有末の条件に同意したので、その後、二人の指名手配犯は東京に現れた。彼らは自白を迫られることもなく、ただ無言で尋問に耐えた。中野学校の最後の校長山本敏《はやし》少将の居場所を聞かれた時、片木は直属の上官に関して何も知らないと答えた。また、片木は坂本と一緒に武器を処分するために埋めたと主張した*8。

米陸軍の最期

有末が坂本と片木の免罪を勝ち取ることができた一つの理由に、米陸軍情報部の人材不足があった。米国のベテラン軍人の大半は一九四五年九月の降伏文書調印式から数か月以内に日本を離れており、またほとんどの軍人が一九四六年末までに動員を解除されていた。戦争に勝利した「米軍」は、一九四五年の秋から四六年の冬にかけて解体された*9。これらの退役軍人に代わったのは徴兵された新兵で、彼らは一年の任期を終えて日本を離れたが、退役軍人の代わりはとても務まらず使いものにならなかったのだ。日本人の現地採用者の数も増えた*10。

米陸軍の衰退は情報能力にも影響を及ぼした。米軍の情報部には戦争勝利に貢献した多数の優秀な人材がいたが、戦争が終わるとほとんどの者は軍を去り、民間人として生活を再開した。ハーバード大学の日本専門家エドウィン・ライシャワー教授は、日本の暗号解読をやめて学術の世界に戻った。ライシャワーは後に駐日大使として政府に戻ってくる。対敵諜報部隊の工作員であったヘンリー・キッシンジャーやJ・D・サリンジャーはヨーロッパ戦線にいたが、終戦後すぐに陸軍を去っている。優秀なキャリアを積んだ情報将校でさえすぐにいなくなってしまったのだ。また軍事情報部に残った者も人事異動に悩まされていた。連合国翻訳通訳部（ATIS）の長であったマシュビルは一九四五年一二月に日本を去り*11、マンソンも一九四六年の春に去った*12。

こうした頭脳の流出は確かに対敵諜報部隊にハンデを与え、この不利な状況で日本での任務に就くことになった。彼らのやる気は大いに削がれてしまった。ある対敵諜報部隊の将校は次のように説明している。「どんなに戦闘経験豊かな対敵諜報部隊の要員でも、工作員としては、言葉が通じず、戦争に負けた日本人がどのような心理状態にいるかを理解しておらず、任務に就くには集中的な訓練を必要とした」。しかし、日本占領の任務に就く前のマニラでの訓練はたった一週間のオリエンテーションだけだった。戦後、対敵諜報部隊は劇的な変化に直面した。戦時中は米陸軍内の防諜を担ってきたが、朝鮮などの地域で積極的に情報収集を行わなくてはならなくなっていた。郵便物の検閲もその一つだった。自軍内部への防諜活動ではなく、外国の対外標的を相手に工作員を運用することは、これまでとは全く別のものであった*13。

さらに悪いことに、ベテラン要員達は到着後間もなく次々に去っていった。第四四一対敵諜報部隊分遣隊の歴史によると、「対日戦勝記念日後、陸軍の急速な動員解除に伴い、経験豊富な多くの対敵諜報部隊の要員が除隊して米国へ戻っていった。代替要員はなかなか来ず、防諜活動の負担は増した。……代替要員は……若く、未熟で、到着後数か月の訓練を要した」。第四四一対敵諜報部隊分遣隊の指揮官ウェイン・ホーマン中佐は一九四六年一〇月に、ウィロビーのＧ２の民間情報部長ルーファス・ブラットン大佐に次のように助言している。「我々の工作員のほとんどが一九～二二歳の青二才で、社会経験もなく、対敵諜報部隊での十分な訓練も受けていない。彼らには経験だけでなく、能力、常識、堅忍不抜も欠如している」*14。

もう一つの課題は人員不足だった。対敵諜報部隊は終戦時、日本語を話せる工作員を米国の非常に小さい二世コミュニティに絞り込んで選んでいた。米国陸軍は戦時中、日系米国人か日本で生活したことのある米国人でなければ難しい日本語は完全に取得できないと思い込んでいたのだ。米国海軍は米国の大学で日本語習得に励んでいる優秀な学生を探し求めたが、米国陸軍は一様に能力があるわけではない少数の人々を注力して集めていた。日本語に堪能だった軍事情報将校フォービアン・バワーズ少佐は次のように説明している。「米陸軍は日本にいたことがあれば、士官になる権利を与えるという募兵指針に基づいて行動していた。日本での経験があれば、日本を知り、日本人の心理を知り、日本語を知っていると短絡的に考えていた」。一方海軍は賢く募兵をした。何事に対しても学ぶ心があれば、日本語にも適応できると考えており、これは健全なことだ。海軍は一流の大学の全てに赴き、専攻に関係なく、成績優秀な学生にボルダーで一年間学習するプログラムを提供し、最後には自動的に士官になれるという仕組みを作った。それで、海軍は極めて優秀な学生を集め、彼らは一年以内に確実に日本語に対応できるようになったのだ。米国で生まれ育った二世の多くは、移民の両親から習った「食卓向けの日本語」しか話せなかった。そのうえ移民の多い沖縄、熊本、広島の方言が入り、必ずしも洗練された日本語とはいえなかった＊15。にもかかわらず、米陸軍情報部言語学校（ＭＩＳＬＳ）は一九四五年八月以降、二世だけが言語情報将校としての訓練を受けた。九月から一一月にかけて言語学校に入校した一二〇〇人の学生の全員が二世だったのだ＊16。

要するに、戦時中の対敵諜報部隊は、優秀な軍人のほとんどが退役、帰国したことで、占領下で早々に消滅したのであった。占領期に対敵諜報部隊に加わった者は、これまでとは異なる任務に就いた。占領期に対敵諜報部隊の特殊工作員として活躍したハリー・ブルネットは、「対敵諜報部隊に加わるには、経歴がユリ色の如くまっさらでなくてはならず、そこに留まるには石炭の如く黒く染まらなくてはならなかった」と回想している。ブルネットによると、「対敵諜報部隊のバッジは、あらゆる特権が与えられていた。侵入して書類を盗めと言われれば、それを遂行した。必要なら悪魔とさえ取引する」＊17。

この謎めいた言葉の裏には、ウィロビーの下で変貌する対敵諜報部隊の物語があった。ウィロビーは大戦初期から、エリオット・ソープ准将の対敵諜報部隊への指揮権を奪おうとしていた。戦時中、ウィロビーはソープの部下の一人を第四四一対敵諜報部隊分遣隊の指揮から引き離すことに成功したが、結局ソープの配下にある別の将校が充てがわれただけだった。ウィロビーが勝利を収めたのは一九四六年春のことで、彼は対敵諜報部隊を含む民間情報部の指揮権を獲得し、ソープは日本から去っていた。間もなく、ウィロビーは対敵諜報部隊の任務を、戦犯と疑われる人物の追跡や隠し武器庫の探索から、在日ソビエト人や左翼と思わしき米国人や日本人の監視に移行させた＊18。

対敵諜報部隊に戦時中の跡形もないことから、ウィロビーは日本の専門家を集めた。彼は標的の情報を収集するために特別高等警察（特高）の元要員らを利用した＊19。日本側に仕えていた日系米国人を含め、帝国陸軍の元情報将校らの多くがウィロビーの情報機関で動いていた*20。

占領下の日本で悪名高かったのは、対敵諜報部隊将校とジェームズ・「サボテン・ジャック」・キャノン大佐の下で任務に就いていた日本人だった。悪名高いキャノン機関は二世を中心に構成されており、旧憲兵隊の建物の第四四一対敵諜報部隊直下で動いていた。ブルネットによれば、「彼らはほとんどが言語官で、日系米国人、そして対敵諜報部隊本部と直接対応していた。彼らは本部からの封書を届けるという給料分の仕事のためだけに、我々のオフィスに来ていた」と述べている*21。キャノンは二世を好んでいたようで、他の米国人のように気難しく、おしゃべりな人は少ないと考えていたようだ。

有末精三は占領初期に、ウィロビーが様々な反植民地運動で著名な米国人左翼のアグネス・スメドレーを共産主義の諜報員に仕立て上げるための情報提供をG２から求められていた。一九三〇年代、上海に住んでいたスメドレーは、ジャーナリストを装った諜報員リヒャルト・ゾルゲと知り合った。彼女はその後、新聞社の特派員として中国各地を取材していた。体調不良で米国に戻る前の一九四〇年から一九四一年前半にかけては、蔣介石総統の国民政府の首都重慶で講演を行っている。

ウィロビーは、一九四四年に東京で諜報活動の罪で絞首刑になったソビエトの情報将校ゾルゲに代わって、スメドレーが中国で情報収集をしていたことを証明しようとした。スメドレーの中国時代を探るべく、ウィロビーは有末に目を向けた。有末は、スメドレーが著名な米国人であるため情報活動を躊躇していた。ウィロビーは敵性米国人に対する情報活動を理由に要請を正当化した。そう、彼女が米国市民であることをウィロビーは認めたが、中国での彼女の活動がゾルゲの諜報組織と繋がっていることもウィロビーは確信していた。

中国に精通した情報将校を必要とした有末は、茂川《しげかわ》秀和大佐の支援を得た。有末が北支那方面軍の参謀将校だった一九四〇年五月から、茂川は隠密作戦を担当していた。その任務は一九四二年にこの地域の特務機関の指揮を命じられるまで続いた。茂川は当時、国民党の首都重慶でのスメドレーの活動に関する情報を収集していた*22。戦時中、スメドレーは公然と中国共産党を支持していたが、茂川は彼女がゾルゲの諜報機関のために諜報活動をしていたという証拠を何も見つけられなかった。にもかかわらず、ウィロビーは一九四九年二月に連合国軍最高司令官（ＳＣＡＰ）への報告書の中で、スメドレーの諜報活動を告発した。しかし米陸軍省はすぐに彼の報告書を否認した。ウィロビーはこれに激高した。スメドレーは一九五〇年に死亡したが、ウィロビーは、一九五一年に悪名高い下院非米活動委員会の公聴会で証人として、スメドレーが共産スパイであることを証言し、その翌年に著書『上海の陰謀』(Shanghai Conspiracy) の中でも同様に述べている*23。

何らかの形でウィロビーに協力していたと噂される人物の中には、キャノン機関で工作員の任務に就いていた中野学校出身の者が複数含まれていた*24。公にはされていないが、スメドレーの件やその他の作戦などにも関与していた可能性がある。戦時中、茂川の特務機関には中野学校出身者が少なくとも一人いた。その他は悪名高い「サボテン・ジャック」キャノンに協力しており、戦時中の日高富明《ともあき》大佐の組織の退役軍人を運用していたようだ。茂川と日高は、北支那方面軍の情報部長本郷忠夫大佐の下で華北で活動していた将校である。茂川機関、日高機関の任務は、電話回線の盗聴、無線傍受、資料からの情報搾取、工作員の運用であった。茂川機関には少なくとも一人、日高機関には六人の中野出身者がいた*25。

第三次世界大戦

日本降伏のずっと前に、米政府関係者は別の紛争を予見していた。枢軸国の勢力に対抗するため、アジアでは米国、英国、そしてソ連という最もあり得ない組み合わせで列強を構成していた。米国と英国は何十年もの間、アジアにおける友好関係とそれぞれの影響圏を維持してきた。しかし、両国は一九一八年にシベリアへ軍隊を派遣し、発足したばかりのソビエト政権の息の根を止めようとする無駄な試みに出た。

モスクワから世界的な革命の波が押し寄せ、ソビエトは際限なくプロパガンダを放送し、世界各地で転覆活動に関わっていた。ヒトラーがポーランドに侵攻するまでの間、米国と英国はソ連を彼らの利益に対する主要な脅威とみなしていた。

枢軸国に対する同盟を組んでいたにもかかわらず、スターリンの諜報員は、一九三〇年代から米国内で活動し、戦時中も情報収集を継続していた。米国政府関係者や軍将校は、ソ連との将来の紛争に備えていた。ルーズベルト大統領の諜報機関ＯＳＳの長官ウィリアム・Ｊ・ドノバンも将来の戦争に備えて行動した一人であった。ドノバンは、共産主義者がヨーロッパでの抵抗活動の主導を目論んでいるという工作員の報告に頭を悩ませており、ソビエトの企図を警戒し、一九四四年にソ連をＯＳＳの情報目標に指定した＊26。

先見の明を持ったＯＳＳ長官は、戦争末期に中国を訪問した際、緊張が高まっていることを示唆していた。広島が放射線の雲の下に消えた翌日の八月七日、西安のＯＳＳ基地に到着したドノバンは部下の将校たちに向かって、戦争は終わったが、平和を勝ち取った訳ではないと強調した。彼はソ連との来るべき紛争に言及し、原子爆弾が米国に最終対決に備えるための猶予を与えたと言った。「その時に米国には味方がいなくてはならない。彼らがいなければ、我々は生き残ることはできないかもしれない。我々が生き残るためには、今後数年間は共産主義者よりも賢く、より狡猾で、祖国へさらに献身的にならなくてはならない」＊27。ドノバンの懸念は尽きない。米海軍参謀長チャールズ・クック中将は一九四五年六月、当時海軍におり、後に占領当局の担当となるウィリアム・Ｊ・シーボルドに、ソビエトに対する将来の戦争で日本は米国の同盟国になるだろうと予測していた＊28。将来の紛争に対する懸念は、八月にドイツ国防軍のラインハルト・ゲーレン少将をワシントンへ召喚するという米陸軍の決定にも繋がった。東京では、日本の指導者達もまた紛争の脅威に対応していた。日本の降伏時、富岡定俊中将は米国とロシアがすぐに対立することになるだろうと予測していた。富岡はまた、二つの大国間の競争により日本の機動力と復興に余裕が生まれると判断していた＊[29]。同盟通信社のベテラン記者加藤万寿男《ますお》は一九四六年に、ロシアと米国の世界大戦に対する日本の行く末を書いている＊[30]。戦時中の大日本帝国海軍の調達要員で、戦後は米情報機関の工作員となった児玉誉士夫《よしお》も回避不能な衝突について予測していた＊[31]。

さらに、マッカーサーの下では数人の元帝国陸軍将校が情報の調整や軍事作戦の計画立案のために動いていた。東條大将のお気に入りだった服部卓四郎大佐は、それまでのキャリアを活かしてウィロビーの影の参謀本部を率いていた。関東軍の作戦上級参謀将校として勤務していた際、服部は一九三九年のノモンハンでのソビエト赤軍との小規模な戦争の指揮に携わった。彼はまた帝国陸軍参謀本部作戦課長として、一九四一年一二月の開戦における攻撃作戦の立案者でもあった。真珠湾攻撃から約五年が経ち、服部は日本の第一復員省の史実調査部長としてウィロビーの傘下に入った。戦争の計画立案以外に、ウィロビーは占領史を編纂していた。ウィロビーは『マッカーサー元帥への報告書』(Report of General MacArthur) をはじめ多くの日本軍に関する報告書作成に際して日本側の協力を取り付けた。これに協力したのは、中野学校に関係した二人の情報将校、藤原岩市《いわいち》中佐と杉田一次《いちじ》大佐だった。

マッカーサーが戦争を計画していることは、日本の有力者をはじめ多くの人が知っていた。もちろんソ連にも知れ渡っていただろう。民生局のメンバーであったハリー・エマーソン・ワイデルス博士は、多くの占領軍関係者が、ウィロビーの史実参謀である一五人の陸、海軍の上級将校らがソビエトの情報を収集していると考えていると書き残している＊[32]。シカゴ・サン紙のマーク・ゲインをはじめとする米国人ジャーナリストもまた、ウィロビーの下で日本人の参謀将校らが勤務しているのを知っていた。ゲインは占領に関する記述の中で、一九四六年九月に東京で行われた実業家向けのウィロビーの演説を引用した。ウィロビーは帝国陸軍を「一流」と呼び、次のように続けた。「我々はドイツの警察国家を打ち負かしたところだ。我々は今、ヨーロッパに台頭した新しい警察国家を倒さなくてはならない。あなた方の多くが、日本の地でまた新たな紛争が勃発するのではないかと懸念されていることは承知している。そのような紛争が起きた場合、我々は肩を共に組み、戦うことを知っておいてほしい」*33。その一か月前、ウィロビーの部下で防諜課担当のハリー・クルースウェル大佐は、日本の実業家を一掃することは、来るべき世界大戦で必要とされる経験豊富な人材を米国から奪うことになるとして、激しく抗議していた*34。

東京にいた有末の部下で、横浜で情報機関を運用していた鎌田銓一《かまだせんいち》中将は一九四七年七月三日、日本人の聴衆の前で米ソ戦の到来について語った。鎌田はさらに、彼や退役将校らが米陸軍の参謀将校と共に、将来の紛争のための軍事作戦を立案していたことも説明した。日本人共産主義者は鎌田の演説をＧＨＱに通報した。東京のソビエトの代理人にも報告したとされている*35。

日本の参謀本部を再編する以上に、ウィロビーは服部を中心に新しい日本軍を編成する準備を進めていた。ウィロビーは有末に、国内外の危機に対応する国家「警察」部隊が日本には必要だと考えていると打ち明けていた*36。一九四九年までには、アイケルバーガーでさえも長年の日本軍への反感を捨て、日本の軍事組織再編を支持すると公言していた*37。

切り札から協力へ

一九四六年一月、バー・モウと彼に協力していた中野学校の情報将校らが逮捕されたことは、有末が米陸軍との間で二重の駆け引きをしていたことを示していた。日本各地に武器が無数に隠されていたことの責任は、日本の指揮系統のトップにあったのは明白だった。だがマッカーサーが指摘したような軍部の指揮系統の崩壊ではなく、この武器庫の存在は、懲罰的な占領になった場合には戦争を続けるという日本の軍事指導者達の決心を露わにしていた。ウィロビーが有末と協力し続けていたということは、マッカーサーやワシントンの政府関係者が日本の平和の維持とソ連との戦争準備には日本の退役軍人の才能を必要としていたことを示唆している。

国際情勢は暗転していた。一九四六年三月、ウィンストン・チャーチルは、スターリンとの英米同盟の破棄と冷戦の始まりを宣言した。チャーチルは、米国ミズーリ州フルトンで、共産党独裁の「鉄のカーテン」が東ヨーロッパ全体に降ろされたと宣言した。ヨーロッパ戦勝一周年の記念日のほぼ当日までに、米国民は「アンクル・ジョー」ことスターリンが新たな敵だと聞いていた。第三次世界大戦という恐怖が欧米を悩ませていた。

スターリンとの戦争を計画する上ではヨーロッパが最重要関心事項で、ヨーロッパの同盟国の防御を固めることが優先であった。まずワシントンはヨーロッパの防衛力強化の足がかりとしてアジアでの政策を立案した。戦時中の東南アジアでは、米国はフランスとオランダを支持し、連合国は少ない戦力を日本の支配地域に投じて戦った。戦後、復興のための米国の支援を受けたフランスとオランダは、インドシナやインドネシアのかつての植民地を取り戻そうと、アジア人民族主義者達との戦いに多くの血と富を費やした。米国はヨーロッパの植民地主義には批判的であったが、東南アジアに押し寄せる民族主義の流れに対抗して、事実上、植民地主義を支持していた。

ワシントンの「ヨーロッパ第一主義」政策は、北東アジアにおける米国の行動も方向づけた。ソ連からは日本海で隔てられた日本は、西ヨーロッパに比べてソビエトの侵攻を受けにくい状態にあった。ソ連海軍は占領下の日本に水陸両用侵攻を展開する能力はなかった。その一方で、日本列島は対ロシア戦における米国の不沈空母であった。米国は日本からスターリンに対する第二の戦線を開くことができた。日本の基地から出撃した米爆撃機は、ウラジオストクやソビエト極東の軍事目標を攻撃することができた。米陸軍と海兵隊は、日本からウラジオストクへの水陸両用作戦を展開することや朝鮮半島を経由して満州からシベリアに侵攻することもできた。つまり、日本は米国の対ソ連戦略の重要な拠点となっていた。

さらに、日本はアジアにおける深刻な情報格差を埋めることができた。米国はソビエト極東に関する基礎情報はおろか、一連の爆撃作戦や水陸両用作戦展開に必須となる詳細な地形情報なども十分ではなかった。米国の軍事作戦立案担当者は、ソ連赤軍の過去の戦闘やこの地域における現在の配備についてもほとんど知らなかった。第二次世界大戦の終わりにソビエト極東の航空偵察計画の立案が始まったが、最初の偵察機がアラスカからソビエトのチュクチ半島上空を飛行したのは一九四七年一二月になってからのことだった。同じくアラスカを起点とした最初のシベリアへの深部潜行が行われたのは一九四八年八月のことだった。特筆すべきは、乗組員が東京郊外の横田基地に着陸し任務を終えたことだ。その後、この夏の間に行われた三回のシベリア上空への偵察飛行も横田基地を起点としていた*38。

米国はソビエト極東に関する情報を緊急に必要としていたため、日本の退役軍人を要職に就けた。旧帝国陸軍はソビエト極東に関する知識では他の追随を許さなかった。情報の宝箱には一九四一年の関東軍特種演習中にソビエト領上空で行われた偵察飛行も含まれていた*39。これらの偵察飛行は一九四四年まで行われた*40。これらの飛行から得られた情報は、ペンタゴンの空《から》の標的フォルダを埋めるには十分であった。

航空情報に加えて、帝国陸軍は人材も豊富だった。日本の退役軍人にはソビエト極東、満州、中国の専門家が多かった。一九一八年八月から一九二二年一〇月までの間、帝国陸軍はシベリア介入の間に部隊を現地に派遣していた。日本は一九〇五年からサハリンの南部を領有していただけでなく、一九二〇年から一九二五年の間は北半分も占領していた。何十年もの間、日本は各地で国境を跨いでソ連軍を監視してきた。満州の関東軍、樺太の第五方面軍、朝鮮の第七方面軍、駐蒙軍は全てソ連赤軍と対峙していたし、満州国国境の張鼓峰《ちょうこほう》（一九三八年）とノモンハン（一九三九年）ではソ連軍と小戦争のような戦闘を展開した。退役軍人らは、この地域と赤軍をよく知っていたのだ。

人的情報（ＨＵＭＩＮＴ）は特に専門の領域があった。帝国陸軍は一九一八年に大陸に初の特務機関を設置した。約三〇年以上にわたって、約三〇〇〇人の軍人が特務機関で勤務した*41。彼らは白系ロシア人、中国人、朝鮮人など数え切れない対ソビエト工作員を運用していた。また、有末が埋め隠した地図や資料もあった。占領初期の数か月間に、G2は南満州鉄道の資料を押収しただけでなく、日本の軍事情報部と関係のある個人からも情報を購入した。ハルビン特務機関要員は、終戦時に爆撃目標の情報を持って帰国し、それをGHQに売ったと報告されている*42。

有末は、当初からソ連に関する情報を提供するように何度も要請を受けていた。特定の事項については積極的に協力しつつも、時が熟すまで情報の切り札をしっかりと握っていた。一九四六年春、状況が好転したと判断した有末はついに行動に出た。四月、有末は中野学校の天野大尉を再び呼び出した。そのわずか八か月前、有末は天野と助手に地形情報の詰まったトランクを隠すように命令していたのだ。それを掘り起こしG2に提供することにした。天野らは渋々ながら隠し場所からトランクを取り出した。その価値を理解していたのは間違いないが、上官がこれを米軍に渡してしまうことを悔やんだ*43。

有末は、隠匿した情報を切り札にしていた。有末機関は、ドイツのゲーレン少将と同様に米陸軍とパートナーシップを構築していた。ジャーナリストのマーク・ゲインの言葉を借りれば、「マッカーサーを前に、ソ連の情報という餌をちらつかせる」ために存在していた有末機関は、その後まもなく静かに消滅したのである。有末は六月末に第一復員省の役職を辞職したが、ウィロビーとの親密な関係を保っていた有末は、七月には米軍の「アドバイザー」に就任し、一九五六年一二月までその職位に就き米陸軍との非公式な関係を維持した。そして有末は一九五九年と一九六六年に米国でウィロビーを表敬訪問している*44。

大陸の情報

有末は様々な計画のために退役軍人を招集し情報活動を続けた。日本の情報将校らは、ソビエトの捕虜となっていた日本兵からの情報収集を行うG2を支援した。復員した日本兵は、彼らが働いていた現地工場、道路状況など重要な情報を持っていた。そうした情報の断片を集めつなぎ合わせることで、ウィロビーは極東ソビエトの軍事産業インフラの情報モザイク画を作成することができた。米情報部は、スターリンが核兵器を開発している兆候を察知することに特段の関心を持っていた。

ソビエトの諜報員が戦時中のマンハッタン計画から原子爆弾の秘密を収集していたことは、ワシントンでは一握りの政府関係者や軍事将校だけが把握していた。そのため、復員した日本兵からもたらされる情報は特別な関心を引いたようだ。一九四三年二月一日、米陸軍電波保安局（ＳＳＡ）は、ソビエトの外交通信を解読する活動を開始した。ヴェノナ（ＶＥＮＯＮＡ）というコードネームのこの計画から得られた情報は、ＦＢＩやその他の情報源からの情報と組み合わされ、ソビエトが米国の原爆の秘密を盗んだことを明らかにした。戦時中の米軍が平時の動員解除により解体されていく中で、貴重な戦略的アセットであった米国の核独占は、危機にさらされていた＊45。

一九四六年九月、ＧＨＱはソ連が間もなく日本人捕虜をシベリアから復員させるという情報を得た。一一月、ウィロビーは復員兵のスクリーニングのために有末の協力を要請した。有末は第一復員省にいた日本人将官三人と相談しこれに同意した。有末は参謀本部第二部ソビエト課での経験を持つ情報将校らをウィロビーに協力させた。日本のアドバイザーは、北は北海道函館港、中央は本州の舞鶴港、南は九州の佐世保港と三つの復員港を担当した。ヨーロッパでも同じように、ドイツの米陸軍がエルメス作戦から復員したドイツの戦時捕虜を尋問していた。Ｕ２の偵察、衛星画像や他の高度な収集システムが導入される前の一九四〇年代後半、米軍が世界的に展開したソ連からの復員者への尋問プログラムは重要な情報源となっていた＊46。

舞鶴では、菅井斌麿《すがいとしまろ》少将が四人の日本人情報退役軍人を指揮した。関東軍参謀将校として、また第一七軍参謀副長として満州と朝鮮での従軍経験を持つ菅井の役割は、第四四一対敵諜報部隊分遣隊のウェイン高木少尉をはじめとする十数人の日系米国人を支援することだった。真珠湾攻撃五周年にあたる一九四六年一二月八日、シベリアからの最初の復員船が舞鶴に向けて出港した。菅井とその部下の十分な支援を得たせいか、高木の部隊の最初の情報報告書は東京のG２から高い評価を得た。菅井達には当たり前に見えたことでも、G２にとっては金山を掘り当てたような価値があったのだ。米陸軍が持っているソビエト極東の地図は第一次世界大戦末期のシベリア介入当時のものでしかなかったのだから。

菅井のアドバイザリーグループに続いて、日本の情報退役軍人ら八人からなる第二部隊がやって来た。このうちの七人は前田瑞穂《みずほ》大佐や前川國雄少佐を含む元軍人だった。前田と彼の部下は、菅井の下で活躍した者と同様に優れた人物達であった。特に前田には特筆すべき経歴があった。満州国では、前田は亡命者や諜報員の容疑者の収容所の監督だった。そこで価値がないと判断された囚人は、関東軍の七三一部隊に移送され、細菌戦兵器（BW）の開発実験に利用された。朝鮮・ロシアの国境地域では、前田は羅津特務機関の初代局長を務めた。帝国陸軍と赤軍が張鼓峰で衝突したことを契機に一九三八年九月に設立された羅津特務機関はソ連に関する情報を収集し、機関要員には中野学校出身者が複数いた＊47。

舞鶴では、菅井のグループが高木と米軍人に協力してソビエトの核計画の証拠を探していた。彼らは、ソビエトの強制労働の記録から、ウラン鉱山、発電所や送電線、鉄道や道路、軍の部隊などの核兵器開発計画の痕跡を探した。舞鶴にローレンス・P・ダウド中佐がいたことは、米国が原爆の手がかりを追っていることを示唆していた。一九四四年、ミネソタ州キャンプ・サヴェージにある、情報将校対象の米陸軍日本語学校にいたダウドは、日本の原爆計画の手がかりを得るために、二世に日本の資料を調査するよう指示をしていた。復員者からの情報は、偵察飛行などによる情報に加えられ、ソビエトの戦闘命令や地形調査をまとめるために使用されたと考えられる＊48。

舞鶴の日本と米国の情報要員は、帰国してくる兵士や民間人の中にソビエトの情報工作員と疑われる者がいることにすぐに気が付いた。一九四七年にさらに二隻の復員船が入港した後、舞鶴の対敵諜報部隊は東京のG２にその疑いある者について通報した。ウィロビーは迅速に行動し、G２は一月九日に容疑者を拘束した＊49。時間が経ち、米国とソ連の間で情報抗争が行われている中、何十人もの二世や対敵諜報部隊の工作員が、復員する捕虜の中に諜報員が紛れ込んでいないか、スクリーニングをしていた。この努力はその後何年も続けられることとなる。G2は、何万人もの日本人を網羅した膨大なファイルを作成することになった。逮捕と拘留は占領下でも継続した。

中野学校関係者を少なくとも二人含んだ日本の情報退役軍人達は、将来の対ソ戦に備えた計画に関連した研究にも貢献した。中野学校のソビエト情勢の講師であった甲谷悦雄《こうたにえつお》大佐は、GHQと協力して『ソビエト連邦に対する日本の情報計画』という報告書を作成した＊50。中野学校で米国について講義をしていた矢野連《むらじ》大佐は、甲谷の報告書や一連の顕著な研究論文を編集した。

ソ連との世界大戦を考えた際、特段価値があるのは、米陸軍に極めて不足していた満州の地形情報だった。満州は、朝鮮戦争における中国共産党部隊の後方基地として、またソビエト極東への侵攻経路としての戦略的価値があることから、日本の影の戦士達は第三次世界大戦に備えてG2を着実に支援していたのである。先述したように、服部卓四郎大佐は戦史を記述することを装ってウィロビーの影の参謀本部に加わっていた。しかしこの策略はほとんどの人を騙すことはできず、服部の参謀が朝鮮戦争下に戦略的計画立案に参与していたと広く疑われていた＊51。

戦争開始から数か月が経過した一九五一年初頭、服部の参謀は満州に関する一三本の関連する報告書を作成した。日本の支援は必要不可欠であった。ある研究の編集者のまえがきにこうあった。「一九三一年の新京政権発足から一九四五年の日本の敗戦まで満州国に駐留していた関東軍は、他国の追随を許さないほどの現地の軍事情報を直に蓄積していた」＊52。これらの一連の報告書を手掛けたのは、辻政信大佐の側近朝枝繁春《あさえだしげはる》中佐であった。第二次世界大戦末期に赤軍の捕虜となった朝枝は、ソビエトを挑発して朝鮮にいた米軍部隊を攻撃させようとしたが、彼の企みは実らなかった。一九四九年にソビエトの拘束から解放された朝枝は、再び超大国間の戦争に向けて動いていた＊53。

日本の情報退役軍人がソ連からの復員者をスクリーニングしている一方で、日本から中国へ向かった者もいた。蔣介石総統の国民党と中国共産党は、一九二七年に同盟関係が壊滅的に崩壊して以来敵対していた。日本の宣戦布告なき戦争によって一九三七年に中断されていた内戦は、第二次世界大戦終結とともに再燃した。国民党は第一次国共内戦こそ勝利したものの、満州国が崩壊し、一九四七年までに共産党が中国北部の大部分を支配し、攻勢に出ていた。

　国民党は降伏した日本をこの戦いに巻き込んだ。蔣介石と配下の将校達の多くは、中国や東京の帝国陸軍士官学校で日本人から軍事訓練を受けており、日本人将校の力量をよく知っていた。帝国陸軍は一八九五年の日清戦争、一九〇五年の日露戦争で中国人に強烈な印象を残してきた。その後、中国の指導者達は日本人を招いていくつもの軍事学校で指導させた。一九一一年の辛亥革命で清王朝が崩壊した後は、多くの中国人が日本の士官学校に通った。蔣介石のほかにも何応欽《かおうきん》や張群《ちょうぐん》などが日本で訓練を受けている。一九三五年には五〇人の中国人学生が帝国陸軍士官学校で訓練を受けていた。中国人学生を監督していたのは河野《こうの》悦次郎大佐だった。中国情勢専門家で情報退役軍人であった河野は、後にいくつかの特務機関を指揮し、一九四四年に亡くなるまで満州国軍政部最高アドバイザーを務めた*54。

　一九一六年に日本の士官学校を卒業した何応欽一級上将は、一九四五年にかつての恩師である岡村寧次《やすじ》大将の指揮下にある一〇〇万人以上の日本兵の投降を受け入れた時、南京で最高の敬意を示した。日本の将官が中国人に対して「全員を殺し、すべてを燃やし、すべてを略奪する」という残忍な戦争を遂行してきたにもかかわらず、何応欽は岡村にその違いを見せた*55。中国は他のアジア地域よりもはるかに多くの犠牲者を出したにもかかわらず、蔣介石は本来なら絞首刑にしたであろう米国、英国、オランダの多くの将校の本国送還を許している。中国中部の第三師団の指揮官辰巳栄一大佐も降伏後間もなく湯恩伯《とうおんはく》二級上将の訪問を受けた。二人は以前からお互いを高く評価していた仲だったが、そのせいか、辰巳の師団はほぼ全員一九四六年五月に帰国できた＊56。

国民党は戦後の内戦時に日本人将校を情報補佐として迎え入れた。その一人が辻政信大佐だった。帝国陸軍の一部で「作戦の神」と崇められていた辻は、一九四二年初頭に山下大将がシンガポールを制圧した際、情報や作戦計画の大半を指揮していた。また辻は、シンガポール陥落後の数千人にものぼる中国人の虐殺やバターン死の行進で数千人もの米国人やフィリピン人が殺害される要因を招いた人物でもある。終戦時、僧侶を装い英国の追及から巧みに逃れていた辻は、一〇月二八日にバンコクで蔣介石の要員と密かに接触した。辻は大胆にも蔣介石の現地情報要員に中国までの護衛を要求し、そこで蔣介石総統とその情報機関長の戴笠《たいりゅう》に中日同盟を持ちかけることにした。辻の大胆な賭けは成功し、一一月一日にバンコクを出発した辻は、一九四六年三月一九日に重慶に到着した。

三月二四日、南京を訪問中の戴笠が飛行機事故で死亡したため、辻は彼と会うことはできなかったが、国民党が首都を南京に移した直後の五月二日、蔣介石の情報参謀は辻を呼び寄せた。辻は七月一日に南京に到着し蔣介石の軍事情報参謀に加わった。辻と共に動いたのは土居明夫中将と山本敏《はやし》少将だった。中野学校最後の校長だった山本は終戦時から日本で潜伏していたが、一九四七年に密かに南京にやってきたのだ。占領初期の数か月、山本が日本で拘束されなかったのは、対敵諜報部隊が無能だったからか、黙認されていただけなのかは明らかでない。ウィロビーが対敵諜報部隊を掌握した後に、山本は中国に向かっている。これは彼がウィロビーの恩恵を受けていたことを示唆している＊57。

国民党に歓迎された辻は、戦火の拡大を阻止することはできなかった。共産党が北部を強固に押さえていると判断した辻は、中南部の足場をしっかり固めるまで国民党部隊を満州に投入しないように助言した。しかしその助言が無視されていることに気が付くと、苛立ちを露わにした。

一九四八年四月、辻は三か月の休職許可を得て東京に向かうことになった。五月、国民党の軍事情報部長と会談した後、辻は教授に変装して日本の復員船に乗り上海を出発した。佐世保に上陸した辻は、ウィロビーに雇われていた日本の退役軍人を介してマッカーサーの情報参謀に密かに接触した。辻は帝国陸軍の再建を企図していたウィロビーの側にいた服部卓四郎と特に親しかった。服部と辻は、一九三九年のノモンハンでのソ連との小規模な戦争や、一九四一年の米国、英国、オランダとの戦争で指揮を補佐していた。指名手配されていた辻は、服部を介して事前に帰国の手配をしていたのだろう。辻は児玉誉士夫や朝枝繁春中佐などウィロビーの情報補佐として働いていた日本人と協力した。秘密とされながらも、東京にいたジャーナリストの間では悪名高い辻の存在が広く知れ渡っていた＊58。

辻が東京に戻ったことで、マッカーサーと蔣介石の繋がりが強調された。日本降伏から朝鮮戦争までの約五年間、マッカーサーの情報参謀は、その多くの情報を国民党に依存するようになった＊59。そのため、ウィロビーが退役軍人らに国民党へ仕えることを許可したのは当然だろう。中野学校最後の校長が一九四七年に南京に向かったのもその一例だろう。ウィロビーが対敵諜報部隊の指揮を執り、戦犯の追跡をやめる以前の占領初期の九か月間、山本敏が日本国内で拘束を巧みにかわしていたことは想像に難くない。しかし、占領された日本から船や飛行機で中国に逃亡できるとは思えない。ウィロビーと有末、蔣介石との関係を考慮すると、山本はＧ２の許可を得て日本を出発したようだ。

また、ウィロビーは一九四九年に、別の情報将校三人を中国での隠密任務に急がせたようだ。三人の日本人軍事アドバイザーは一〇月下旬に日本から香港を経由して台湾に入った。そのうち富田直亮《なおすけ》少将と荒《あら》武国光《たけくにみつ》大尉の二人は陸軍の退役軍人だった。もう一人の杉田敏三《としみつ》中佐は元帝国海軍の将校であった。富田と荒武は中国での従軍経験があった＊60。二人とも中国語の偽名を使っていた。富田の偽名は白《ぱい》であった。富田台湾で散り散りとなった蔣介石の部隊への日本人秘密軍事アドバイザー達が「白団《ぱいだん》」と呼ばれるようになったのはこの富田の偽名からであった。白団について書いた日本人作家は、共産主義の「赤」と反共産主義的な意味合いの「白」を対比させたことから、この名前が選ばれたのではないかと示唆している＊61。

荒武国光は中野学校卒業後、支那派遣軍司令部で情報将校として勤務していた。一九四四年三月には、中野学校の先輩将校の副官として香港に赴任していた。香港での主要な任務は、国民党に関する情報収集だった。荒武は、現地軍事政権と密接な関係を持つ機関に所属できて幸運だったが、必ずしも情報将校がこうした仕事を割り当てられるとは限らない。幸いにも、香港では軍事政権の参謀長は多田督知《とくち》中将だった。中野学校で教官を務めていた多田は、多くの正規軍将校が隠密作戦に対して懐疑的な中で理解を示していた。

荒武の機関は多くの成功を収めた。一九四四年六月、桂林《けいりん》の米空軍将校クラブに潜入していた工作員が、成都《せいと》に拠点を置く米軍が北九州を空襲する計画を知った。中国の多くの大都市と同様に、桂林も日本の工作員が多く潜入している街だった。その中には米兵相手の多数の売春婦もいた。日本の工作員は難民を装ったりして連合軍のビルマでの反撃計画に関する情報を収集していた。荒武の機関は支那派遣軍司令部からその功績を称えられた*62。

その後、荒武は第二三軍隷下の情報機関の副官を務めた。一九四五年初頭、彼は拘束された中国人情報将校が憲兵隊の手で処刑されそうになっていることを知った。荒武はその処刑は無駄であり、むしろ蔣介石に接触するために利用する方が得策だと考え、上官の富田直亮少将に提案した。荒武に説得された富田は、熊本出身の歩兵将校であった富田は、第二三軍の参謀長であり荒武の直属の上司だった。荒武に説得された富田は、捕虜の身柄を荒武に渡すよう憲兵隊に命令した。荒武はこの捕虜を取り込むため、手厚くもてなした。そして荒武は南京で親日政府の政府関係者の中国人二人と捕虜の間を取り持った。蔣介石への使者として、荒武は捕虜となった中国人情報将校を中野学校出身の情報将校に警護させ、安全な場所まで送り届けた。

一九四八年八月までに、その元捕虜は台湾で上級情報将校となっていた。日本の軍事アドバイザーの協力を得るために、彼は神戸に使者を送った。二人目の中国人は前南京政権の元官僚で、一九四五年に荒武がその上級情報将校に紹介していた。その時は荒武が特使を東京までエスコートし富田と会談した。会談後、荒武は香港経由で密かに台北に向かい、彭孟緝《ほうもうしゅう》、鈕先銘《ちゅうせんめい》らの将官と会談した。台北では、元捕虜の妻が夫を護衛し命を救ってくれた荒武と中野学校の将校に深く感謝していた。最終的に、両者は日本の軍事アドバイザーを国民党に派遣することで合意した。

白団に先行して台湾に赴いたのは、帝国陸軍の中国専門家の第一人者である根本博中将だった。一九四九年春の日本での蔣介石の使者との会談の後、五月に九州の港から小規模なアドバイザー集団を率いて出発した。翌月、基隆《キールン》に到着した根本は、一九五二年六月まで台湾の地に留まることとなった。根本は一九四九年一〇月に金門の完璧な防衛を指揮したと報告されている。帝国陸軍がその四年前に沖縄で米軍にしたように、中国共産党の侵攻部隊が無傷で上陸するのを許した後、根本は侵攻部隊のくず艦隊を撃破し、反撃を開始するよう中華民国軍を指揮した*63。

一九四九年一〇月二八日、台湾に向けて一七人の日本人軍事アドバイザーチームの先陣をきって出発したのは、富田、荒武、杉田の三人だった。一一月三日、彭孟緝一級上将と共に三人は台北で蔣介石総統と会談した。一一月一七日、富田は荒武を連れて重慶に行き、先に本土に向かっていた蔣介石と二度目の会談を果たした。その後、二人の日本人は華南での戦いの前線を視察し、一一月二八日に蔣介石に先んじて台湾に向けて出発した。翌月、蔣介石は成都の厳しい包囲網をかいくぐり空路で台湾へ逃れた*64。同月、かつて中野学校で講義を行っていた岡本覚次郎少将は、元日本軍将校一一人を連れて九州から船で台湾に向けて出発した。また他の二人は一一月に九州から先行して出港していた*65。

蔣介石の台湾防衛計画と本土帰還計画において、富田と荒武は重要な位置を占めていた。一九四九年末に蔣介石が台湾に逃亡してから、一九五一年春にウィリアム・C・チェイス少将指揮下の一一六人からなる軍事支援補助グループ（ＭＡＧ）という形でワシントンからの援助が正式に再開されるまでの無防備な時期に、富田らの役割は特段重要であった。白団は恐らくワシントンが承認した極秘プログラムの一部であった。米情報将校のジョセフ・B・スミスによると、トルーマン大統領は蔣介石を公の場では冷遇しながらも、極秘裏に援助を承認していたという。いずれにしても、日本のマスコミが根本の存在を報道し、米外交官が富田の白団が活動継続中であることを報告していた＊66。蔣介石は、戦略、戦術、精神教育、反共産主義への教化などを含む白団訓練課程を最も信頼できる部下に任せた。一九五〇年五月に白団は訓練所を開設した際、蔣介石も開設式に参加した＊67。

一九五一年夏までには、五〇人以上の日本軍退役軍人が白団のアドバイザーとして密かに台湾入りを果たしていた。この年、白団のアドバイザーは七六人と最高数を記録し、一九六四年に白団が活動を停止するまでに日本の退役将校八三人が国民党員を訓練するために、かつての植民地に渡っていった＊68。

朝鮮戦争

山本憲藏大佐は日本が降伏した日に、偽札製造に関わった自分の役割も終わったと考えていただろう。帝国陸軍主計将校だった山本は、参謀本部第二部第八課（謀略課）に在籍していたとき、陸軍の対中国偽札製造作戦の実行のために岩畔《いわくろ》豪雄《ひでお》大佐に指名された。登戸研究所第三科長として、山本は優秀な貨幣贋《がん》造《ぞう》技術者を指揮して国民党の偽人民元を製造した。そして、中野学校の要員が中国で偽造紙幣を流通させた。人民元や他の通貨の偽造のほかにも、敵の書類やパスポート、身分証明書などの偽造も行った＊69。

一九四八年春、東京都中野区に住んでいた山本に、Ｇ２がある日本郵船ビルへの出頭を求める召喚状が届いた。山本は降伏後の短期の拘留期間中に、米国の尋問官に過去の偽造活動を告白していた。どの程度のことを話すべきか分からなかった山本は有末精三に確認したところ、自由に話せと助言された。その後、山本はＧ２が何に関心を持っているのかを知った。彼は一か月間にわたり登戸の第三科の組織と活動の概要を説明した＊70。尋問官は、山本がソビエトのパスポートを偽造した経歴や満州とソビエトの地形に関する豊富な知識を特に評価していた。そしてこれからも協力するよう要求した。その見返りとして、山本を戦犯と見なしているであろうソビエトと中国から保護することを約束した。断ることのできないこの申し出を山本は快諾した＊[71]。

一九五〇年の春、山本は第三科のかつての部下達を集め、五月までに十数人の協力者を獲得した。彼らは帝国海軍から接収した横須賀の広大な米海軍基地の倉庫で勤務することとなった。人員や機材が行き交う倉庫は米政府印刷補給所（GPSO）という何の変哲もないところだった。この偽装された組織で、中国共産党、北朝鮮、ソビエトの偽造パスポート、偽の制服、偽造身分証が製造されていた＊[72]。

伴繁雄《ばんしげお》もその協力者の一人だった。戦時中、彼は登戸の山田桜大佐指揮下の第二科に所属していた。伴は第一班を率いて、見えないインクとそれを検出する手段などの秘密通信技術の開発を行っていた。技術開発と普及という任務のため、伴は中国、フランス領インドシナ、インドネシア、フィリピン、そしてシンガポールにまで行った。帝国陸軍は彼と登戸研究所長の篠田鐐《りょう》少将を表彰し賞状と現金を与えた。一九四五年一〇月、対敵諜報部隊の日系米国人情報将校が伴を訪れ、彼が扱っていた爆発物と防諜装備について質問した。朝鮮戦争が始まると、米国政府は彼を横須賀に招待した。一九五一年までに伴は米政府印刷補給所化学課長となっていた＊[73]。

G2に所属する登戸研究所出身の退役軍人は、ウィロビーが北朝鮮、中国、ソ連に工作員を潜入させるために必要な文書や装備を作った。ウィロビーの指揮下には、キャノン機関、第八一七七陸軍部隊、第八二四〇陸軍部隊、第三〇八対敵諜報部隊分遣隊が含まれていた＊[74]。韓国では、ウィロビーの対敵諜報部隊は買収した工作員、右翼青年団、北朝鮮や満州からの難民の尋問を頼りにした。日本と同様に現地警察は貴重なパートナーだった。

ウィロビーは降伏調印式直後に半島の情報網を手に入れていた。対敵諜報部隊が最初に半島へ足を踏み入れたのは、一九四五年九月九日、第二二四対敵諜報部隊分遣隊が韓国に到着した時だった。他の部隊もすぐにそれに続いた。一九四六年五月からウィロビーの支配下にあった東京に駐留中の第四四一対敵諜報部隊分遣隊は、韓国にいた全ての対敵諜報部隊を管轄していた。彼らは駆け出しのＣＩＡを揶揄し、対敵諜報部隊の歴史を次のように自慢した。「韓国にある情報機関の中で、対敵諜報部隊以上に完璧な範囲をカバーしていると言える機関はない」。しかし、対敵諜報部隊は十分ではなかった。通訳なしで機能していたのは、韓国語を話す白人工作員二人と数十人の二世だけだった。

日本の場合と同様に、対敵諜報部隊の主要な機能は、独立した情報活動を行うことよりも、現地の軍や警察、その他の日本帝国の元政府関係者と連絡を取ることだった。ある内部報告書では、言語が作戦の最大の障壁であり、対敵諜報部隊は日本の植民地政権から引き継いだ質《たち》の悪い韓国人通訳者、翻訳者に依存しすぎていたと指摘されている*[75]。また、対敵諜報部隊は一部の難民を工作員として北へ送り返していた*[76]。これらの活動には現地の支援も必要だった。Ｇ２の下で東京に配属された大韓民国海軍（ＲＯＫＮ）の情報将校延禎《ヨンヤン》少尉によると、中国人民解放軍（ＰＬＡ）の戦闘服から農民の衣服まで、ウィロビーの大陸での潜行作戦に必要な装備は東京から調達していたという*[77]。

登戸研究所に加えて、中野学校の要員達も大陸でのウィロビーの作戦に恐らく関与していた。日本の大手新聞社の調査員らは、沖縄戦の歴史記事の中で影の戦士達の活動についても言及し、戦後に朝鮮半島において多くの情報退役軍人が活動したと報じている*[78]。また、上海特務機関の元要員の稲垣によると、私服の米軍情報将校三人が稲垣に接触してきたという。対敵諜報部隊と見られる米国人は、一九四六年に中国から復員した稲垣に、中国内戦に関連する情報収集のために上海地区に戻るように要請した。一九四九年四月に始まった任務で中国側に捕らえられ半年間拘束された稲垣だったが、対敵諜報部隊の水陸両用潜行作戦に協力するために東京に戻った。ウィロビーは、大陸での任務を経験した情報将校で補助的な機関を組織していたようで、その中には中野学校の退役軍人も含まれていた。日本の利益追求を支持する米国人グループ「ジャパン・ロビー」のメンバーは、一九五一年一月にジョン・フォスター・ダレスに手紙を書いた。そこには、「中国でかつて活動した経験がある」情報将校達は朝鮮戦争にも役立つとあった*[79]。

中野学校の少なくとも一人の要員が北朝鮮での任務に参加したと言われている。一九四八年一一月、ウィロビーのキャノン機関は情報班を船で北朝鮮に派遣した。清津《チョンジン》、元山《ウォンサン》、平壌《ピョンヤン》の各地域を探索し、半島にソ連赤軍がどの程度進出しているかを把握し一二月二〇日頃帰国した。キャノン機関の要員はソビエトの痕跡をほとんど見つけられなかったが、国境に向かって南下する朝鮮人民軍（ＫＰＡ）の軍装備や武器を発見した。その成果に感銘を受けたキャノンは、中野学校卒業生の質の高さを称賛したという＊80。

日本の影の戦士達は一九五〇年六月の朝鮮戦争勃発後も活動を継続した。登戸研究所の退役軍人が作る偽装装備品や偽造文書は潜行作戦の必需品となった。その貢献の一つにマッカーサーの仁川《インチョン》での敵線後方からの水陸両用侵攻作戦の情報活動が挙げられる。韓国海軍の孫元一《ソン・ウォンイル》提督が、仁川港と首都ソウルの間の北朝鮮防衛陣地に関する情報収集のため、部隊を率いて潜行するように咸明洙《ハン・ミヨンス》中佐に命じた。この地域に精通しているベテラン情報将校の咸は、四人の将校と一三人の下士官で構成された部隊を率いて八月二三日に釜山《プサン》を出発した。仁川沖の島から展開した咸の部隊は朝鮮人民軍の兵士、警備要員、港湾労働者、漁師に扮して上陸し、港やその周辺に潜行した。彼らは月尾島《ウォルミド》にある海岸部砲台を特定し、別の島にある二ダースの機関銃の保管庫を発見し、また朝鮮人民軍の勢力を偵察した。マッカーサーが水陸両用侵攻作戦という「賭け」を行う上で極めて重要だったのが、仁川の防御が弱いという咸の発見だった。咸の部隊は、この地域には約一〇〇〇人規模の朝鮮人民軍の部隊がいるだけだという情報を鎮海《チネ》にある韓国海軍司令部に送った。孫提督はこの有力な情報を東京のＧＨＱにすぐさま伝えた。

咸の調査結果と仁川港の激しい潮の満ち引きや危険な運河などの水路情報を確認するため、八月下旬、ウィロビーはこの地域にいた米海軍のユージン・クラーク少尉と韓国海軍の延禎少尉を「トゥルーディー・ジャクソン作戦」の長に任命し、彼らの下に米陸軍とＣＩＡの統合部隊を再び派遣した。精力的で有能な将校である延は、朝鮮戦争勃発の三週間前にキャノン機関経由でウィロビーから命令を受け、韓国陸軍が持つ朝鮮人民軍の情報、戦闘準備状況を把握するため秘密裏に朝鮮半島へ向かった。六月六日に仁川で第三〇八対敵諜報部隊分遣隊の指揮官と面会した延は、その後、韓国陸軍参謀総長の蔡秉徳《チェ・ピョンドク》ら幹部と面会した。仁川の斥候部隊の一つはソウルまで足を伸ばしていた。さらに、敵線後方にパラシュート降下した工作員は、仁川沖の島にある作戦基地に向かった。またこの作戦では、山本の指揮下の「米政府印刷補給所」が、仁川地域に潜行するのに必要な制服、身分証明書などを提供したようだ＊81。

　九月中旬の仁川上陸の頃、ウィロビーは北朝鮮と満州の国境を調査するための情報部隊派遣を命令した。正式な国連の命令が発出される前に、マッカーサーは三八度線を越えて中国国境の鴨緑江まで部隊を進軍させることを決心していた。延禎少尉は、再び日本人要員を含めた部隊を率いて平壌以北に向けて出発した。中国共産党の戦争参戦というマッカーサーの懸念を抱きながら、部隊要員は鴨緑江の中国側に潜行し、奉天まで北上し、さらに遼東半島、山東半島にも潜行していった。延の部隊は、一〇月には中国が北朝鮮に進出していることを報告した＊82。半島を統一しようと決心していたマッカーサーは、中国の介入を指摘するこうした報告を無視することを選択した。

　マッカーサーの巧妙な指揮で成功を収めた仁川上陸は、極秘裏に行われた日本の支援の重要性を示していた。実際、ウィロビーに情報をもたらした補佐達は仁川は侵攻に適した地点であると強調していたようだ。朝鮮戦争開戦時、G２は日本の情報退役軍人らに助言を求めていた。ウィロビーの補佐達は、仁川を勧めた＊83。振り返ってみると、この勧めは的を射ていたように思われる。帝国陸軍は一八九四〜九五年の日清戦争、一九〇四〜〇五年の日露戦争の両戦争において仁川からの水陸両用作戦を展開していたのだから＊84。これらの作戦と四〇年近くの植民地支配は、仁川の激しい潮の満ち引きについての豊富なデータを日本に残すこととなった。

　仁川への水路情報に加えて、日本は韓国にいたマッカーサーの部隊に地形情報も提供した。韓国陸軍の白善燁《ペク・ソンヨプ》大将は回想録の中で、東京から日本語と英語で印刷された地図を受け取ったと語っている。また、白は国連が敷く戦線の後方で活動する共産ゲリラに降伏を促すプロパガンダのビラも東京から受け取っていた*85。ウィロビー自身もマッカーサーの伝記の中で、Ｇ２の地理部が日本の退役軍人らの協力を得て地図を作成したことを記している*86。帝国陸軍の退役軍人であった白大将は、日本の退役将校の支援を受けて戦っていたのだ。

朝鮮戦争では、中野学校関係者も対共産ゲリラへの作戦でその価値を証明した。満州国で日本の将校に仕えていた者達が韓国陸軍の将校団の多くを構成していた。何人かの将校は第二次世界大戦前に間島《かんとう》特務機関に所属し、朝鮮人、中国人ゲリラを相手に一連の「浄化作戦」を展開した。間島特殊部隊は、一九三九年三月に朝鮮人志願者によって構成された特別部隊であった。この部隊は複数ある特別な「外国人部隊」の一つで、この中には白系ロシア人で構成された有名な浅野部隊も含まれており、関東軍情報将校の下で組織されたものだった。間島特務機関長と間島地区軍事アドバイザーを兼務していた小越《おこし》信雄中佐が、間島特殊部隊設立の原動力となった。

当時の満州国の人口の八五％を占める五〇万人以上の朝鮮人が居住していた満州国南東部の間島周辺で、日本の指揮下で朝鮮人将校とその部下はゲリラの浄化のために戦った。間島特殊部隊は、どうやら関東軍司令部情報部の間島特務機関の構成部隊または隷下部隊であったようだ。浅野部隊や他の特務機関と同様に、中野学校の卒業生が間島特務機関の要職に就いていた。一九四〇年に中野学校出身の初の将校が配属された後、終戦までに約一〇人が間島特務機関で勤務した。日本の指揮下にあった中国人部隊とは異なり、間島特殊部隊では反乱は起きなかった。八月二六日、日本人司令官は奉天の南西約二〇〇キロの錦州で約三〇〇人の朝鮮人部隊を解散させた。朝鮮人将校達の指示の下、彼らは朝鮮への帰路についた*87。

朝鮮全土での厳しい弾圧は、朝鮮人独立戦士を越境した間島地域の山間部に追いやっていた。起伏に富んだ地形と朝鮮人の人口の多さを利用して、ゲリラの小部隊が日本やその傀儡部隊を強襲し続けた。後に北朝鮮の独裁者となり一九九四年に死去した金日成《キムイルソン》は、これらのゲリラの中で最も有力な存在であった。

しかし、彼の功績はほんの些かなものであった。金日成が最高の瞬間を迎えたのは、一九三七年六月四日の夜、満州国から普天堡《ポチョンボ》を強襲した時であった。約一〇〇人のゲリラで構成された彼のパルチザン部隊は、七人の警察官を殺害、さらに七人を負傷させ、満州国に戻る前に街の政府関連施設と警察署を破壊した＊88。

日本は金日成とゲリラの挑発に対してさらに効果的な浄化作戦を展開した。満州国全域でゲリラを一般市民から切り離すことで、日本の支配に反対する勢力を根絶するように動いた。村落の要塞化、通信回線の改善、現地民兵の強化は日本の戦略の要だった＊89。

金日成でさえ日本の圧力に耐えることができなかったが、一九三九年末から特に激しくなった背景には、間島特殊部隊がその一端を担っていたことが挙げられる。金日成は一九四〇年一一月、満州国を脱出して国境を越えてソビエトに亡命した。彼は、戦時下をソビエト極東で過ごした。戦後、平壌に駐留していたソ連占領軍部隊の参謀将校ニコライ・レベデフ中将は、帝国陸軍の攻撃は朝鮮ゲリラ指導者にとって手に負えないものだったと振り返っている。絶望的な状況の中で、金日成は「敗北した」小部隊を率いて国境を越えた。戦争が終わるまで彼はハバロフスク付近の秘密基地でソ連赤軍第八八旅団の隊員として訓練を受けていた＊90。

第二次世界大戦を生き延び、ソビエトの拘束を逃れた間島特殊部隊の朝鮮人将校達は、韓国陸軍に加わった。このうち何人かは高官に上り詰めている。間島特殊部隊に所属していた数千人とまではいかないまでも、数百人の朝鮮人のうち約数十人が韓国軍の要職に就いた。最も有名な白善燁は陸軍参謀長を二度務めた後、韓国軍合同参謀会議議長を務めた。金錫範《キム・ソッポン》は韓国海兵隊を指揮した。李鍾賛《イ・ジョンチャン》は陸軍部隊を指揮した後、陸軍参謀大学の司令に就任した。金白一《キム・ペクイル》は一九五一年に死亡するまでに韓国陸軍第一軍団を指揮した。

金白一と白善燁は、間島特殊部隊で鍛え抜かれたゲリラ制圧の才能を発揮し、韓国で特に精力的に活動した。金白一は、一九四八年一〇月に発生した麗水《ヨス》の反乱の制圧に重要な役割を果たした。港町である麗水の韓国陸軍第六連隊、第一四連隊内の左翼が反乱を扇動したのは、彼らの部隊が済州島《チェジュ》のゲリラ制圧作戦に参加するように命じられた時であった＊91。金のゲリラ制圧の才能は、次に彼を智異山《チリ》に向かわせた。当時、金は一九四九年一一月に設立された韓国陸軍歩兵学校の初代校長に就任したばかりであった。しかし、反乱発生時にすぐさま彼の才能が必要とされた。開校式の翌日、金は智異山地域のゲリラ掃討作戦に向けて出発した。ここでもまた、ベテランの遊撃戦士は三か月の作戦で「輝かしい」戦果を上げた。金のキャリアは一九五一年三月二八日の飛行機事故で幕を下ろした＊92。

もう一人の間島特殊部隊の退役軍人白善燁大将は、米軍の上官から韓国陸軍で最も優秀な将官と評された。第八軍の指揮官であり、白善燁の上官でもあったジェームズ・ヴァン・フリート大将は、白を韓国陸軍で「最も優れた指揮ができる将官」と評価した＊93。朝鮮戦争が勃発する前から、白は関東軍での経験を韓国での反政府活動対策に活かしていた。一九四九年、白は韓国陸軍第五師団の指揮官として、光州《クァンジュ》地域のゲリラ掃討を率いた。また、彼は韓国陸軍情報部長も務めており、反乱軍に対する戦闘に関して格別の経験を積んでいた＊94。

しかし、白が遊撃戦士として頂点に立ったのは、朝鮮戦争下であった。一九五一年一一月、ジェームズ・ヴァン・フリート大将は白を第八軍の司令部に呼んだ。その時ソウルと釜山の間にある智異山の共産ゲリラが、軍の部隊を度重なる攻撃で悩ませ通信回線を妨害していた。政府の権限が及んだのは日中の時間帯のみのことだった。当時の流行り言葉によると、「昼間は大韓民国。だが、夜は朝鮮人民共和国」＊95。この地域の抵抗勢力を駆逐しようと決心したヴァン・フリートは、「ラットキラー作戦」に関東軍の退役軍人を選んだ。

日本人将校の下で朝鮮人ゲリラを徹底して駆逐した経験を持つ白は、米軍指揮の下、彼のキャリアの中で最大の浄化作戦を率いることとなった。ヴァン・フリートはギリシャの激しい内戦で左翼反乱軍に対する作戦を指揮したことがあった。白を支援するためにヴァン・フリートは、ギリシャでのかつての部下であったウィリアム・ドッズ中佐を派遣した。第八軍の司令官は、韓国陸軍の首都師団と第八師団の指揮権を白に与えた。また彼の配下には、南西地区戦闘司令部の部隊、韓国国家警察（ＫＮＰ）の地元部隊、そして右翼の青年団がいた。

白は彼のタスクフォースを智異山周辺に展開した。ゲリラに共感している村人を孤立させるため、当局はこの地域に戒厳令を敷き、村から外への電話回線を遮断した。それは過去の歴史の再現であった。一九三〇年代後半から第二次世界大戦末期まで、日本軍と朝鮮人部隊はソ連や金日成の部隊、他の抗日指導者らを満州国と朝鮮の山岳部国境の両側から追い払っていた。一九三四年一二月、日本は満州国政府を通じて集落建設の命令を出した。新しい集落は五〇から一五〇世帯程度の規模であった。塹壕、土壁、有刺鉄線で囲まれた周囲に一〇〇メートルごとに銃座が配置された正方形の形をした新村は、ゲリラ流入を防ぐためのもので、村への出入りは厳しく管理された。村人たちはここに集められ、情報を流したり、独立戦士達を支援したりすれば親戚や隣人をも罰せられるという連帯責任制が課された。日本軍は、この集落に住んでいない者はゲリラとみなして容赦のない作戦を展開した。

実際、白は満州国で経験したのと同じような作戦を実行した。韓国国家警察の補助部隊と青年連隊を逃走経路遮断のために配備し、一方で、ゲリラが拠点としている山間部には罠を仕掛けていた。一二月八日、白の部隊は智異山の山頂を制圧した。そして一九五二年一月二六日には立て続けに反乱軍を包囲し、抵抗勢力の中核を一掃した。「ラットキラー作戦」が完了する三月一五日までに、白の部隊は一万九〇〇〇人以上のゲリラを殺害または拘束した。ただ韓国軍の元遊撃要員はこの作戦について、今日でも死傷者の数は正確にはわからないとし、韓国軍と警察部隊の死者数は六〇〇〇人以上、ゲリラの死者数は一万人を超えるとしている。朝鮮戦争下のたった一つのゲリラ浄化作戦で、朝鮮人は全体で二万人以上がその命を落としたのではないだろうか*96。

冷戦への才能の活用

一九四五年の夏、占領軍に反旗を翻す時のためにと武器を埋めた中野学校関係者もいたが、彼らは戦後、米陸軍のソ連関連の情報収集を支援するという重要な役割を果たした。彼らの専門性は極めて高かった。衛星画像などの技術革新が起こる前の冷戦初期に、日本の影の戦士達が多くの情報を提供していたのだ。米陸軍は、地図情報や工作員の報告など帝国陸軍参謀本部第二部の遺産を大歓迎した。平時の少ない予算と人員の制約を考えると、ゼロから始めたらとても得られない情報が手に入ったのだから。

戦後は静かな生活を送るはずだった中野学校の退役軍人や関係者は、冷戦下でも任務に就いた。中国の戦場から横浜の作戦支援施設に至るまで、彼らはその才能を活かした。彼らの支援がなければ、米陸軍ははるかに少ない資源で戦わなくてはならなかっただろう。地形情報からゲリラ制圧作戦まで、日本の情報退役軍人は重要な役割を果たした。

註

1 日下部一郎『決定版 陸軍中野学校実録』ベストブック、一九八〇年、二一〇～二一五頁。秦郁彦『昭和天皇五つの決断』文藝春秋、一九九四年、一七〇～一七一頁。

2 有末精三『有末機関長の手記―終戦秘史』芙蓉書房、一九八七年、二三六～二三七、二四〇頁。

3 秦郁彦『昭和天皇五つの決断』一七四～一七五頁。Allen, *End*, pp. 19-21; and U Ba Maw, *Breakthrough in Burma: Memoirs of a Revolution* (New Haven: Yale University Press, 1968), p. 415.

4 Willoughby, ed., *Reports of General MacArthur*, vol. 1, supplement p. 138; and Gayn, *Japan Diary*, p. 46. 有末精三『有末機関長の手記―終戦秘史』二四九～二五〇頁。

5 『ニッポンタイムズ』一九四六年一月二四日。

6 BCON [newsletter of the British Commonwealth Occupation Forces], 31 August 1946.
7 Torii, 10 September 1998.
8 有末精三『有末機関長の手記—終戦秘史』二五〇～二五一頁。秦郁彦『昭和天皇五つの決断』一六九頁。
9 Tamotsu Shibutani, *Derelicts of Company K: A Sociological Study of Demoralization* (Berkeley: University of California Press, 1978), p. 364.
10 Willoughby, *Reports of General MacArthur*, vol. 1, supplement, pp. 65-66.
11 Sidney F. Mashbir, *I Was an American Spy* (New York: Vantage Press, 1953), p. 347.
12 Munson, "Oral Reminiscences," p. 48.
13 Owens, *Eye-Deep*, pp. 222-223.
14 United States Army. General Headquarters, Far East Command, Administrative History of the 441st CIC Detachment. *On file at the U.S. Army Center for Military History,* p. 15; and John Patrick Finnegan, *Military Intelligence* (Washington, DC: Center of Military History, 1998), p. 107. フィネガンは対敵諜報部隊の要員数の減少は、米軍の総体的な動員解除に比較すれば軽微ではあるが、徴兵制の廃止に伴う対敵諜報部隊の「質の低下が懸念である」と指摘している。
15 Faubion Bowers, "Oral Reminiscences," p. 10; and *Gayn*, p. 159.
16 Tad Ichinokuchi, ed., *John Aiso and the M.I.S.: Japanese American Soldiers in the Military Intelligence Service, World War II* (Los Angeles, CA: Military Intelligence Service Club of Southern California, 1988), pp. 239-244.
17 David E. Kaplan and Alec Dubro, *Yakuza: The Explosive Account of Japan's Criminal Underworld* (Reading, MA: Addison-Wesley, 1986), p. 61.
18 J. Roy Galloway, "Letter to GS," *Golden Sphinx*, vol. 50 no. 4 (Winter 1996), p. 10; and Willoughby, "Oral Reminiscences," p. 20. ウィロビーは歴史家のクレイトン・D・ジェームズに次のように語っている。「私がソープの転属を強要した。彼が行くか、私が行くかという状況だった」。ソープは戦後の階級の降格に苦しみ、その後、軍を去ったと証言している。Elliott Thorpe, “Oral Reminiscences,” p. 28; and Robert B. Textor, *Failure in Japan: With Keystones for a Positive Policy* (New York: The John Day Company, 1951), p. 233.

19 Mark Gayn, Japan Diary (Rutland, VT: Charles E. Tuttle Company, 1981), pp. 68-69; Textor, Failure, p. 121.

20 立花譲『帝国海軍士官になった日系二世』築地書館、一九九四年、一九八〜一九九頁。

21 Kaplan and Dubro, *Yakuza*, p. 61.

22 有末精三『有末機関長の手記―終戦秘史』二五六頁。

23 Chalmers Johnson, *An Instance of Treason: Ozaki Hotsumi and the Sorge Spy Ring* (Rutland, VT: Charles E. Tuttle Company, 1977), pp. 65-66.

24 畠山清行『秘録陸軍中野学校』番町書房、一九七一年、三〇八頁。

25 畠山清行『秘録陸軍中野学校』三一五頁。中野校友会『陸軍中野学校』二九一、二九三〜二九四頁。

26 John Ranelagh, *The Agency: The Rise and Decline of the CIA* (New York: Simon & Schuster, 1986), pp. 70-71.

27 Oliver Caldwell, *A Secret War* (Carbondale, IL: Southern Illinois University Press, 1972), pp. 194-95; and Maochun Yu, *OSS in China: Prelude to Cold War* (Annapolis, MD: Naval Institute Press, 1996), p. 229. Donovan’s remarks were paraphrased by Caldwell.

28 Sebald, *With MacArthur*, p. 22.

29 秦郁彦『昭和天皇五つの決断』一二六頁。

30 Kato, *Lost War*, pp. 262-263.

31 児玉誉士夫『われ敗れたり』協友社、一九四九年。英訳版：Kodama Yoshio, *I Was Defeated* (Tokyo: An Asian Publication, 1951), p. 208.

32 Harry Emerson Wildes, *Typhoon in Tokyo: The Occupation and Its Aftermath* (New York, Macmillan, 1954), p. 53.

33 Gayn, *Japan*, p. 342.

34 Theodore Cohen, *Remaking Japan: The American Occupation as New Deal* (New York: The Free Press, 1987), pp. 164-65.

35 "Letter from Nozaka, Sanzo concerning Kamata, Senichi to Mr. Marcum," 7 July 1947. Record Group 331. National Archives. 手紙の翻訳者は大将の名前を"Kamata"と表記したが、帝国陸軍将校の主要手引書には、"Kamada"と表記されている。外山操編『陸海軍将官人事総覧（陸軍篇）』芙蓉書房、一九八一年、四〇四頁参照。また翻訳者は日本共産党議員党首の野坂(のさか)参三の名前を"Nozaka"と誤表記している。

36 有末精三『有末機関長の手記—終戦秘史』二〇七～二〇九頁。

37 Textor, *Failure*, pp. 216-17.

38 William E. Burrows, *Deep Black: Space Espionage and National Security* (New York: Random House, 1986), pp. 58-59.

39 有賀伝『日本陸海軍の情報機構とその活動』近代文芸社、一九九五年、一一一頁。

40 三田和夫『東京秘密情報シリーズ　迎えにきたジープ』20世紀社、一九五五年、一六頁。

41 三田和夫『東京秘密情報シリーズ　迎えにきたジープ』一五頁。

42 「ハルビン特務機関壊滅す　残された引揚げへの盲点」『週刊読売』一九五四年三月七日、読売新聞社、四七頁。

43 中野校友会『陸軍中野学校』一四五頁。

44 Gayn, *Japan*, pp. 445-446. 有末精三『有末精三回顧録』芙蓉書房、一九八九年、五三三～五三四頁。有末精三『有末機関長の手記—終戦秘史』二五四～二五五頁。

45 Yamamoto, *Four Years in Hell*, pp. 99, 205, 235.

46 Heinz Hohne and Hermann Zolling, *The General Was a Spy* (New York: Coward, McCann & Geoghehan, 1972), p. 83.

47 三田和夫『東京秘密情報シリーズ　迎えにきたジープ』二一～二九頁。中野校友会『陸軍中野学校』二〇〇、二一三、七二三頁。

48 三田和夫『東京秘密情報シリーズ　迎えにきたジープ』二七頁。Clifford Uyeda and Barry Saiki, eds., *The*

Pacific War and Peace: Americans of Japanese Ancestry in Military Intelligence Service, 1941 to 1952 (San Francisco, CA: Military Intelligence Service Association of Northern California, 1991), p. 21. 日本では、一九九五年八月一五日の読売新聞は、日本の降伏から50周年を記念して、GHQの舞鶴での原爆投下に関する情報活動について一面に掲載した。

49 三田和夫『東京秘密情報シリーズ　迎えにきたジープ』二四〜二五頁。

50 United States Army Forces Far East, ed. *Japanese Intelligence Planning against the USSR. Distributed by Office of the Chief of Military History*, Department of the Army, 1955, editor's preface.

51 朝日新聞社編『現代人物事典』朝日新聞社、一九七七年、一〇四三頁。

52 United States Army Forces Far East, ed., *Strategic Study of Manchuria: Military Topography and Geography*, vol. 3, part 4 (Washington, DC, 1956), p. 1.

53 共同通信社社会部編『沈黙のファイル』共同通信社、一九九六年、一五六〜一五九頁。

54 有末精三『有末精三回顧録』四〇六〜四〇七頁。

55 霞山会編『現代中国人名辞典』霞山会、一九七八年、七〇六頁。

56 高山信武『昭和名将録　第2版』芙蓉書房、一九八〇年、二〇一頁。

57 秦郁彦『昭和天皇五つの決断』一六九〜一七〇頁。

58 生出寿『悪魔的作戦参謀辻政信―稀代の風雲児の罪と罰』光人社、一九九三年、三八二〜三八四頁。共同通信社社会部編『沈黙のファイル』二二五、二二八〜二二九頁。John Dower, *Embracing Defeat: Japan in the Wake of World War II*(New York: W.W. Norton, 1999), p. 641.

59 Joseph C. Goulden, *Korea: The Untold Story of the War* (New York: McGrawHill, 1982), p. 279.

60 中野校友会『陸軍中野学校』二八三〜二八四、二八六、三一一頁。中村祐悦『白団(パイダン)―台湾軍をつくった日本軍将校たち』芙蓉書房出版、一九九五年、二八頁。

61 中村祐悦『白団(パイダン)―台湾軍をつくった日本軍将校たち』一〇頁。

62 中野校友会『陸軍中野学校』三四〇頁。White, *Thunder*, pp. 145, 163-164, 184.

63 中野校友会『陸軍中野学校』三三六～三三八頁。中村祐悦『白団(パイダン)─台湾軍をつくった日本軍将校たち』三四～四一頁。

64 中村祐悦『白団(パイダン)─台湾軍をつくった日本軍将校たち』二八、四九頁。中村は白団の要員がGHQを出し抜いて台湾にたどり着いたと書いているが、これはあり得そうにもない。陸軍でも数少ない米国でのキャリアを持つ将校である富田少将が白団長に選ばれたのは、偶然とは考えにくい。辰巳が当時の吉田首相の日本の軍事力再建に向けたアドバイザーであったことや、旧知の仲である湯恩伯将軍が白団に関与していたことは、マッカーサーとウィロビーが蔣介石と結託していたことを示唆している。

65 「生きている中野スパイ学校　その実態と出身者の活躍」『週刊現代』一九五九年八月二日、講談社、三七頁。中村祐悦『白団(パイダン)─台湾軍をつくった日本軍将校たち』四九頁。

66 Immanuel C.Y. Hsu, *The Rise of Modern China* (New York: Oxford University Press, 1970), p. 787; and Joseph Burkholder Smith, *Portrait of a Cold Warrior* (New York: Putnam, 1976), pp. 66-67.

67 中村祐悦『白団(パイダン)─台湾軍をつくった日本軍将校たち』八八頁。

68 中野校友会『陸軍中野学校』三三八頁。中村祐悦『白団(パイダン)─台湾軍をつくった日本軍将校たち』一一〇頁。中村によれば、白団は一九六八年まで続いたという。

69 斎藤充功『謀略戦─ドキュメント陸軍登戸研究所』時事通信社、一九八七年、二一七～二一八頁。

70 斎藤充功『謀略戦─ドキュメント陸軍登戸研究所』一九三頁。

71 Yamamoto Kenzo, "Giheiho kosaku no tenmatsu," Rekishi to jinbutsu (August 1985), p. 106. 斎藤充功『謀略戦─ドキュメント陸軍登戸研究所』九九～一〇一頁。

72 斎藤充功『謀略戦─ドキュメント陸軍登戸研究所』一一〇～一一一、一一六、一一八～一一九頁。今井武夫『昭和の謀略（文庫版スパイ戦史シリーズ（6））』朝日ソノラマ、一九八五年、一九五頁。

73 伴繁雄『陸軍登戸研究所の真実』芙蓉書房出版、二〇〇一年、三四、一九六、二〇三頁。

74 木下健蔵『消された秘密戦研究所』信濃毎日新聞社、一九九四年、三八五、三八八頁。

75 History of the Counter Intelligence Corps, vol. 30: CIC During the Occupation of Korea. U.S. Army

Intelligence Center, March 1959, pp. 4-8, 15-16, 111. *Reproduced in Migunjonggi chongbo saryojip: CIC pogoso*, vol. 1 (Seoul: Hallim University, 1995).

76 Counter Intelligence Corps, *Annual Progress Report for 1947, Reproduced in Migunjonggi chongbo saryojip: CIC pogoso*, vol. 1 (Seoul: Hallim University, 1995), p. 259.

77 延禎『キャノン機関からの証言』番町書房、一九七三年、一九一～一九二、一九七頁。

78 毎日新聞特別報道部取材班『沖縄・戦争マラリア事件—南の島の強制疎開』東方出版、一九九四年、一〇二頁。

79 森詠「特務機関は今も生きている」『現代』一九七七年六月、講談社、三二〇頁。Bruce Cumings, *The Origins of the Korean War.* Vol. 2, The Roaring of the Cataract, 1947-1950 (Princeton: Princeton University Press, 1990), p. 808.

80 畠山清行『秘録陸軍中野学校』三一一～三一二頁。

81 斎藤充功『謀略戦—ドキュメント陸軍登戸研究所』一一二～一一三頁。John Toland, *In Mortal Combat: Korea, 1950-1953* (New York: Quill, 1991), pp. 183-84; and Chong Il-gwon, *Chong Ilgwon Hoegorok* (Seoul: Koryo Sojok, 1996), pp. 245-48.

82 チャールズ・ウィロビー（延禎訳）『知られざる日本占領—ウィロビー回顧録』番町書房、一九七三年、二四八、二六三～二六五頁。

83 「ハルビン特務機関壊滅す　残された引揚げへの盲点」『週刊読売』四七～四八頁。

84 Denis Warner and Peggy Warner, *The Tide at Sunrise: A History of the Russo Japanese War, 1904-1905* (New York: Charterhouse, 1974), p. 81.

85 Paek Son-yop, *From Pusan to Panmunjom* (Washington, DC: Brassey's, 1992), p. 50; and Paek Son-yop, *Sillok: Chirisan* (Seoul: Koryowon, 1992), p. 40.

86 Charles A. Willoughby and John Chamberlain, *MacArthur 1941-1951* (New York: McGraw-Hill, 1954), p. 373. 三田和夫『東京秘密情報シリーズ　迎えにきたジープ』二一頁。

87 川原衛門『関東軍謀略部隊』プレス東京出版局、一九七〇年、一〇、三二頁。中野校友会『陸軍中野学校』二一四〜二一六頁。小沢親光『秘史満州国軍—日系軍官の役割』柏書房、一九七六年、九九、一〇〇、二七六頁。

88 Robert Scalapino and Chong-sik Lee, *Communism in Korea*, vol. 1 (Berkeley: University of California Press, 1972), p. 222. キムは自身の部隊を一五〇人と主張している。日本は八〇人と見積もっている。

89 武藤富男『私と満州国』文藝春秋、一九八八年、一六四〜一七四頁。

90 So et al., *Pukhanhak*, pp. 23-24. 萩原遼『朝鮮と私 旅のノート』文藝春秋、二〇〇〇年、一三四頁。

91 Cumings, *Origins*, vol. 2, pp. 259-260.

92 Yang Yong-jo, "Kim Paek-il Changgun," Kukpang Chonol (August 1998), pp. 80, 83.

93 United States Department of State, Foreign Relations of the United States 1952-54, vol. 15 Korea, part I (Washington, DC: Government Printing Office, 1984), p. 254.

94 Paek, *From Panmunjom*, p. 184. 金潤根『朴正熙 軍事政権の誕生：韓国現代史の原点』彩流社、一九九六年、一七九、一八二〜一八五頁。

95 Paek, *From Panmunjom*, p. 183.

96 Walter G. Hermes, *Truce Tent and Fighting Front* (Washington, DC: Office of the Chief of Military History), pp. 182-83; and Paek, *From Pusan*, pp. 179-192; and Paek, Sillok, p. 275; and Yi T'ae, Nambugun (Seoul: Tule, 1988), p. 17.

11 戦後日本の中野学校ＯＢ

大日本帝国は第二次世界大戦の炎の中に消えていた。戦争と占領の灰の中から花を咲かせたのは、新しい日本だった。根底にある部分は変わっていなかったが、地表に出た植物の姿は大きな変化を遂げていた。一九四六年、ＧＨＱは民生局の職員らが秘密裏に英語で起草した新憲法を日本語に翻訳して布告し、日本国民に押し付けたのだ。新しい憲法の下で、日本国民は国会で選出された代表者を通じて権力を行使した。天皇制は国民統合の象徴として残ったが、日本の天皇が帝国を有することはもうなかった。天皇はもはや強大な軍隊の最高司令官ではなかった。敗戦の嵐を乗り切った天皇は、制服や白馬を脇にやり普通の服を着ていた。軍隊を評価することもなく、顕微鏡の前でポーズを取って写真を撮ることで、自身がアマチュア海洋生物学者であることを国民に知らしめた。

新しい日本には帝国陸軍も帝国海軍も存在しなかった。憲法第九条は国権の発動たる戦争を放棄し、日本に軍隊の保持すら禁じていた。戦争兵器を生産していた巨大メーカーは、生産ラインを民生利用に移行させるのに懸命で、弾薬や小銃、爆撃機の代わりに鍋やフライパン、バスの生産を始めた。日本の財閥もまた、ＧＨＱのニューディーラー達による財閥解体を回避し生き延びるための施策を試みた。その一つの例が、中国や太平洋の制空権を支配し名を馳せた零戦を製造した三菱重工業（ＭＨＩ）である。三菱重工業は、一九三六年に三菱造船と三菱航空機が合併し誕生した。占領政策により一九五〇年に三つの会社に分割され、一九六四年に「新三菱重工業」として再編された。一九五二年の占領終了まで続いた日本の航空宇宙研究開発の全面禁止を乗り越え、三菱重工業はようやく空に戻ってきた。同社は、日本の新型Ｆ２戦闘機をはじめ、ミサイルや他の先進軍事システムの製造を行っている。

終戦により、多くの日本人は長年の生活必需品の欠乏や資源の統制から解放された。降伏直後の絶望的な数か月の間、食料や住む場所を求めて奔走した人々は、市場に食べ物が戻り、瓦礫の中から新しい家が建つにつれてその生活を取り戻していった。日本人は、戦時中、思想警察や憲兵隊、町内会長らが粗末な服を着るように押し付けたり、ダンスホールを閉鎖したり、ジャズを退廃的な敵の影響と決めつけたりしていたことから解放され、戦後のポップカルチャーを急速に受け入れていった。女性達は再び髪にパーマをかけた。若者達はジルバなどのワイルドなアメリカン・ステップを踊った。朝鮮戦争が勃発すると、前線にいる兵士のために米国が次々と日本製品やサービスを大量に買い付け特需が起きた。また、無数の米兵が休養とリラクゼーションのために資金を存分に投入したことで、日本の経済は成長していった。大日本帝国の灰は、新しい日本の成長の下で徐々に消えていったのだ。

しかし、戦争の中を生き延びた多くの人々は苦しみ続けた。経済成長は、愛する人を失い苦しんでいる数え切れないほどの日本人に慰めをもたらすことはほとんどなかった。驚異的な数の兵士や民間人が海外や本国の島々で命を落とし、未亡人や高齢の両親、孤児を残していった。また数十万人がソビエトの捕虜収容所に抑留された。満州国や朝鮮で急遽徴兵された多くの中年男性や一〇代の若者達が捕虜となって死んでいった。約六〇万人の日本人のうち、推定六万人がソ連で死亡している。

連合国の法廷で長期の投獄や死刑判決を受けた日本人もいた。また、多くの人が連合国の捕虜や民間人に対する戦時中の残虐行為や暴虐で有罪判決を受けた。何百人もの罪人が彼らの行為を命をもって償った。東京では、日本の上級軍人が極東国際軍事裁判（ＩＭＴＦＥ）に臨んだ。彼らは、まるで戦争遂行がアル

・カポネの密輸のような国内犯罪であるかのように、平和に対する謀略を企てたと問責された。東條大将ら「Ａ級戦犯」と言われる者達は死刑判決を受けた。横浜では、連合国が彼らより下の階級の将校、兵士、軍属を、捕虜の殺害、虐待罪で等しく告訴していた。同様の裁判が東南アジア各地の法廷で行われた。インドでは、日本と共闘したインド国民軍に従軍したことを理由に、インド国民軍の元将校らが裁判にかけられた。連合国の裁判にかけられた日本人は四〇〇〇人、そのうち一〇〇〇人近くが処刑された。三〇〇〇人以上が終身刑となり、三〇〇〇人以上はそれよりも短い刑期を受けた。

数百人もの中野学校の影の戦士達も戦争に自らの命を捧げていた。悲惨なインパール作戦だけで五〇人以上が命を落とした。フィリピンに派遣された約一〇〇人のうち、マッカーサーが島に戻るまで生き残ったのはほんの数人であった*1。大戦末期に赤軍の攻撃を生き残った多くの情報将校は、ソビエトの捕虜となり死亡した。関東軍の情報要員三〇〇人近くがソビエトの手に落ちた。ある記録では、ソ連の恐ろしい防諜機関ＳＭＥＲＳＨ《スメルシ》によって拘束された一五人の情報将校のうち一〇人が中野学校の要員であるとされている。ソビエトはその一五人全員を処刑したが、そのうちの一二人は銃殺刑となった。中野学校創設者で終戦時には関東軍の情報部長であった秋草俊《あきくさしゅん》は、一九四九年初頭にモスクワ近郊の収容所で死亡した*2。

東南アジアでは、連合国の裁判で複数の中野学校の要員が死刑判決を受けた。そのうちの一人が中野学校第一期生の新穂智《にいほさとる》少佐だった。真珠湾攻撃の前に、新穂は日本の同盟通信社の海外特派員を装いバタヴィアに赴き、日本の侵攻に備えてパレンバンなどのオランダの油田の情報を収集していた。戦時中は一時期日本に戻りニューギニアの第一九軍司令部に転属となった。日本に友好的な先住民は撃墜された連合国のパイロットらを日本軍に引き渡していたが、新穂は日本の軍事規則に則り彼らを処刑していた。

オランダに裁かれた新穂は一九四八年一二月八日に死刑を宣告された。真珠湾攻撃から七年目の記念日であり、この日が選ばれたのは復讐よりも正義の裁断という意味であった。死刑執行前夜、新穂は妻と息子に宛てた手紙を書いた。妻の敏子に宛てた手紙では、彼がいなくなった後の世界で直面するであろう苦難と向き合って生きてほしいと励まし、息子の面倒を見てやってほしいとも書き残している。新穂は自らの処刑は復讐であるとした上で、自身の無力さを許してほしいと哀訴した。そして日本人として堂々と死ぬと妻に約束した。新穂が日本を離れた直後に生まれた息子への手紙は短いものだった。翌朝、銃殺刑執行隊の前に立つことを伝えた手紙には、息子の顔を見ることなく死ぬことをどれほど残念に思うかが書かれていた。国に命を捧げられることを誇りに思い、新穂は息子に向けて言葉を残した。「国への犠牲的精神があるところに、いつも父がいる。さらばだ、息子よ」*3。

日本では中野学校要員が米軍航空要員処刑の罪で逮捕されていた。一九四六年九月二六日の朝、鹿児島県警察は米占領軍部隊に代わって射手園《いてぞの》達夫少佐を逮捕した。射手園は中野学校の遊撃要員を率いて、前年の八月一一日に九州の油山で米国人航空要員八人を惨殺した。射手園が逮捕されてから八か月ほど経ったころ、警察は油山で捕虜に空手の打撃を放った影の戦士の一人である山本福一少尉も逮捕した。一九四八年に行われた裁判では厳しい判決が下され、山本は巣鴨プリズンで三〇年の重労働を言い渡された*4。

油山事件で投獄された者の中には、後に巣鴨から出所し占領軍側と交友を深めた男がいた。油山で血まみれになったあの日、剣を振りかざした剣道の達人である楢崎《ならざき》正彦は一九五八年まで収監された。戦犯で収監された最後の受刑者であった。剣道への熱意を取り戻した楢崎は剣道の世界で花を咲かせた。彼は全国大会で二度優勝を収め、全日本剣道連盟の役員を務め、埼玉県の連盟会長も務めた。また芸術を専攻する外国人留学生達と出会い剣道を指導した。一九九九年九月に楢崎が亡くなると、ベルギー人の弟子達も深く嘆き悲しんだ。全ベルギー剣道連盟が発行した記事には楢崎を、温かい笑顔と日本酒を愛する魅力ある師範として記憶に留めるだろうと書かれている*5。

アジアのＯＢ達

一九九四年九月一八日、東京北西部の蓮光寺に一〇〇人近くが集まり、スバス・チャンドラ・ボースの五〇回目の法要が行われた。一回目の法要とはかなり雰囲気が変わっていた。一九四五年に日本の軍人達がボースの遺灰をこの小さな寺に持ち込んだ時、全ては秘密裏に行われた。日本が軍事占領下にあったため公の葬儀はできなかったのだ。しかし占領が終わり日本が主権を取り戻すと、この寺は日本とインドの友好の証となった。二階建ての近代的な作りだが、観光客で賑わう京都の寺院にあるような古典美術品はなく、訪問客が来ることもほとんどない場所だ。しかし一九五七年、インドのジャワハルラール・ネルー首相が東京を訪れた際にここを表敬訪問している。その翌年にはラージェーンドラ・プラサード大統領が訪問し、一九六九年にはインディラ・ガンディー首相もこの寺を訪れている。寺の大広間には、花と線香で飾られた金色の装飾品の中にボースの肖像画が飾られている。この祭壇の前で、インド人と日本人が祈りを捧げている。

本堂の建物の横には、制服姿のボースのブロンズ像が立っている。この像は、ボース没後四五年目の一九九〇年八月に建てられた。像の後ろには、「スバス・チャンドラ・ボース・アカデミー」と書かれた刻印がある。そこに刻まれた人物の名前が全てを物語っている。帝国陸軍のインド作戦を指揮した三人の将校、藤原岩市《ふじわらいわいち》、岩畔豪雄《いわくろひでお》、磯田三郎の名が刻まれており、岩畔機関要員だった国会議員の高岡大輔の名前もある。また中野学校の出身者、藤井千賀郎《ちかお》、桑原嶽《たけし》、山崎武彦の三人の名前が確認できる。

中野学校のＯＢ達は、かつて活動していた国々との関係を続けた。ビルマはその一例である。独立を果たしたビルマの初代防衛大臣であったアウン・サンは、戦前鈴木敬司《けいじ》大佐が指揮する南機関の三〇人の同志の一人として訓練を受けていた。独立後まもなく、アウン・サンは政治的ライバルにより銃撃され命を落とした。日本の影の戦士達は大切な同志を失ったが、数年のうちに三〇人の同志の中の一人が権力を握るようになった。ビルマの上級軍事将校ネ・ウィンが一九五八年から二年間政権を確保した後、一九六二年のクーデターで実権を握った。一九六六年、ネ・ウィンが国賓として来日した際、日本政府はレッドカーペットを敷いて歓迎した。佐藤栄作首相は、鈴木敬司大佐と南機関で大佐の右腕であった川島威伸《たけのぶ》大尉を政府主催の招宴に招待した*6。

南機関の要員の中には、ビルマ時代の経験が戦後の人生を決定付けた者もいる。一九五二年には日本が主権を取り戻し、日本人の海外渡航が可能となった。鈴木敬司は日本の使節として米の買い付けのためにビルマに飛んだ。また一九六六年一二月に、鈴木はネ・ウィンの招待でビルマを訪れた。一九六七年九月に亡くなる前、鈴木は佐藤首相と面会し、間近に迫った佐藤のラングーン訪問について助言した。ネ・ウィンは一九八一年二月に鈴木の未亡人をビルマに招待し、彼女の夫に死後の勲章を授与することでその功績を称えた。ネ・ウィンがその年の一一月に東京を再び訪問した際、彼は大佐の未亡人を呼び出し、南機関の軌跡について書かれた英語の本を贈った*7。

この史実を書き残したのは、中野学校出身者の泉谷達郎《いずみやたつろう》だった。彼はかつて中国の海南島でネ・ウィンら三〇人の同志を訓練していた。泉谷も鈴木と同様、戦後もずっとビルマとの関係を保っていた。一九九五年三月二七日、ビルマ軍創設五〇周年記念式典にビルマ政府から招待され、南機関要員の一人として参加した。閲兵式に参加する兵士がよく見える位置に立った泉谷は、強い誇りと懐かしさを感じたに違いない。一九九五年九月一九日夜、南機関の生き残り要員達が最後の集いを開いた。東京と名古屋の中間に位置する緑と水のオアシスである浜名湖周辺でOB達は再会した。泉谷もその中におり、駐日ビルマ大使も出席していた。木々の間には、鈴木が戦争前夜に連れてきたアウン・サンに捧げた石碑が立っている*8。

戦争には負けた日本だったが、中野学校OB達は自分達の活躍を陰ながら誇らしげに振り返っていた。柳川宗茂《やながわもとしげ》は彼自身の活動に誇りを持って振り返った。彼の活動地域は旧オランダ領東インド諸島であった。侵攻直後のバンドンで彼の「子供たち」ともいえるインドネシア人の若者六人に情報活動訓練を施し、活動を開始した。その後、柳川が構想した現地版中野学校設立のために、ジャカルタ郊外タンゲランで五〇人の若者を募集した。終戦間際に設立されたインドネシアの防衛部隊であるＰＥＴＡと合わせて、その数は数千人規模となった。柳川が募集し、訓練した多くの者達は、後に旧植民地再征服のために送り込まれてきたオランダ兵と戦うことになった。柳川はインドネシアの独立について次のように回想した。「最後に、あの戦争は無駄ではなかったと言いたい。我々は戦争の目的であった民族解放を達成したからだ」。

柳川は戦後もインドネシアに残り、彼の「子供たち」が成長していくのを見守った。全部で八五人の若者達がタンゲランで訓練を受け、そのほとんどがＰＥＴＡに加わった。ＰＥＴＡからはインドネシア軍の指導者が輩出された。タンゲランの訓練所に加わった一六歳の青年ズルキフリ・ルビスは、インドネシア陸軍の大佐、参謀次長となったが、一九五〇年代後半、失敗に終わったクーデターの主犯格として逮捕された。ケマル・イドリス少将もタンゲランを卒業している。ケマル・イドリスは仲間の左派系将校と共に一九六五年九月にクーデターを主導し、その二年後にインドネシアの指導者スカルノを政権から引きずり下ろした。それから三〇年後、インドネシアはスハルト大統領の辞任に伴いイスラム系政党が勢いを増す状況にあった。バリサン・ナショナル（国民戦線党）の議長となったイドリスは、これに対抗するため、スハルトの独裁政治に反対する退役上級将校の活動グループ（後にPetisi50/thd Petisi 50または「請願50」として知られる）と共に、スカルノの娘であるメガワティ・スカルノプトリ率いる闘争民主党を支持した。ボゴールにあるＰＥＴＡ第二訓練部隊からは、三〇年に渡りインドネシアを支配したスハルトが出世していった＊9。

満州人の繋がり

馬場嘉光《よしみつ》大尉は、終戦時に満州国にいた中野学校要員の中でも特段恵まれた一人であった。馬場はまず情報将校としての容疑で降伏直後の八月二一日から尋問を受けた。ソ連第二五軍が司令部を間島から平壌に移した際、馬場もそこへ移送され、九月下旬から一一月にかけて拘束されていた。その後、ソビエトの収容所に入れられ、三年後の裁判まで繰り返し尋問を受けた。一九四八年一一月、彼はヴォルガ軍管区の軍事法廷に立った。馬場の他に、かつての上官で間島特務機関長の遠藤三郎大佐、平壌特務機関長の武部松雄大佐、その他数人の日本人情報将校がいたが、対ソビエト情報活動を行ったとして全員が有罪となり実刑判決を受けた＊10。

厳しい寒さと乏しい配食で生きながらえた一般の捕虜達は、一九四〇年代後半に日本に復員したが、関東軍の影の戦士達は一九五六年まで捕虜の扱いを受け続けた。日本とソ連の外交再開交渉を経て、最後に残った捕虜達が一二月下旬に甲南丸でシベリアから出港した。この船に乗った約五〇人の復員者は中野学校要員であり、その中に馬場もいた＊11。満州国で活躍した影の戦士達と同様に、馬場は情報や大陸情勢に精通した「ＯＢ達」の助けを借りてその後の人生を立て直した。彼は、かつて関東軍情報部長であった土居《どい》明夫中将の下で勤務していたこともあった。土居は一九五〇年に大陸問題研究所というシンクタンクを設立し、ソ連と中国共産党に対する日本の政策立案に貢献した。土居の研究所は、目立たないものの一定の影響力を持っており、真珠湾攻撃時に駐ワシントン大使を務め、戦後の米国や海軍界に影響力を持っていた野村吉三郎《きちさぶろう》提督らにも支援されていた。

一九六五年、馬場は国会議員の千葉三郎の招請を受け、アジア国会議員連合（ＡＰＵ）の日本事務局長に就任し、一九七九年に千葉が亡くなるまでその下で働いていた。道徳再武装（ＭＲＡ）を唱える反共主義者やアジア民族反共連盟（ＡＰＡＣＬ）に感銘を受けた千葉は、日本の保守系議員とアジア圏の議員の交流の場としてアジア国会議員連合設立を決めたのであった。一九六四年、千葉は与党自由民主党の保守系議員の支持を受けアジア国会議員連合を発足させた。この保守系議員の中には、東條英機、岸信介《のぶすけ》、賀《か》屋興宣《やおきのり》、星野直樹などのかつての「満州派」に繋がる人物もいた。彼らと東條の繋がりは、満州国で関東軍参謀長を務めていた頃にできたものだった。岸は満州国の産業政策の立案者であった。賀屋は北支那開発株式会社の社長を務めていた。星野は満州国の傀儡政府の要職に就いていた。後に、全員が東條の戦時政府に加わっている。一九五七年から一九六〇年にかけて首相を務めた岸信介は、アジア国会議員連合の団長に就任し、千葉が副団長の職に就いた。

　アジア国会議員連合の常任理事として、馬場はアジアを代表する多くの反共産主義者と結びつきを深めた。アジア国会議員連合のメンバーで最も馬場の印象に残ったのは、日本の帝国陸軍士官学校を卒業した韓国の朴正煕《パク・チョンヒ》大統領と丁一権《チョン・イルグォン》首相、中華民国の蔣介石総統、そして東南アジアの指導者達であった。韓国との繋がりは特に深まっていった。馬場は国防委員会委員長を務めた閔丙権《ミン・ピョングォン》元中将や与党の有力議員であった張承台《チャン・ソンテ》と親密な関係を築いていた。馬場の東南アジアでの親しい仲間に元駐日フィリピン大使のホセ・ラウレル三世がいた。ラウレルの父は日本統治時代にフィリピン大統領を務めていた。ラウレルは有末《ありすえ》精三《せいぞう》中将の伝手で日本の陸軍士官学校に入学していた。日本語が堪能だったラウレルは、戦後のフィリピンと日本の関係において重要な役割を果たしていた＊12。

　一九七五年、馬場は日韓議員連盟の常任理事に就任し、韓国人との人脈を強化した。日韓議員連盟はその四年前に自由民主党の宇野宗佑《そうすけ》が設立していた。朝鮮で生まれ育った宇野は友好関係を育むには最適な人物だった。馬場とは異なり、宇野は情報任務とは関係のない一般の徴集兵だった。彼はソ連から復員した第一陣の一人だった。一九四七年一〇月にナホトカから出港した信洋丸に乗った宇野は翌年、ソビエトでの抑留について綴った『ダモイ・トウキョウ』を出版した。宇野が滋賀県の地方議員となった一九五二年には彼の著書の映画版『私はシベリヤの捕虜だった』が東宝の配給で公開された。馬場も半島出身で、宇野とは抑留など過酷な体験も含めて共有できるところが多かった。日韓議員連盟の韓国側の議長を務めたのは、朴《パク》大統領の「姻戚関係」にあった甥で元首相の金鍾泌《キム・ジョンピル》だった。馬場は連盟の影響力のある元韓国陸軍大佐の李秉禧《イ・ピョンヒ》と親密な関係を構築した＊13。

一九七六年、日韓親善協会が発足した。会長を務めたのは、一九六五年に韓国との基本条約を締結した元外務大臣椎名悦三郎《しいなえつさぶろう》だった。一九四九年、マッカーサーの司令部は日本に代わって韓国との通商協定に調印し、それが貿易や領事関係の構築へと繋がった。しかし、植民地時代の負の遺産のため一九六五年まで正式な国交はなかった。椎名は満州国で岸信介の下で働き、東條英機の戦時政府でも活躍した古手でもあった。二国間関係の発展に尽力し続けた馬場は福田赳夫《たけお》首相とも接触していた。福田は元大蔵省職員で、帝国陸軍との関係が深かったことで知られている。馬場は確かに遠回りをしてきた。朝鮮で生まれ、中野学校を卒業し、満州国での隠密工作という影の世界で大変な苦労をした。ソ連で何年も抑留され、その後、岸や他の「満州人」とともに生まれ故郷の半島で戦後日本の利益のために尽くしたのだ*14。

政界の中野退役軍人

馬場が与党議員の支援をしている一方、他の中野OB達は戦後政治の第一線で活躍した。中野学校でプロパガンダの講義を担当していた松村秀逸《しゅういつ》少将は国会議員に当選した。この松村を筆頭に数多くの退役将校らが第二のキャリアで地方政治家となった。岐阜市長選では、中野学校で講師を務めた退役情報将校の尾関正爾《おぜきまさじ》中佐が当選した。

一九六三年、木村武千代《たけちよ》は地元の香川から与党自民党から衆議院議員に当選した。木村は内務省警視庁出身で、中野学校初期の卒業生であった木村は、真珠湾攻撃以前は在メキシコ日本大使館の武官として活動していた。戦時中は、外交要員交代に伴う帰国後、参謀本部第二部第六課で勤務した。国会議員に初当選すると、木村は自民党内でも戦時中は海軍将校だった中曽根康弘の派閥（中曽根派）に付き、日本の戦略政策に関する公開討論会の場として国際政経研究会を立ち上げた。この会には、木村の中野学校同期生で、第二部第六課で共に勤務した平館《たいらだて》勝治がいた。

国会議員に当選したもう一人の影の戦士は石橋一弥《かずや》である。中野学校二俣分校で遊撃戦の訓練を受けた石橋は一九四五年七月に卒業した第三期生の一員だった。占領期間の一九四七年に、彼は二五歳という若さで町議選に当選し、地元の千葉県で地方政界入りを果たした。一九七六年、石橋は千葉三郎の後継者として国会議員に当選し、この選挙後に首相となった福田赳夫の派閥に入った。

小野田少尉の捜索

一九七四年三月一〇日、東南アジアに大日本帝国の影の戦士の一人が現れた。夕刻、ジャングルの開拓地に、小野田寛郎《おのだひろお》少尉が三〇年近く前の終戦時に上官だった谷口義美《よしみ》少佐の前に突如として姿を現した。小銃を握り、荷物が入ったナップサックを手に、小野田が気をつけの姿勢を取る中、山下奉文大将の第一四軍の元防諜部長は任務解除の命令を読み上げた。谷口はかつての部下に「休め」の号令をかけ、小野田にナップサックを下ろさせ、小銃と弾薬を回収し、恩賜のたばこを差し出した。小野田と最初に遭遇し、谷口を案内した若き冒険家の鈴木紀夫が撮影の現場に立ち会った。

その夜、小野田は三〇年間の任務について延々と語った。彼は、一九四五年にマニラに出撃した米侵攻艦隊について第一四軍司令部に通報したことを誇らしげに話していた。翌朝、小野田は谷口に情報ブリーフィングを行い、かつての上官にルバング島の地形と「敵」部隊の配置を報告し、機関銃の効果的な配置網を提案した。彼は島の米軍レーダー施設を破壊する計画の概要さえ説明して見せた*15。

翌日、小野田はヘリコプターでルバングからマニラに飛んだ。制服に身を包んだ小野田は、マラカニアン宮殿にフェルディナンド・マルコス大統領を表敬訪問した。小野田は軍刀を差し出したが、大統領はこれを受け取らなかった。その後、小野田はルバング島での三〇年間の戦争で犯した罪に対して恩赦を受け取った。記者やカメラマンの群衆を前にマルコス大統領と小野田は抱擁を交わした。日本政府は小野田に対して、入隊からの三一年という従軍期間に応じた恩給の支給を発表した。しかし、一九四五年には帝国陸軍が解体されていたのでジャングルでの三〇年分は支給されなかった。生きて国に帰ることができただけで十分だと考えた小野田は、兵役に対する補償を求めなかった*16。

小野田の「投降」というよりも任務解除は、特務の終了を意味していた。一九四五年初頭の米軍部隊のルバング制圧から九月の日本降伏までの数か月間に、島で生き残った日本兵は投降し武器を置いたのだった。一九四六年には、ルバング島にいた四〇人ほどの日本兵が投降した。しかしその年の終わりになっても、依然として約五〇〇人の日本兵がフィリピンに残存していた。当時小野田には赤津勇一、島田庄一、小塚金七の三人の部下がいた。一九五一年のある日、赤津は小野田の部隊を離れ投降した。一九五四年、島田はフィリピンの部隊との銃撃戦で死亡した。そして一九七二年には別の銃撃戦で小塚を失った*17。

この頃になると小野田は伝説の存在となっていた。一九四六年九月、二俣分校の復員者が谷口少佐に、同期生の小野田がまだルバング島で任務を継続していることを報告した。一九五一年の赤津の投降、一九五四年の島田の死、一九五八年の小野田の村人襲撃事件のニュース、どれもが影の戦士の生存を裏付けていた。占領下では小野田の捜索は不可能であったが、陸軍省、海軍省の業務を引き継ぎ、退役軍人関係の案件を担当する厚生労働省が一九五九年五月に島の実態調査を行った。しかし小野田の痕跡は発見できなかった。厚生労働省はその年一一月に小野田の死亡通知を出した*18。

フィリピン人の感情に配慮して、厚生労働省は一九五九年の捜索には小野田の兄の敏郎《としお》も加えていたが、中野学校の退役軍人らは捜索には加えなかった。しかし、小野田がいた二俣分校の退役軍人は彼を帰国させる動きに参加するようになった。その先頭に立っていたのが、戦争末期の九州で遊撃戦の訓練を行っていた末次一郎少尉だった。一九五二年のフィリピン訪問の際、末次は小野田の生存を示唆する情報を耳にした。末次は一九五九年の厚生労働省主導の捜索からは外されていたが、日本でアドバイザーとして活動していた。小塚の死後の一九七二年一〇月の厚生労働省の捜索には、二俣分校の代表として末次も参加した。翌年も、末次らは厚生労働省と協力して小野田を捜索した*19。

一九七三年二月に冒険家の鈴木紀夫が小野田と遭遇し、日本の関係者に連絡した。その翌年に実現した、日本の「最後の軍人」の劇的な任務解除と帰還を手配したのは末次であった。小野田は三月一二日に日本のチャーター旅客機で羽田空港へ向かった。そこで彼を待っていたのは、年老いた両親、旗振る手に感動を込めた群衆、多くの記者達、そして彼を熱烈に歓迎した自民党の政治家であった。経過観察のための短い入院生活を経て、小野田は厚生労働省主催の行事に参加した。彼の旅程には、靖国神社参拝と田中角栄首相への表敬訪問が含まれていた。しかし戦没した島田と小塚の墓参りをする時間がなかったため小野田が不満を言うと、末次が間に入って墓参りを実現させた*20。

帰国後の数週間、小野田はメディアの脚光を浴びた。世界中の新聞の一面が小柄な軍人の写真と彼に関する記事で飾られた。日本では著名人として一大旋風が巻き起こり、各メディアが彼の動向を何週間にも渡って報じた。実際、終戦後時間が経ってから日本へ戻ってきた日本兵はいた。二俣分校の小野田の同期生山本繁一少尉は、自らが指揮したミンドロ島のサンホセ飛行場攻撃の際、米軍部隊に散り散りにされて以来ずっと潜んでいたジャングルから一九五六年に出てきた。しかし、終戦後数年を過ぎると、時間の経過とともに兵士の投降は途絶えていった。一九七二年一月、米国領グアムに横井庄一軍曹が現れた際、日本のメディアは彼に高い関心を示した。しかし横井は影の戦士ではなく、生存のためにジャングルへ逃げ込んだ下士官に過ぎなかった。

小野田の姿は、より英雄的で、痩せこけた姿、強烈な眼差し、そしてあご髭といういで立ちが、まるでタイムマシンで現代の日本に来た侍のような空気感を醸し出していた。何万通もの手紙が彼に届けられた。その多くは、経済成長と私利私欲を追求するために戦後の日本社会が捨てたであろう国への忠誠心と義理人情を重んじる小野田を称えるものだった。ある母娘からは、「ああ、ルバング！」という自作の歌まで送られてきたという。小野田現象に対する海外の反応は、驚きと否定の入り混じったものだった。ニクソて言及した。サファイアは、「小野田は帰還して経済的な繁栄の喜ばしい知らせを受け取った唯一の日本の退役軍人」と述べ、日本が米国の繊維市場やその他の産業分野でシェアを拡大していることへの不満を明らかにした。さらに、「彼は日本が第二次世界大戦に勝利したことを生きて知ることができた」と皮肉った。香港に拠点を置くファー・イースタン・エコノミック・レビューは、三〇年間の戦争でフィリピンの民間人を、「おそらく」だが「三〇人以上」殺害し、彼らの財産を盗んだ男を「英雄として考えなしに歓迎している」と痛烈に書いた。また、同誌では、平和主義であるはずの戦後の日本が「侍の掟の示威行動」として小野田を崇拝していることを問題視した*21。

小野田は帰国するなり人気者となり、一部の日本人は国会議員選挙に立候補するよう彼に勧めたという。しかし小野田は、日本の「最後の軍人」として脚光を浴びることについて良くは思っていなかった。また、円高を追求する日本では、伝統的な愛国心や古い美徳というものが萎縮していることを問題視していた。著名人となった小野田であれば、おそらく国会の議席を確保できたであろうし、間違いなく企業で名誉職に就くこともできただろう。しかし、真っ当な仕事を見つけることも、安心して街を歩くことさえも出来なかった。その代わりに、彼は別のジャングルで暮らすことにした。次兄の格郎《ただお》を頼って一九七五年四月、小野田はブラジルに向けて日本を発った。ボリビアとパラグアイの国境付近の内陸部の五一四ヘクタールの原野に定住し、小野田は二五〇頭の畜牛を飼育し始めた。この地域には、国際協力機構(JICA)の援助で土地を取得した約三〇世帯の日本人が畜牛や鶏を飼育していた*22。

一九七六年、小野田は末次一郎から紹介された女性と結婚した。小野田と妻町枝《まちえ》は懸命に働き、一〇年後には小野田の牧場は二倍の一一二八ヘクタールにまで拡大し、飼育する畜牛も一七〇〇頭になった。また、彼は日本人コミュニティのリーダー的役割も担った。一九七八年に結成された日本人会の会長に満場一致で選出された。正月には近所の人達と一緒に「君が代」を歌い、酒を酌み交わして祝った。また、コミュニティ内の日系ブラジル人の子供達のために野球チームを作り、日本の伝統を守ろうとした*23。

日系ブラジル人コミュニティが発行する日本語新聞を読んでいた小野田は一九八〇年のある日、日本の一〇代の若者が両親を殺害したという衝撃的な事件を目にした。この出来事は、戦後日本の繁栄の中で若者が「漂流」していることを例示したもので、小野田の心に重くのしかかった。小野田は日本で自然塾を開こうと決心した。ルバングでの経験を活かし、小野田は一九八四年七月に富士山の麓に「小野田自然塾」を開設した。毎年、自然塾のためにブラジルから戻り、そこで若者に陸上航法、地形や星、森の植物について話し、ナイフの扱い方、魚の捕り方、テントの張り方、応急処置などを教えた。また、こうした自然塾を運営するカウンセラーの育成も行った。カウンセラーと参加者達は、ここで学んだことをサバイバルゲームに応用し、土地で採れたものを食べて生活した。自身は子供には恵まれなかったが、自然塾に参加した何千人もの子供達を自身の子と呼んだ。子供達はその代わりに小野田のことを「ジャングルおじさん」と呼んだ。小野田はここで日本のための新たな使命を背負っているようだった。

捕虜そして領土の奪還

一九九七年一〇月、日本とロシアの有力者がサハリン（樺太）で地域問題協議のために会合を開いた。樺太が日本領だった頃は豊原と呼ばれた中心都市ユジノサハリンスクでの会合で日本からの参加者を率いていたのは椎名素夫《しいなもとお》と末次一郎だった。椎名素夫は椎名悦三郎元外務大臣の息子であり、自民党の有力国際派議員として活躍していた*24。

敗戦後、末次は日本が犯した過ちを正すために弛《たゆ》まず働き続けた。日本の敗北と占領に気も狂わんばかりとなった末次は、一時は自決を覚悟しその年の九月には両親に宛てて最期の手紙を書くほどだった。一九四六年一月、終戦時の油山米軍捕虜処刑事件との関連で米軍憲兵が彼を近々逮捕に向かうという情報を得た末次は九州の自宅から逃亡した。末次が指揮していた中野学校卒業生数人が油山の事件に関与していたが、末次自身はその日は別の場所にいたようだ。

日本の最北端の北海道に逃げた末次はそこで冬を過ごした。追跡のほとぼりが冷めたと確信した五月終わり、末次は「宮崎一郎」として偽造身分証を携え北海道から東京に戻ってきた。

末次は東京で、同年三月に満州から復員した建国大学の日本人学生達が中心となり設立した健青クラブに加わった。玉音放送から四年目の一九四九年八月一五日、このクラブは日本健青会と改名し、末次が中心的役割を担った。占領当局を相手に、収監されている戦犯の即時解放と、米国、ソ連の占領下にある領土の返還運動を展開した。日本健青会の活動は占領当局の注意を引き、一九五一年にはＧＨＱの特別捜査局による捜査が行われた。捜査報告書には「副会長宮崎一郎」と記されていたが、捜査員らはそれが逃亡中の末次だとは気づかなかったようだ。

日本健青会は、しばらくすると五〇〇〇人ほどの規模となり、左翼団体に対抗する存在となっていた。毎年、左翼の集会が行われるメーデーの日は、日本健青会は警察の補助部隊として皇居を護るために集まっていた。皇居は一九四六年五月一日の大規模デモで標的となり、その光景は日本当局を震撼させた。末次の戦犯収監者に対する取り組みは、岸信介などの日本人指導者らとの結びつきのきっかけとなった。

末次が初めて国際舞台に足を踏み入れたのは一九五二年、マニラで開催された国際赤十字総会だった。木村篤太郎《とくたろう》法務大臣の命で総会に参加した末次は、ソ連と中国に収監されている日本人戦時捕虜の返還を訴えた。その後、末次の通訳の外務省職員広田洋二と共に米国へ向かい、米国に戦犯として収監されている日本人の釈放を求めた。この時、末次はワシントンの米政府関係者や日系米国人活動家のマイク正岡ら戦後の日米関係発展のために重要な人物を回った。

一九五二年のサンフランシスコ講和条約によって日本の主権が回復し、戦犯として巣鴨プリズンに収監されていた日本人は全員が釈放された。油山事件で三〇年の実刑判決を受けていた影の戦士の山本福一は、占領下でも夜な夜な巣鴨を抜け出し、日本健青会本部でかつての同志である末次と面会していた。しかし、山本らは正式に釈放された後の米国の過剰な反発を避けるため、「快適」に過ごせる牢に留まっていた。一九五六年三月三一日、山本は仮釈放で正式にプリズンを出所した。一九五八年五月三〇日、最後の一八人の収監者らが巣鴨プリズンを出所し自由の身となった。全員が米国人殺傷に関連した事件で収監されていた。収監者釈放への尽力を認められた末次は、最後の釈放式に招待された。戦犯で有罪となった日本人四〇〇〇人のうち一〇〇〇人近くが処刑され、多くの人が収監されたことに憤慨していた末次は、戦勝者の正義の犠牲になった者がいなくなった巣鴨を見て、ある種の満足感を覚えていた。一九七七年、石川県の護国神社で開かれた二俣分校第一期生の会である俣一会の第六回総会の弔辞で、末次は「屈辱的な敗戦」、戦犯としての日本人の逮捕、そして、「祖国の生まれ変わりと再興」のための「険しい道のり」について語った*25。

巣鴨での式典から間もなくして、末次は米平和部隊（Peace Corp）の日本版の設立に尽力した。一九六一年八月、自民党は、日本の若者達を海外に派遣する前に、当時の自民党青年局長竹下登と部長宇野宗佑を事前視察のためにアジアへ派遣し、援助事業の情報収集を行った。自民党を支援していた末次の日本健青会は、多くの青年代表団をアジアに派遣し、彼らのカウンターパートの意見を求めた。一九六三年、国際交流や青年問題、農業などの関係機関からの代表団に末次の会も加わり自民党に助言した。そして一九六五年、青年海外協力隊が発足した。当初、アジアに注力していた青年海外協力隊は、旧ワルシャワ条約に加盟していたヨーロッパ諸国を含む発展途上国にも活動を拡大していった*26。

また、末次は第二次世界大戦で失われた領土奪還の運動にも休むことなく力を注いだ。彼の最初の目標は日本最南端の沖縄県だった。ここは日米両軍の間で戦時中最も血なまぐさい戦闘が繰り広げられた地でもあった。沖縄返還は決して容易なことではなかった。本州とは対照的に、米軍は琉球列島を直接統治していた。米国の陸軍、海軍、空軍、そして海兵隊は、沖縄という小さな島をアジア全域、さらにはペルシャ湾に至るまでの軍事、情報活動の拠点基地にしていた。中国の南海沖に位置する沖縄の戦略的価値が最高に高まったのは、一九四九年に中国共産党が国民党を本土から追放し、北京で赤旗を掲げた時だった。地元での抗議により、北ベトナム空爆出撃の進出地点としての利用は制限されたが、沖縄は兵站基地としてベトナム戦争中も重要な役割を果たした。また密かに沖縄は核の貯蔵庫としても機能していた*27。

こうした状況であっても、末次は沖縄返還を支援しようと決心した。一九五五年一一月、日本健青会は沖縄返還を推進する会議を構成する約八〇の組織の一つとなっていた。末次のグループは、サンフランシスコ講和条約締結の際に沖縄の占領に反対してハンストを行ったり、沖縄県民との青年交流事業や沖縄の学校へ日本の国旗を贈ったりして注目を集めていた。末次は、沖縄問題を日本の指導者や政府関係者、世間一般の目の前に提示し続けた。彼らはまた、沖縄を本土から切り離し、沖縄独自のアイデンティティを形成しようとする米国の思惑や取り組みにも対抗した。米陸軍の対敵諜報部隊や米政府関係者は、沖縄県民に彼らが日本人とは異なる存在であることを訴えるプロパガンダを製作、放送していた*28。

改訂された二国間の安全保障条約に対する一九六〇年の左翼の抗議に続いて、野党は、この条約は米国のソ連封じ込め政策に日本が巻き込まれるとして反対していた。末次のグループは、意見の相違を理由に沖縄返還の会議を離脱した。末次は米国への特段の思い入れがあるナショナリストではなかったが、何よりも現実主義者であり続けた。日本の左翼がこの問題を米国や自民党、そして二国間軍事同盟を攻撃するための口実にしているとして、末次は批判的であった。沖縄の基地はベトナム戦争遂行や将来のアジア圏での有事に対して、米軍にとって極めて重要な位置を占めており、沖縄返還の鍵はそこにあると末次は考えていた。つまり、米軍のプレゼンスを沖縄にも継続させることが米国政治の介在を担保すると分かっていた*29。

一九六二年に中曽根康弘議員がロバート・F・ケネディ司法長官を日本に招待した際、末次はケネディと会う予定の各人に沖縄返還を提起するように先回りして根回しした。末次は中曽根とは戦後間もない頃の国土防衛研究会のメンバーだった頃からの付き合いだった。また、末次は当時の竹下登官房長官と裏で協力し、佐藤栄作首相の沖縄訪問を計画した。これは戦後初めての現職総理による訪問であり、日本の潜在的主権を主張する上でも重要であった。一九六七年、末次は国土防衛研究会の支援を受けた代表団の一員としてワシントンへ飛び、沖縄返還を主張した。また沖縄基地問題研究会を介して、学識経験者、退役将校や他の専門家による二国間会議にも参加し、基地問題の正式な解決に向けて道筋をつけた*30。

末次の活動は日本政府の沖縄政策を下支えしていた。米国の軍事占領の現実に直面し、当初は潜在的主権のみを求めていた日本政府は、次第に米国の負担軽減のために沖縄各地への「援助」を拡大しつつ、返還を求め始めた。一九六七年にアレクシス・U・ジョンソン大使が日本に着任する頃には、沖縄問題の解決が「最大の任務」となっていた。一九六七年以降、沖縄への日本の援助金額は米国の拠出金をはるかに上回ることとなった。米国がベトナム戦争遂行のために日本の基地を利用したことで、沖縄や日本各地で反米感情が高まり、沖縄返還はさらに重要な問題となっていた。日本政府はこの国民感情の高まりを利用しようとしていた。結局、リチャード・ニクソン大統領と国家安全保障アドバイザーのヘンリー・キッシンジャーは、一九七二年に佐藤首相と沖縄返還交渉を行った。ニクソンは軍事基地と全体としての同盟関係が事実上維持できると確信し、沖縄返還は佐藤との関係で「最も優れた成果」と考えていた*31。

沖縄返還が実現すると、末次は一九四五年にソ連に奪われた北方領土奪還のため政府支援に力を注いだ。日本は戦争末期のソ連侵攻による領土の喪失を受け入れてはいなかった。日露戦争でモスクワから獲得したサハリン南部の樺太の喪失は、大戦の流れによる結果と考えることができるかもしれないが、千島列島の場合は明確な土地の奪取であるように見える。一八五五年、下田条約により択捉《えとろふ》島と得撫《うるっぷ》島の間で列島が分け隔てられた。一八七五年、日本はサハリン南部の領有権を列島全体の領有権と交換していた。第二次世界大戦終結後の数年間、日本は講和条約締結の条件として、列島南部の国後《くなしり》、択捉、色丹《しこたん》、歯舞《はぼまい》の四島返還を要求した。この毅然とした態度の裏には、末次一郎が絶え間なく日本政府やロシアの指導者達との間で努力を重ねてきたことがあった。

末次は北方領土問題対策協会にも所属していた。一九六一年に北方協会として設立され、一九六九年からは日本政府の特殊法人として活動している。また、末次は安全保障問題研究会の主催者としてこの問題を追った。かつてこの研究会は別の名称で沖縄返還問題について取り組んでいたが、今では返還運動の前線に立っている。末次は、ロシアの専門家として著名な袴田《はかまだ》茂樹博士などと共に研究会で仕事をしていた。日露関係に詳しい米国の学者は、ソ連崩壊の直前、末次を安全保障研究会の主催者として、「ソビエト問題で最も影響力のあるグループ」であると評している。島々の返還に対する情熱から、末次は「ミスター北方領土」と呼ばれるに至った＊32。

末次の影響力の多くは、モスクワでの数十年にわたる経験とロシアの指導者との人脈によるものだった。末次のモスクワとの関係は、一九七三年五月に東京で開催された日露専門家による第一回「アジア平和会議」で最高責任者を務めたことに始まる。一九七七年にモスクワで開催された第四回会議に参加した末次はエフゲニー・プリマコフと出会った。これが最も重要な人脈の繋がりの一つとなった。ソビエトKGBの元長官だったプリマコフは、ロシアのボリス・エリツィン大統領によって外務大臣に任命され、その後、一九九八年に首相に任命されるまで、世界経済国際関係研究所（IMEMO）の所長を務めた。また、ソ連時代末期のミハイル・ゴルバチョフ大統領の主席補佐官であったアレクサンドル・ヤコヴレフとも交流を深めた。末次の二国間における関係性が評価され、一九九五年にソ連は末次に国家友好勲章を授与した。翌年、東京のロシア大使館で行われた式典で、プリマコフ外務大臣から末次と他の三人の日本人に友好勲章が授与された＊33。

末次がこのような影響力のあるロシア人と関係を築くことができたのは、同様に日本の指導者達との関わりがあったからだ。特に中曽根康弘元首相やタカ派の有力者との長年の繋がりがロシアの注目を集めた。退役将官でロシア国民共和党党首のアレクサンドル・レベジは、一九九七年九月の東京訪問の際、末次を高く評価していた。レベジは記者団に対し、中曽根とともに末次に触れて、「公的な地位には就いていないが、大きな権限を持っている人物」と面会することを自慢した。影響力のあるレベジ元中将は、末次を「著名な公人」とも呼んでいた。東京では中曽根の世界平和研究所（ＩＩＰＡ）が主催する講演会にて、レベジは九月一八日にホテルオークラで講演をした。北方領土について言及したレベジは、ロシアにこれらの島々に対する領有権を主張する歴史的根拠はないと断言し、主催者らに返還を実現すべくロシアとのコンセンサスを獲得するのに時間がほしいと要求した＊34。

末次がモスクワの指導者達に影響を与えることができたのは、島々の返還を求める市民運動で中心的な役割を担っていたからである。日本の政治家らを後押ししたのは、島民をはじめとする一般の日本人であった。権力の回廊の外では、末次が日本の北方領土返還運動の根幹となる市民リーダーを育てた。彼は、北方領土の「（事実上の）親善大使」とされた元島民の児玉泰子《たいこ》と親しくしていた。スターリンが千島列島から二万人近くの日本人を追放したときはまだ子供だった児玉だが、今では北方の故郷を取り戻すための草の根運動の先頭に立っている。末次は一九七〇年代から彼女を支援しており、「市民運動を起こす巧みな弁論術（レトリック）」を指導した。国民の圧力と末次の指導も相まって、この問題は世間の注目を大きく浴びることになった。一九八二年以降、日本は二月七日を「北方領土の日」としている。これは一八五五年の日露和親条約で、現在日本が主張している北方の国境を設定した日に由来している＊35。

日露首脳会談以前から末次の影響力は日本の指導者達に浸透していたので、末次は日本政府の政策プロセスに長いこと参画することができた。日本の首相とロシアの大統領の主要会談の前には、末次は事前会議を行うようにしていた。一九九七年一〇月二九日、クラスノヤルスクでのボリス・エリツィン大統領との首脳会談の前、橋本龍太郎首相は外務省高官二人からブリーフィングを受け、その後末次と三〇分以上に渡り会談した。一九九八年四月一八日から一九日にかけて伊豆半島で開催された川奈サミットの際も、末次は再び橋本にブリーフィングを行った。公開されている活動記録から判断すると、末次は一貫して、ロシアが四島を返還するまではロシア極東への援助や貿易関係の拡大には断固として反対するよう助言していた。末次はプライベートやマスコミの前ではしばし強硬な姿勢をとっていた。一九九三年七月八日、エリツィン大統領が「G7＋1」に出席するため訪日し空港に到着した際の演説で、ロシア国内の事情を受けて前回の訪日予定を中止したことを謝罪した。ある日本の外交官によると、末次はロシアの大統領から謝罪を引き出すことに熱心で、多くの日本人外交官もそれには賛同していた。中曽根元首相は実際のところ、エリツィン大統領が到着する数週間前にモスクワへメッセージを伝えていた*36。

つまり、末次は先の沖縄返還運動と同様の計画を用いて、北方領土奪還支援を行っていたのだった。川奈サミットで、橋本は平和条約締結の一環として得撫島と択捉島の間に国境線を引くことを提案した。これにより、ロシアは列島の管理を続ける一方で、国境線の合意は日本の主権を認めることになる。末次の努力の多くは、国内外のオーディエンスに向けたプロパガンダであった。一九九八年二月七日の「北方領土の日」には、東京の九段会館で総務庁主催の集会が開催され、一五〇〇人の聴衆が参加した。橋本首相のテレビ演説に続いて、末次は北方領土を取り戻すための努力について群衆に訴えかけた*37。

島民への援助もまた、別の戦術であった。沖縄では、米国が出し渋っていた島民への資金援助を日本政府が行ったことで米国の支配力を弱体化させることができた。政府関係者は北方領土のロシア人島民への援助を申し出ることにした。このような支援は、サハリンの地方政府や遠く離れたモスクワの政府関係者が島民を支援する手段がないときに行われた。一九九七年に末次が米国人記者に説明したように、「ロシア政府には北方領土の戦略的重要性は低く、いずれにしても、これらの島民を援助する資金が底を突いた状態」ということだった。

日本の貿易、投資、観光が経済的衰退を逆転させることが考えられた一方で、日本は平和条約がない中ではこの三つの選択肢全ての資金投入を抑えた。また、北方の島々やモスクワでは返還に関する世論調査が行われた。ロシア人の島民達は日本国旗の下でうまくやっていけるだろうと考えていた。返還運動の一環として、末次の安全保障研究会の「領土問題の早期解決」を要求する記事が一九九八年四月九日のサハリン新聞に掲載された。袴田博士がこの記事を書き、両国が平和条約に向けて努力をしている間に、日本がこの問題を棚上げしていると考えるのは「誤解」であるとロシア人に説明している。また、袴田はロシア人の島民は返還後も永住権と基本的な福祉的な保護を受けることができるとも書いている*38。

投獄された退役軍人の釈放や米露からの領土返還を求めた末次の運動は、表面的には日本の派手な右翼の騒々しいデモに似ていた。日本で数日過ごせば、天皇への敬愛の標語を掲げ、現存しない帝国軍時代の軍楽を爆音で流している街宣車が街を巡回しているのをよく見かける。日本の犯罪地下組織やヤクザの構成員と広く考えられているこれらの強硬な右翼団体は、一般の支持をほとんど受けていない。ほとんどの日本人は、耳障りな音楽と耳をつんざくような長い演説によって平和が乱される不快な存在だと考えている。末次がそうしたように、彼らはロシアに北方領土の返還を要求する。しかし、街宣車に乗った男達は、本質的な問題の解決というよりも、大義名分を掲げて対立を煽っているだけである。末次はこうした団体とは距離を置いていた。北方領土の「親善大使」の児玉泰子が説明した。「右翼の存在は私たちにとって大きな障害となっている。なぜなら、公の目は私たちを彼らと同じものと誤って受け止めてしまうからだ」。

末次は街宣車に頭を痛めていたのだろう。末次は人格者であり、威張り散らすような人物ではなかった。ナショナリズムの感覚、国を愛する気持ちは、米国でも英国でも例外ではないだろう。米国人は愛国心を声にするほど強い。英国人は国王と国のために熱心な奉仕をしてきた長い歴史を持つ。しかし、日本は第二次世界大戦の敗戦国であった。さらに、戦勝国はその大戦を犯罪行為として描くことに力を注いでいた。敗戦の遺物と東京での戦犯法廷で描かれた風刺画を背負わされた日本人は、愛国心を率直に表現したり、他国への賠償を要求したりすることを控えてきた。末次はこのような情勢に疑問を抱く日本人の先頭に立っていた。大戦の記憶が薄れ、日本人は戦犯法廷を先入観で省みる中で、末次の見解が日本の常識として受け入れられていくようになるだろう。

新生軍へのOBの貢献

中野学校に関係した複数の将校は、戦後に帝国陸軍の後継機関である陸上自衛隊に転身していた。陸軍士官学校と中野学校の卒業生である桑原嶽少佐は、悲惨な結果となったインド侵攻とその後のビルマ防衛の際にインド国民軍第二師団を指揮していた。同じく中野学校卒業生で、戦時中はニューギニアのコマンドー部隊を指揮し、終戦期には泉部隊の要員を訓練していた小俣《こまた》洋三大尉は、陸上自衛隊調査学校の副校長に就任し、陸将補の階級で退官した。

泉部隊にも関与していた中野学校教官の山本舜勝《きよかつ》少佐も陸上自衛隊調査学校の副校長を務めた。大本営で中野学校への連絡将校を務めた広瀬栄一少佐は、戦後GHQに逮捕された後、陸上自衛隊北部方面隊を指揮した。南機関の川島威伸《たけのぶ》大尉は、陸軍士官学校と中野学校の両方を卒業しており、戦後は陸上自衛隊の陸将補にまで登り詰めていた。同じように両校卒業の森沢亀鶴《きかく》大尉は、占領下では米極東空軍司令部で勤務した。森沢は、大陸問題研究所、ジャパンタイムズを経て、一九五四年から一九七〇年まで自衛隊で勤務した。彼の主な著書には、英日軍事用語の対訳辞典がある*39。

中野学校で教鞭を執り、シンガポール作戦では英インド陸軍を寝返らせるために自身の機関を指揮し、インド国民軍を創設した情報将校であった藤原岩市中佐は、戦後の日本でも力を発揮し続けた。一九四七年から藤原は、ウィロビー少将の戦史執筆プロジェクトに参加していた服部卓四郎大佐の組織に加わった。一九五五年、藤原は大日本帝国陸軍から陸上自衛隊に加わった最後の四人の将校のうちの一人だった。この四人は、陸軍大学校の卒業生で陸軍参謀職に就いていた者は戦後兵役に就けないという公職追放政策の例外として入隊している＊40。

一九五六年八月、藤原は陸上自衛隊調査学校長に就任した。副校長は山本舜勝であった。中野学校の元講師である藤原は、帝国陸軍が情報を軽視していたことを見抜いており、情報と外国語の徹底した幹部教育に力を注ぐことを決心した。帝国陸軍では、ドイツ語、フランス語、ロシア語そして中国語が将校に教える中核言語であったのに対し、陸上自衛隊調査学校では、英語、ロシア語、中国語、韓国語の教育を行っている。もはや「敵性言語」ではなくなった英語は、米軍学校での教育を控える幹部や米陸軍の将校との連絡任務に就く幹部のための主要言語となった。

また、藤原は戦後の情報訓練に中野学校の遺産を活用することにした。多くの影の戦士達の協力を得て、藤原は調査学校の研究部門に満州国や中国共産党に対する諜報戦、占領地でのプロパガンダ、アジアの多様な民族を巻き込んだ作戦など中野学校のＯＢ達の知識を集約した。その結果、大きな保管庫が資料で溢れた。一九七七年三月の参議院予算委員会で日本共産党の上田耕一郎議員がこれらの資料に言及した質問を行った。陸上自衛隊の情報学校が中野学校の教えに基づいて秘密戦のための幹部育成をしているという疑惑にさらされた学校長は、調査要求に応える前にこれらの資料を破棄したのだった＊41。

一九六〇年に東部方面隊幕僚副長を務め、一九六二年に第一二師団長を務めた後、藤原は陸将補で陸上自衛隊を退官し、以後は東南アジアを足場に活動した。これはある意味、戦時中に大成功を収めたインド作戦への回帰であった。陸上自衛隊に入隊する直前の一九五四年、藤原はバンコク、ラングーン、ボンベイを巡り、そこに住む情報退役軍人らを訪ねていた。元部下の一人は、総合商社丸紅のバンコク支社を経営していた。また、別の部下は三菱商事のボンベイ支社長を務めていた。中野学校で訓練を受けた高橋八郎はビルマ政府のアドバイザーとしてラングーンで動いていた。さらに、藤原は外務省管轄下で活動していた外交会にも加わった。

一九六六年秋、サイゴンで藤原の部下だった中野学校卒業生の太郎良《たろうら》定夫から、東京の博物館でスバス

・チャンドラ・ボースの刀を見た人物がいると聞いた。英国が日本の外務省に逃亡中のラース・ビハーリー・ボースの身柄引き渡しを要求する中、彼を保護していた有力な右翼の頭山満《とうやまみつる》からボースは贈り物としてこの刀を受け取っていた。常にプロパガンダニストであり続けた藤原は、この機会を利用して日本とインドの関係を発展させた。岩畔豪雄《いわくろひでお》、インド大使館、インド国民軍の退役軍人、日印協会と協議して下準備をした後、藤原と太郎良は一九六七年三月にカルカッタに飛び、ボースの甥に刀を贈った。刀は式典で大きな反響を呼び、州知事や他の要人が招待される盛大な式典が拓かれ、この刀が広く紹介された。その結果、一二月にはデリーの歴史的な「レッド・フォート（またの名をデリー城）」に送られることとなった。英国統治とインド独立の象徴であり、戦後インド国民軍裁判の会場となった場所に、日印関係の証である刀が展示されると、インディラ・ガンディー首相をはじめ、インド人政治家や政府関係者、多くの要人らがこの刀を見物しに行った＊42。

インテリジェンスに生きたOB達

陸上自衛隊調査学校以外にも、中野学校ＯＢ達はその才能を戦後日本の情報活動に応用していた。日本共産党やソビエト、中国、朝鮮半島の情報要員を相手にしているとされる警察庁や公安調査庁に入庁した者も何人かいる。また、多くの卒業生は警察出身者が集まる民間調査機関などに加わったようで、営利目的での情報活動を続けた。帝国陸軍最後のモスクワ駐在武官で中野学校の講師でもあった矢部忠太大佐は一九四七年、ソビエト専門家として吉田茂首相のために日本共産党とソ連を監視する情報機関を密かに組織していた。彼らが提供した情報は、マッカーサーの情報部長チャールズ・ウィロビー少将との関係強化に貢献したと考えられている＊43。

註

1 伊藤貞利『中野学校の秘密戦―中野は語らず、されど語らねばならぬ 戦後世代への遺言』中央書林、一九八四年、二〇一～二〇三頁。山本福一「戦争裁判を受けて」『俣一戦史―陸軍中野学校二俣分校第一期生の記録』俣一会、一九八一年、五二二頁。

2 毎日新聞特別報道部取材班『沖縄・戦争マラリア事件―南の島の強制疎開』東方出版、一九九四年、一一八～一一九頁。三田和夫『東京 秘密情報シリーズ 迎えにきたジープ』20世紀社、一九五五年、二〇頁。

3 中野校友会『陸軍中野学校』一六八、四九〇、五〇一頁。岩川隆『孤島の土となるとも BC級戦犯裁判』講談社、一九九五年、三八六頁。平川良典『留魂：陸軍中野学校 本土決戦と中野・留魂碑と中野』平川良典、一九九二年、二〇一～二〇三頁。

4 "Post-Action Review in the Case of U.S. vs. Aihara, et 31. Docket No. 288 (Western Army Case)," Record Group 331, National Archives. 山本福一「戦争裁判を受けて」五二一頁。

5 Lavigne, "Narazaki Sensei," p. 2.

6 今井武夫『昭和の謀略（文庫版スパイ戦史シリーズ（6）』二二九頁。蓮光寺のパンフレット。お寺の蓮光寺の計算では、一九四五年の法要が最初の法要となるため、50回目の法要が行われたのは、没後50年目の一九九五年ではなく一九九四年であった。

7 川島威伸『南機関長鈴木敬司大佐の活躍』『歴史と人物』、一九八二年九月、中央公論社、八二一～八三頁。

8 外岡秀俊「中野ＯＢが語る戦争の内実」『ＡＥＲＡ』朝日新聞社、一九九五年一〇月一〇日、二二～二五頁。終戦50周年国民委員会『自由アジアの栄光・インド ミャンマー独立史』共同テレビジョン、一九九五年、映像資料。

9 柳川宗成『陸軍諜報員柳川中尉』サンケイ新聞出版局、一九六七年、二六〇～二六二頁。柳川宗成「ジャワの別班」『臨時増刊週刊読売』一九五六年一二月八日、読売新聞社、一五五頁。John McBeth, "Secular Soldiers," Far Eastern Economic Review, 29 October 1998.

10 馬場嘉光『シベリアから永田町まで―情報将校の戦後史』展転社、一九八七年、七、一二九～一三三頁。

11 中野校友会『陸軍中野学校』一八四頁。

12 馬場嘉光『シベリアから永田町まで―情報将校の戦後史』一五五～一六一頁。有末精三『有末精三回顧録』芙蓉書房、一九八九年、四〇　七頁。

13 馬場嘉光『シベリアから永田町まで―情報将校の戦後史』二〇四～二〇六頁。柚木弘志・沼田大介『宇野宗佑・全人像』行研出版局、一九八八年、九六、一一四～一一五頁。

14 馬場嘉光『シベリアから永田町まで―情報将校の戦後史』二〇四～二一二頁。

15 谷口義美「小野田元少尉ここに、復員す」五～七頁。半藤一利「比島決戦を誤らせたもの」『歴史と人物』座談会、一九八六年八月、中央公論社、一四五～一四六頁。

16 **New York Times, 12 March 1974.** 著者との対談（二〇〇一年七月五日）。

17 谷口義美「小野田元少尉ここに、復員す」五頁。Willoughby, *Reports of General MacArthur*, vol. 1, supplement, p. 169. 高水一「残務　整理の中で」『俣一戦史―陸軍中野学校二俣分校第一期生の記録』五三七～五三八頁。

18 高水一「残務整理の中で」五三七～五三八頁。谷口義美「小野田元少尉ここに、復員す」五頁。

19 末次一郎「ルバング島調査までの沿革」『俣一戦史―陸軍中野学校二俣分校第一期生の記録』、四六一～四六五頁。高水一「残務整理の中で」五三八頁。

20 『東京新聞』一九九五年五月二九日、一頁。

21 寺島冨美子「ああ、ルバング」『俣一戦史―陸軍中野学校二俣分校第一期生の記録』四六〇頁。William Safire, "La Ronde," New York Times, 18 March 1974; and "The Last Dinosaur," Far Eastern Economic Review, 18 March 1974, p. 9; and "A Warning Bell from a Bitter Past," Far Eastern Economic Review, 1 April 1974, p. 29.

22 小野田寛郎『この道』東京新聞、一九九五年六月三日、八日。

23 小野田寛郎『わがブラジル人生』講談社、一九八二年、一五三～一五四頁。小野田寛郎『この道』東京新聞、一九九五年六月七日。平川良典『留魂：陸軍中野学校 本土決戦と中野・留魂碑と中野』二五九頁。

24 『毎日新聞』一九九七年一〇月三〇日。

25 末次一郎『「戦後」への挑戦』歴史図書社、一九八一年、二九～三〇、八八～八九、一五〇～一五四、一八三～一

八五頁。永松浅造『生きている右翼』一ツ橋書店、一九五四年、二六九、二七一頁。山本福一「戦争裁判を受けて」五二一頁。末次一郎「青年運動の歩み『わが戦後の人生』」『俣一戦史—陸軍中野学校二俣分校第一期生の記録』五二七頁。高橋章「末次兄とのめぐりあい」『俣一戦史—陸軍中野学校二俣分校第一期生の記録』五三五頁。末次一郎「慰霊の辞」『俣一戦史—陸軍中野学校二俣分校第一期生の記録』五八〇頁。"Trend of NIHON KENSEI-KAI (Japan Kensei Society) in Tokyo since its formation on August 15, 1949," Record Group 331, National Archives.

26 柚木弘志・沼田大介『宇野宗佑・全人像』一五〇～一五一頁。

27 吉沢南『ベトナム戦争と日本』岩波書店、一九八八年、二四～二七頁。Nicholas Evan Sarantakes, *Keystone: The American Occupation of Okinawa and U.S.-Japanese Relations* (College Station, TX: Texas A&M University Press, 2000), pp. 142-43; and Robert S. Norris, William M. Arkin and William Burr, "How Much Did Japan Know?" The Bulletin of the Atomic Scientists January/February 2000, vol. 56, no. 1, www.bullatomsci.org/issues/issues/2000/jf00/jf00norrisarkin.html.

28 末次一郎「沖縄返還と国民運動　沖縄復帰への道」『国民講座・日本の安全保障』原書房、一九六八年、一九四～一九五頁。Steve Rabson, "Assimilation Policy in Okinawa; Promotion, Resistance, and 'Reconstruction,'" Occasional Paper No. 8 (Cardiff, CA: Japan Policy Research Institute, October 1996), p. 5.

29 末次一郎「沖縄返還と国民運動　沖縄復帰への道」二一一頁。

30 末次一郎「沖縄返還と国民運動　沖縄復帰への道」一九七～一九八頁。末次一郎『「戦後」への挑戦』二〇六、二一〇、二三〇頁。Ivan I. Morris, *Nationalism and the Right Wing in Japan: A Study of Post War Trends* (London: Oxford University Press, 1960), pp. 198, 322-24.

31 U. Alexis Johnson with Jef Olivarius McAllister, *The Right Hand of Power: The Memoirs of an American Diplomat* (Englewood Cliffs, NJ: Prentice-Hall, 1984), p. 465. 外務省外交史料館、外務省外交史料館日本外交史辞典編纂委員会編『日本外交史辞典』一二二頁。Nixon, *Leaders*, p. 122.

32 Gilbert Rozman, *Japan's Response to the Gorbachev Era, 1985-1991: A Rising Superpower Views a*

Declining One (Princeton: Princeton University Press, 1992), pp. 34-35. 『北海道新聞』一九九八年二月一八日。

33 「中曽根首相が動かす秘『仕掛けと』の密命」『週刊現代』一九八六年九月二〇日、講談社、六四頁。「北方領土、シベリア開発が動き出した中でヤコブレフ氏と秘かに会った『総理お庭番』日本健青会会長67歳の素顔」『週刊読売』一九八九年一二月三日、読売新聞社、一七八頁。『読売新聞』一九九六年一一月一六日。

34 IIPS News, vol. 9, no. 1 (Winter 1998), pp. 1-2; and ITAR-Tass, 13 September 1997.

35 Lucille Craft, "A Voice of Reason Campaigns for the Return of the Northern Territories," *Japan Times*, 3 February 2000.

36 『朝日新聞』一九九七年一〇月二九日、一九九八年四月一七日。

37 『北海道新聞』一九九八年二月八日。

38 Washington Post, 31 May 1997. 『北海道新聞』一九九八年四月一〇日。

39 平川良典『留魂：陸軍中野学校 本土決戦と中野・留魂碑と中野』三三頁。有末精三『有末機関長の手記―終戦秘史』芙蓉書房、一九八七年、二三九頁。加藤正夫『陸軍中野学校の全貌』展転社、一九九八年、一二五～一二六頁。

40 藤原岩市『留魂録』振学出版、一九八六年、二八二、二九〇頁。

41 藤原岩市『留魂録』二九一、二九六頁。木下健蔵『消された秘密戦研究所』信濃毎日新聞社、一九九四年、一九九頁。外岡秀俊「中野ＯＢが語る戦争の内実」二八頁。

42 藤原岩市『留魂録』二八九、二九六、三〇四、三七二～三七七頁。

43 有末精三『有末機関長の手記―終戦秘史』二五八頁。

12 受け継がれるもの

切り裂かれたヨーロッパの植民地支配

一九四五年九月二日の朝、戦艦ミズーリの甲板には連合国代表が集まり、日本の降伏を受け入れた。米国代表のチェスター・W・ニミッツ提督に続き、英国のブルース・フレーザー提督、フランスのジャック・ルクレール大将、オランダのコンラート・ヘルフリッヒ中将が降伏文書に署名した。この場面は、英国、フランス、オランダが中断していたアジア地域の支配を再開しようとしていることを示していた。日本は東南アジアからヨーロッパの植民地列強を追い出し彼らに屈辱を与えたが、米国は連合国の反撃を主導して日本を打ち負かしたのだった。調印式に参加した立会人の中には、アジアがヨーロッパの覇権により再び安全になったと結論づけた者もいただろう。第二次世界大戦の二面性がこれほど顕著に現れるところは他になかった。例えば、フランスの解放とドイツを打ち負かすために戦ってきたルクレールは八月一八日、フランスからアジアに向けて飛び立った。今度はインドシナを再び手中に収めるべく遠征部隊を率いることになった。

ヨーロッパの米国同盟国は、彼らの帝国の富を取り戻すことを企図していた。まさしく一九四二年、英国は戦後のある時期にインドの自治を約束していた。しかしその約束はどのような形で守られるのか、詳細は不明確であった。英国はインドの反乱を回避するための方策として、戦時中の低迷期に交わされた約束を守るのだろうか。ビルマ、マレー、シンガポールに関しては、英国は支配を継続するつもりだった。マウントバッテン伯爵の東南アジア司令部（ＳＥＡＣ）では、戦時中のインドで勤務していた米情報将校達は、ＳＥＡＣは「Save England's Asiatic Colonies（英国のアジア植民地を救え）」を真に意味していると辛辣《しんらつ》に形容していた。半年前に日本の収容所に投獄されたインドシナのフランス軍部隊は降伏調印式の月に解放されたが、すぐに外国支配からの解放を目指すベトナム人と衝突した。八月一五日の玉音放送の三日後には、日本の恩恵を受けた指導者達が独立を宣言したインドネシアに、再び島を支配すべくオランダ兵達が戻ってきた*1。

しかし、ヨーロッパの植民地軍と警察部隊は、民族主義運動を鎮圧することが出来なかった。日本は西欧列強を屈服させることで、戦後にアジアの民族主義者達が反乱を起こす力を生んだのだ。インド国民軍将校達のレッドフォート裁判の間、インド人水兵が英国に対して暴動を起こしたとき、英国はインド帝国を維持するためのコストが、英国国民全体が疲弊した戦争のそれ以上であることがわかった。独立は一九四七年、ヒンズー教徒とイスラム教徒の間での論争が起こり、大英帝国の至宝がインドとパキスタンに分割し成立した。

鈴木大佐の南機関の元弟子であったアウン・サンとの武力闘争の恐れに直面した英国は、一九四七年にビルマの独立要求を受け入れ、翌年一月に共和国が誕生した。また英国はマレーでも譲歩し、一九四八年までには英国の監督を受けて連邦化を実現した。

民族主義の台頭に直面した英国ほど鋭敏ではなかったフランスやオランダは、アジアでの支配を維持するために無謀な戦いを繰り広げていた。戦後の九年間のフランスの戦いは、ディエンビエンフーでの敗走とインドシナからの撤退によって幕を下した。インドシナの元総督ジョルジュ・カトルー大将は後に、インドシナのフランス領を、見た目はしっかりしているが、「台風」によって「ほんの数分」で根こそぎ倒されてしまう、とても古い木であると例えていた。一九四〇年にインドシナに進出した帝国陸軍は、一九四五年三月にフランスを権力の座から一掃し、大戦末期には民族主義者を扇動し列強からの独立運動を起こさせることで、フランスのアジア帝国を破壊した。何もなければその先の何十年と支配を強めていたであろう植民地を、戦争は台風のごとく破壊していったのだ*2。

第二次世界大戦終結まで、帝国陸軍はじっくりと時間をかけてアジアの民族主義者を育成し、現地軍を訓練していた。中野学校要員達は、インドからインドネシアにかけての現地軍部隊を訓練、統率していたが、最終的に日本軍は、武器や物資を勝利した連合国ではなくアジアの民族主義者達に計画的に引き渡していた。仮に戦争の行く末が異なり、日本帝国がアジアで西洋の地位を射止められなかったとしても、帝国陸軍は日本の影響力が継続的に及ぶようにヨーロッパの植民地支配につながる痕跡を破壊しただろう。ある英国人の学者は、特殊作戦執行部（ＳＯＥ）が戦時中の機密作戦のためにアジア人部隊に武器を供給した後、英国がアジア帝国再建に際して直面したジレンマを次のように捉えた。「アジアでＳＯＥが残した問題は、単に武器や訓練というよりも根本的な植民地支配に起因するものであった。結局のところ、一九四五年には膨大な量の武器が日本から入手でき、日本はヨーロッパ人よりもアジア人に積極的に彼らの武器を引き渡していた」*3。

一九四八年までに、米国は不安定な立場に立たされることとなった。米国は英国、フランス、オランダと共にアドルフ・ヒトラーに対する自由への戦いに加わっていたが、この世界的な同盟関係は米国をアジアでの帝国主義と弾圧に結び付けていた。米国人ジャーナリストのセオドア・ホワイトは、中国国民党の拠点重慶から戦況を正確に見抜いていた。彼は英国の立場を次のように説明している。「英国は二つの別々の戦争を戦っていた。ヨーロッパでは人類の自由とナチスの奴隷制度破壊のために、アジアでは帝国の植民地主義の現状維持のために、英国は誇りをもって立ち上がった」。米国の世界的な同盟関係と「ヨーロッパ第一主義」政策は、戦後のソ連との緊張が高まる中でも続いた。

米国は一九四六年にフィリピンの独立を承認し、それまでの公約尊重を示していたが、英国、フランス、オランダと同盟を結びソ連に対抗したことで、戦後の民族主義の高潮の前に立ちはだかったのである。あるアジア民族主義の学者が次のように述べている。「冷戦時代、米国は西欧を究極的なドミノとみなし、いかなる状況下でもソ連に負けることのできない地域と考えていた。したがって、米国は西欧に最も強固な同盟関係を構築し、英国、フランス、オランダが彼らの東アジアにおける植民地を再構築するための無駄な努力にさえ賛同したのだ」＊4。

その結果として起こる危険性は誰の目にも明らかだった。一九四五年八月からのOSSの分析では、後に振り返っても痛々しいほどにはっきりと状況を評価していた。

「ヨーロッパの植民地システムを破壊することで、日本は東南アジアの民族主義の大義を推進したように見える。日本は現地民に新たな自信を与えたが、同時に彼らがそれまでの生活に戻るのを不可能にした。ヨーロッパの植民地主義の敗北を目の当たりにした彼らに、英国、フランス、オランダが提供できる実際的な綱領は持ち合わせていない。現時点で米国はこの点に優位性を持っているが、外交政策の普遍性を具体化させていかなければ、それはすぐに失われるだろう」

OSSの後継機関となった中央情報局（CIA）もまた、日本がもたらした変化を明確に分析していた。できたばかりのCIAが発行した一九四八年九月の機密報告書は、このジレンマを端的に捉えている。第一に、「第二次世界大戦での日本の植民地列強の打倒と日本による占領地での現地民族主義の助長の結果として、極東における鬱積した民族主義活動の活性化」を指摘し、第二に、民族主義運動が「もはやヨーロッパの植民地列強とその従属国間での純粋な内輪の問題ではない」と警告している。植民地独立に対する米国のもっともな支援は、ソビエトとの冷戦に直面するヨーロッパの同盟国と不和をもたらす危険性をはらんでいる。日本が粉々にした植民地を元に戻すという、ヨーロッパの意向に添い支援する一方で、民族主義の「抑えられない力」に対する賭けに負け、「将来の混乱」の危険性を冒し、長期的には西欧諸国の弱体化を招くことになる*5。

冷戦における悲劇は、米国政府の政策立案者が将来を暗示したCIAの警告に耳を傾けなかったことである。ソビエト連邦や中華人民共和国との冷戦に直面した米国は、共産主義の勝利を阻止すべく、インドシナでの民族主義の潮流に立ち向かった。二〇年前にフランスの植民地勢力を一掃したように、その流れは究極的には米国を衰退させた。一九七五年四月、ベトナム社会主義共和国軍はサイゴンを制圧し、南ベトナム政府関係者は同盟国の米国と共に沖合にいた安全な船に撤退した。ニミッツ、フレーザー、ルクレール、ヘルフリッヒが、ヨーロッパ支配の再開の合図とも思われた日本の降伏文書に署名してから三〇年後、日本が解き放ったアジア民族主義の力は、米軍をアジア大陸から追い出したのであった。

日本の歴史を創る影の戦士の活躍

かつて中野学校があった東京都中野区の東京警察病院（二〇〇一年までは警視庁警察学校）の敷地内には、現在、帝国陸軍の情報将校養成機関の標石が残っている。ある意味では、天竜の二俣分校の記念碑や神奈川県の明治大学生田キャンパスに鎮座する登戸研究所の弥心神社と共通の記念碑である。日本の降伏からちょうど五〇年目にあたる一九九五年九月三〇日、桑原嶽と藤井千賀郎が記念碑を訪れるため警察学校敷地内に足を踏み入れた。二人とも帝国陸軍のインドにおける英国支配に対する隠密作戦に関係した退役軍人であった。桑原は中野学校と陸軍士官学校の卒業生である。藤井は旧友とかつてを振り返り、「我々はアラビアのロレンスだったのではないだろうか」と言った。桑原は「戦争に勝利するための作戦だったが、インドの解放につながる行動であったと思う」と答えた*6。

アジアにおけるヨーロッパの植民地主義を破壊したことは、二〇世紀の遺産の一部であり、日本にとっての遺産の一つである。日本は一九〇五年にロシアを破り、植民地の威信に最初の一撃を加えた。第一世界大戦後、東京で武官として勤務していた英国人将校のマルコム・ケネディ大尉の話は長く引用する価値がある。

「西洋の大国を倒すことで、日本は白人の無敵神話を打ち破った。一九〇五年まで、アジア民族主義は取るに足らないものとされ、学術概念の範疇に留まるものだった。しかし、日本の勝利はアジア人の決意の象徴となり、アジアの民族主義者達に、日本の功績を見習い、いつの日か自身の国を統治することを夢見させるようになっていた」＊7。

日本の勝利はアジアに影響を与え続けた。日本の勝利はアジアの民衆の民族主義を刺激し、一九三一年の満州事変以前には、多くの中国の軍事指導者が部下に日本の軍事教育を受けさせた。第二次世界大戦下で日本を巻き込んだインド人民族主義者のスバス・チャンドラ・ボースを惹きつけた。大戦中の英陸軍情報将校であったルイス・アレンは、アジアでの戦史を次のように評価して締めくくっている。「長い目で見れば、ヨーロッパ人がこれを認識することは難しく、また、辛いことなのかもしれないが、アジアの何百万人もの人々を植民地の過去から解き放ったことは、日本の永遠の功績である」＊8。

政府関係機関に加わる中野学校OBがいる一方で、占領当局の判断と進歩主義派による日本の帝国主義は単なる犯罪行為であるという主張に対し長年に渡って異議を唱える退役軍人もいた。終戦五〇周年を迎えた一九九五年、中野学校の卒業生数人が著名な週刊誌で日本の遺産について語った。光機関の退役軍人村田克己は、日本社会党党首の戦争責任問題に関する発言を批判した。「村山首相は、あの戦争を侵略戦争と言ったが、完全に悪いというものでもなかった。また遺産もあった。当時の東南アジア諸国は植民地支配による弾圧を受けていた。日本が鍛えた軍事力は、事実上彼らの独立に大きく貢献した」。泉谷達郎《いずみやたつろう》はビルマでの彼の部隊の活動について、「南機関の行動が独立への遺産になったと確信している」と述べた。戦後、インドネシアの指導者であるスハルトや他の兵を元オランダ領東インド諸島で訓練した土屋競《きそ》は、第二次世界大戦について公平な視点で語った。「私は、あの戦争をアジアの解放戦争として見ている者の一人だ。しかし、戦争全体としては、侵略として見ることができる側面もあった。歴史は無数の脈絡が絡み合ってできている。それを一言で解釈できるものはいない」*9。

戦後から数年、中野学校の情報活動は日本の大衆文化で取り上げられた。大手映画配給会社の大映は、中野学校を取り上げたスパイ映画を一九六〇年代後半に製作した。『眠狂四郎』の主人公として人気を博した市川雷蔵《らいぞう》は、一九六六年から一九六八年までに製作された六本の映画に中野学校の情報将校役で出演していた。日本版ジェームズ・ボンドの代名詞とも言える市川は、外国のスパイや帝国陸軍の一般将校と壮絶な戦いを繰り広げた。市川を勇敢な情報将校として描いた『陸軍中野学校 竜三号指令』では、一九四〇年の上海で危険な裏社会に身を投じ、中国との和平交渉を妨害すべく日本特使暗殺を企図した陰謀者を暴く姿を描いた。

大映の人気スパイシリーズから数十年後、一部の民族主義者達は中野学校に関連したある歴史的文脈を強調するために映画に目を向けた。一九四五年の日本終戦五〇周年を記念して、日本を守る国民会議のメンバーで構成された製作委員会は、第二次世界大戦におけるビルマとインドの解放者としての日本の役割を描いた歴史ビデオを公開した。この日本を守る国民会議は、現在は日本会議の一部となっており、一九九七年五月三〇日、ホテルニューオータニで一〇〇〇人以上を集めて開催された式典で発足した。ビデオが発売された当時の国民会議の主要メンバーには、戦時中は東條大将の「弟子」で、戦後の中曽根康弘の「仲間」であった瀬島龍三《せじまりゅうぞう》中佐がいた。また、大日本帝国陸軍の少佐を務め、その後陸上自衛隊西部方面総監にまで登り詰め、日本郷友連盟会長を務めた堀江正夫もメンバーであった。影響力のある通商産業大臣を務めた橋本龍太郎元首相もメンバーの一人であった。

終戦五〇周年記念のために国民会議は、『自由アジアの栄光 インド ミャンマー独立史』を製作し、日本の戦時中の活動と英国支配からのビルマ、インド解放を結びつけた。このビデオの歴史描写は、鈴木大佐の南機関と藤原中佐の特務機関の活躍に大きく依拠しており、戦時中の日本は解放者の役割を果たしたと主張している。ビルマにて鈴木の下で勤務していた中野学校卒業生の泉谷達郎は、映像の中でこれを裏付けるような証言をしている。中野学校と結びついた戦時中のエピソードが強調されているのは、日本を守る国民会議の構成と関係があるのかもしれない。退役軍人の末次一郎、小野田寛郎の名前が、橋本龍太郎ら国民会議メンバーと共に掲載されていたのだ＊10。

外交問題に明るい評論家で、日本を守る国民会議のメンバーでもある加瀬英明《かせひであき》は、映画『プライド 運命の瞬間』に関係していた。一九九八年に公開されたこの映画は、復讐に燃える連合国が東京で行う勝者の正義の犠牲者として東條英機大将を描いている。この映画では、極東国際軍事裁判（または東京裁判）のシーンが散りばめられ、英国の支配からインドを解放するための日本の行動が描かれている。スバス・チャンドラ・ボースとインド国民軍に関する描写がこの映画の中でひときわ目立っている。インドに焦点を当てているのは製作委員会の構成が関係している。加瀬英明に加えて、帝国海軍兵学校出身の冨士信夫《のぶお》、国塚一乗《くにづかかずのり》の三人がメンバーにいた。東條役に人気俳優の津川雅彦を起用するなど、豪華キャストを揃えたこの映画は、香港のファー・イースタン・エコノミック・レビューによれば、「右派的な主張を主流にした最初の作品」として物議を醸した＊11。

『プライド』の主張が単に右派的なものだったのか、それとも長い間、常識として受け入れられてきた欠陥のある見解を是正しようとする修正主義的な試みだったのかは議論の余地があるが、近年の歴史シリーズ本の成功は、このような見解を求める日本人の観客が確実に存在していることを示している。東京大学の藤岡信勝教授が編集した三部作の論文である『教科書が教えない歴史』は、一九九六年に第一巻が発売されて以来、好評を博している。第二次世界大戦の日本側の視点を積極的に取り上げようとした藤岡は、中野学校にまつわるエピソードを盛り込んだ。第一巻では、日本軍がインドの独立に向けた支援に対して、どのような努力をしたかについて書かれた章があった。そこには、スバス・チャンドラ・ボース、藤原岩市、国塚一乗、そして帝国陸軍のインド作戦に関係した人物が登場している。一九九七年までに藤岡の全三巻シリーズは一〇〇万部の売り上げを超えている。

西洋や韓国、中国の批評家達は、このような歴史を大衆的ナショナリズムとして表現することに対して批判を浴びせていたが、藤岡や他の右派日本人は、他国の愛国者となんの変りもない。例えば、メキシコの政治家が毎年のように、学校の歴史教科書を書き換えて、メキシコ戦争は裸地を奪ったと表現するように米国に強く求めたとしたら、米国保守派の反応は容易に想像できる。米国の作家達はしばしば、米国の勢力圏拡大について一七七六年の大西洋岸から一八九八年のフィリピンに至るまでを描写し、フランス、メキシコ、スペインを引き換えに強引な戦争遂行による征服の末に達成された国の勢力圏拡大を神の「自明の運命」の物語として書いたのである。そして、第二次世界大戦における日本の帝国主義拡大を西洋の帝国を引き換えにして、アジア解放の戦争として描いた藤岡に米国の誰が石を投げ付けることができるだろうか。

情報機関

軍事情報と遊撃戦を司った中野学校は、冷戦終結後の不確実な世界の中で闘う自衛隊に、今日警鐘を鳴らしている。一口に言えば、中野学校は大日本帝国が情報軽視をしてきた悲劇の典型である。

満州国で二つの特務機関を相次いで指揮した須見《すみ》新一郎大佐は、戦後になって人気作家司馬遼太郎に、陸軍大学校のトップ卒業生が「作戦」の道を選んだのは総体的な情報軽視につながる傾向があったと説明した。実際、陸軍大学校には情報に特化した教育課程はなかった。陸軍参謀本部第一部（作戦課）にはほとんどの情報将校が立ち入ることができなかった。陸軍のエリートが軍事作戦を立案する部屋から除外されていたのだ。多くの情報退役軍人が、「作戦第一主義」の精神を持った視野の狭いエリートが暴走した軍部内では情報が全体的に軽視されていたとしている。大本営の参謀情報将校だった堀栄三中佐の回想録には、作戦将校が飛行機の席を全て埋めてしまったため、任務に就くために列車を使わなければならなかったと書かれていた*12。

帝国陸軍がようやく情報将校養成の必要性に気づき中野学校を設立したのが一九三八年だが、それはあまりにも遅すぎた。戦後になって帝国陸軍の運命を振り返った桑原嶽らは、中野学校の設立は一〇年遅かったと結論づけている。太郎良《たろうら》定夫は、もしも中野学校がその教育を一九二〇年代に始めていれば一九四一年に日本が戦争に突入することはなかっただろうとまで言及した。中野学校第一期生が一九四〇年に海外での情報収集のために日本を離れたとき、日本はすでに世界大戦への道を歩んでいた。一九四五年の終戦時、約二五〇〇人が中野学校本校と二俣分校で教育訓練を受けていたが、先に卒業した者でさえ少佐の階級までしか昇進しなかった。もし一九三八年ではなく一九二八年に中野学校が設立されていたら、恐らく何千もの将校が中野学校の門をくぐっていただろう。そしてたくさんの情報が蓄積され、少佐より上の階級の幹部も数多く生まれていただろう。彼らが帝国陸軍全体に影響を及ぼしていたと仮定すれば、思いに沈む太郎良の発言を理解することができるだろう*13。

残念なことに、帝国陸軍は確実な根拠のある情報に基づく合理的な分析ではなく、総じて楽観主義と先入観に基づいて中国、そして米国、英国、オランダと戦争を行った。東條は一九四一年に日本を戦争に引きずり込み、ドイツ国防軍を盲目的に信用しただけでなく、米国の軍事力を軽視し、ドイツ系米国人の多くが「祖国」との戦争に反対するだろうと呑気に楽観していた。このような憶測と先入観の中、帝国陸軍は戦争に踏み込んだのだ。中野学校同窓会元会長の桜一郎は、終戦五〇周年を迎えたとき、ある記者に「帝国陸軍は彼らにとって都合のいい情報は受け入れたが、作戦の考えと相違する情報は破棄していた。結局、彼らの情報軽視は変わらなかった」と語っている*14。

また戦時下、帝国陸軍の上級将校は占領地での人心掌握や情報作戦について十分理解していたとはいえなかった。中野学校第一期生の伊崎喜代太《いざききよた》によると、参謀将校や憲兵隊員からの作戦妨害は日常的にあったという。現地住民の支持を集めることを目的としたプロパガンダ作戦は、中国人をはじめアジア人の多くが体験した日本兵による拷問などの恐ろしさに勝るものではなかった。例えば、上海特務機関の情報将校の一人は、戦後のインタビューで、中国の民間人を虐殺しようとする一般部隊の将校との衝突を赤裸々に語っている*15。

影の戦士達は、事あるごとに上層部と衝突した。第二次世界大戦の敵国への認識は、アジアを外国の支配から解放するという歴史的背景を口実に作られ、戦争への道を歩み始めた。仮に日本の戦争目的がアジア解放というプロパガンダと一致していれば、戦争は異なった形で進行していたかもしれない。いずれにしても、帝国陸軍の情報要員がこの矛盾に悩まされることは少なかっただろう。戦後、今井武夫少将は開戦時の南機関の活動を成功と評した。当時の民族主義の流れに沿ってビルマ人の協力を獲得し、ビルマから英国を追放するのに貢献したのがその理由であると述べている。しかし、帝国陸軍は南機関の当初の成果をないがしろにして独立を拒否した。最終的には、南機関のアウン・サンがビルマ軍を率いて一九四五年三月に反乱を起こすことに繋がる。

同様に、ジャーナリストの丸山静雄は、帝国陸軍の隠密作戦は初期には成功を収めていたが、上級将校らが敵地制圧という狭い戦術目的にのみこの作戦を運用したため失敗に終わったと観察している。ビルマ解放という南機関の任務を鈴木は真摯に受け止めていたが、日本政府はそうではなかったとビルマ人指導者のバー・モウは見ていた。事実上、日本の影の戦士達の戦術的成功は、西洋の旧植民地を速やかに解放するためではなく、南方に拡大した日本の新帝国を軍事的に支配するために運用するという日本の方針の前に真価を発揮することはなかった。簡素に言えば、陸軍の高官は、インテリジェンスの戦略的価値はおろか、目先の戦術的運用の有用性すら理解していなかったのだ。

影の戦士達の活動にはさまざまな制約があったことを考慮に入れると、中野学校要員達は素晴らしい働きをしたといえる。要するに、杉田一次大佐が書いたように、日本の情報機関は優れていたが、日本の指導者達がそれを無視したのだ*16。冷戦の余波で日本の先行きが不透明な道を歩み、米国から自立して政治的、軍事的イニシアチブを取ることがより頻繁になった今日、日本の指導者達は中野学校の遺産を教訓として心に刻むことができるだろう。一九七七年に日本共産党の議員が明らかにしたように、陸上自衛隊調査学校は教育課程で中野学校の教材を使用していた。この当時の日本の軍事情報の主眼には、内部転覆工作と在日米軍基地への脅威が念頭に置かれていたことは間違いなく、防諜が調査学校の主要任務であったと考えられる。藤原岩市は、戦後間もない頃の日本の軍事情報機関にとって、左翼、在日朝鮮人、そして国内の脅威が主な関心事項であったと回想している。

先の大戦の後ろめたさから、日本の指導者らは国外政策や諸外国への接し方を模索していたが、中野学校の残した遺産がアジア各地で温かく受け入れられていることには安堵していただろう。先に述べたように、日本の情報退役軍人は、蔣介石の台湾で中華民国軍のアドバイザーとして歓迎されていた。植民地時代の朝鮮と日本の関係や日本、韓国、米国という冷戦の三角関係を考えると、韓国中央情報部やその後継機関が中野学校の精神を受け継ぐ訓練生を褒め称えていたことをいつか知る日が来ても不思議ではない。意外な事実かもしれないが、ある北朝鮮脱北者によると、母校の金正日政治軍事大学では、中野学校の精神を称賛し、学生達の模範として掲げていると述べている*17。

日本は、従来の経済追求路線から米国との同盟関係の枠組みを越えて、世界的な外交や軍事に関心を移していった。この一環として、一九八〇年代初頭にその情報能力の強化を加速させている。一九八二年に中曽根康弘が首相に就任したことを転換期とする見解もある。内務省の元警察官であった中曽根は、第二次世界大戦では海軍将校、戦後は防衛庁長官（一九七〇～七一年）も務めた。元警察庁情報部員の松橋忠光は、中曽根の首相就任は警察優位の表れであると読んでいた。

一〇年以上の計画期間を経て、一九九七年一月、米国防総省の国防情報局（ＤＩＡ）をモデルにした包括的軍事情報機関が設立された。旧帝国陸軍の司令部があった市ヶ谷の地に建てられた防衛庁の新司令部の一角に位置する情報本部（DIH）に大きな期待が寄せられている。情報本部は、日本が製作中のスパイ衛星から取得する画像情報（IMINT）、日本の傍受拠点からの電波情報（SIGINT）、外国の出版物から取得する公開情報（OSINT）、そして米国や他の同盟国からもたらされる情報を統合することとなっている。

ここで欠けているのは、雇われ工作員からの外国情報を収集する独立したプログラム、つまり人的情報（HUMINT）である。日本には公にされたHUMINTプログラムはないが、陸上自衛隊調査学校教官だった森秀世一等陸佐は、一九九六年に発行された陸上自衛隊の論文誌『陸戦研究』において、IMINTをSIGINTとHUMINTで組み合わせる必要があると書いている。翌年に人気の軍事雑誌に寄稿した軍事評論家によると、日本の上級幹部がHUMINTの軍事的必要性を公の場で述べたのはつい最近のことである。

日本が軍事的なHUMINTプログラムを整備し、情報幹部が外国人工作員を運用し、海外のインテリジェンス・ネットワークを拡大しようとしたとき、自衛隊は中野学校の遺産を利用するだろう。今日のCIAは、一九四一年に設立された前身機関OSSの戦時中の成果に基づく情報プログラムに誇りを持っている。バージニア州にあるCIA本部の正面廊下には、OSS局長のウィリアム・「ワイルド・ビル」・ドノバンの胸像が立っている。同様に、日本の防衛庁も中野学校の影の戦士達の多くの功績を参考にして、情報幹部の海外での情報活動を指揮し、鼓舞しているのではないだろうか。中野学校の「父」である秋草俊少将の胸像や画は、もしまだそこにないとするならば、いつの日か、日本の情報要員訓練所の建物の隅に飾られる日もそう遠くないのかもしれない*18。

日本最後の軍人の晩年

一九九八年五月三一日、小野田寛郎はある目的のために、とある孤島に上陸した。日本の「最後の軍人」が初めて世界の注目を集めたのは一九七四年、フィリピンのルバング島での任務のために姿を消してから三〇年後のことだった。世界のマスメディアは、小野田のセンセーショナルな日本への帰国から数か月後には彼に対する関心を失っていたが、小野田は世界の人々の憧れの存在であり続けた。何年にも渡って日本の国民は、小野田が書いたいくつもの本や多くの記事で彼の生涯の物語を読んだ。一九七五年には英語版の自伝である『No Surrender（邦題：わがルバング島の三〇年戦争）』が出版された。同じ年、小野田は日本外国特派員協会の専門家間ランチミーティングに姿を現した。一九九〇年代後半には、アナポリスの海軍協会プレスが彼の物語を「ブルージャケット・ブック」ペーパーバックシリーズの一冊として再出版した。一九九六年の小野田のルバング再訪は全世界に報道された。その年の後半には、人気のある日本の軍事月刊誌が、著名な日本人の手相を紹介するコーナーで小野田を特集した。翌年末、小野田はブルーノート東京に姿を現し、たくさんの受賞歴のある著名ジャズミュージシャンが小野田に啓発を受けて作曲した「孤軍」を聴いた。

一九九八年、小野田は北海道の西にある小さな奥尻島で講演を行った。彼はルバングでの三〇年に渡る任務や日本で二〇年近く運営した自然塾から学んだ人生の教訓を語るためにやって来たのだった。小野田はその二日前に、航空自衛隊北部航空方面隊の司令部があり、在日米軍の基地でもある三沢基地で講演を行った。「生きるために」と題した講演で、人間は一人では生きていくことはできないが、社会や自然への恩義を忘れてはならないと語った。奥尻でも同じメッセージを伝えていた。依然として真っ直ぐ立ち、細く締まった体つきをした中野学校最後のＯＢは、日本のために使命を果たしていた＊19。

最期の追求

末次一郎は北方領土の返還を求め続けていたが、その活動が終わりを迎えることとなった。一九七二年に米国が日本の圧力に屈して沖縄を返還した後、末次は一九四五年にソ連に奪われた北海道以北の四島の支配権を取り戻すための運動を展開していた。政府と協力しながらも、非公式な形で、末次は大勢のロシア人との人脈を築いていった。元ＫＧＢ長官で首相のエフゲニー・プリマコフは、末次と関わりのあった多くの著名なロシア人の一人であった。

二〇〇一年七月一一日、末次は東京で家族に看取られながら癌で息を引き取った。彼は最後までゴールを見据えていた。一九九九年九月に肺癌と診断されたが、翌年一一月には胃に転移していることが判明した。そして二〇〇一年六月一一日には肝臓にまで転移していると告げられた。しかし、残された時間を知った末次は歩みを止めることはなかった。六月二九日には日本国際フォーラムで開かれた集会に、ロシア専門家グループを率いて参加し、長年の願いであった四島全ての返還方針を貫くよう政府に迫った。その二日後、呼吸困難になった末次は緊急入院した[＊20]。

末次の死は、中野学校の退役軍人らしいものだった。戦時中そしてその後の数十年、彼は新聞の一面を飾る記事に載ることもなくこの世を去った。戦時中とその後の平和の中で末次を支えてきた者が彼の旅立ちに立ち会うこととなる。末次が率いた数多くの団体の一つである新樹会は、七月三〇日に彼が設立、指導した数十の団体の代表者が末次の遺族と共に法事を行うことを公表した。中野学校二俣分校で共に訓練した者達が、戦後の日本復興に尽力した者達と共に葬儀に参加することとなった。

葬儀の喪主を務めたのは、末次の長年の仲間の一人であった中曽根康弘元首相だった。著名な追悼者は中曽根だけではなかった。かつて首相を務めた海部俊樹《かいふとしき》、羽田孜《はたつとむ》、森喜朗《もりよしろう》も参列していた。福田赳夫《たけお》元首相の息子である福田康夫内閣官房長官や故小渕恵三《おぶちけいぞう》の娘で国会議員の座を継承した小渕優子も参列していた。大本営の将校で、戦後、総合商社の伊藤忠の会長を務めた瀬島龍三も別れの挨拶に来ていた。これらの名だたる人物達をはじめ、約二〇〇〇人の弔問客が葬儀に参列したことが、末次が長年にわたって日本に尽くしてきた功績を証明していた*21。

註

1 Paillat, *Dossier*, p. 44; and Donnison, *British*, p. 335; and Elizabeth P. McIntosh, *Sisterhood of Spies: The Women of the OSS* (New York: Dell Publishing, 1998), p. 247.

2 Catroux, *Deux actes*, pp. vi-vii.

3 Richard J. Aldrich, "Legacies of Secret Service: Renegade SOE and the Karen Struggle in Burma, 1948-50," The Clandestine Cold War in Asia, 1945-65: Western Intelligence, Propaganda and Special Operations, Richard J. Aldrich, Gary Rawnsley, and Ming-yeh Rawnsley, eds., special issue of Intelligence and National Security, vol. 14, no. 4 (Winter 1999), p. 133.

4 Chalmers Johnson, "The Three Cold Wars," *Japan Policy Research Institute Occasional Paper* No. 19 (December 2000), pp. 2-3.

5 Theodore H. White and Annalee Jacoby, *Thunder Out of China* (New York: William Sloane Associates, 1946), p. 152; and McIntosh, Sisterhood, p. 282; and "The Break-up of theColonial Empires and Its Implications for US Security," CIA Cold War Records: The CIA Under Harry Truman, Michael Warner, ed. (Washington, DC: Central Intelligence Agency, 1994), pp. 222-224, 234.

6 外岡秀俊「中野ＯＢが語る戦争の内実」二二二、二二四頁。

7 Malcolm Kennedy, *A Short History of Japan* (New American Library of World Literature, 1964), p. 199.

8 Allen, *End*, p. 262.

9 外岡秀俊「中野ＯＢが語る戦争の内実」二二三～二二四、二二六頁。

10『産経新聞』一九九七年三月三一日。*Japan Times*, 31 May 1997.
11 日本映画『プライド』のパンフレット。Eriko Amaha, "Pride and Prejudice," Far Eastern Economic Review, **21 May 1998, p. 49.**
12 司馬遼太郎「ノモンハン事件に見た日本陸軍の落日」『残された未公開講演録 司馬遼太郎が語る日本』朝日新聞社、一九九七年、一二頁。堀栄三『情報なき国家の悲劇 大本営参謀の情報戦記』文藝春秋、一九九六年、一三五頁。
13 桑原岳編『風濤：一軍人の軌跡』横浜、一九九〇年、九七頁。「特別読物 真説・陸軍中野学校」『別冊週刊サンケイ』一九六〇年二月、サンケイ新聞出版局、四一頁。外岡秀俊「中野OBが語る戦争の内実」『AERA』朝日新聞社、一九九五年一〇月一〇日、二八頁。
14 外岡秀俊「中野OBが語る戦争の内実」二八頁。
15「特別読物 真説・陸軍中野学校」四二頁。森詠「特務機関は今も生きている」『現代』一九七七年六月、講談社、三一六頁。
16 今井武夫「アジア独立に果たした日本軍の功罪」『丸』一九六七年九月、潮書房光人新社、二一二～二一九頁。丸山静雄『中野学校・特務機関員の手記』平和書房、一九四八年、二六三頁。長崎暢子編『南・F機関関係者談話記録』アジア経済研究所、一九七九年、三五頁。杉田一次『情報なき戦争指導―大本営情報参謀の回想』原書房、一九八七年、四〇〇頁。
17 安明進『北朝鮮 拉致工作員』徳間書店、一九九八年、八〇～八一頁。
18 松橋忠光『わが罪はつねにわが前にあり―期待される新警察庁長官への手紙』社会思想社、一九九四年、四〇三頁。藤井治夫「新設JCIA「防衛庁情報本部」組織と活動全調査」『丸』一九九七年五月、潮書房光人新社、六九頁。
19 門脇尚平「手相に見る防衛人物論 『人生午後の部』が刻まれた生命線 元陸軍少尉小野田寛郎氏」『軍事研究』一九九六年一〇月、ジャパン・ミリタリー・レビュー、一七〇～一七一頁『朝雲』一九九八年七月二三日、六頁。『東京新聞 夕刊』一九九七年一〇月一日。Charles Pomeroy, ed., *Foreign Correspondents in Japan:*

Reporting a Half Century of Upheavals: From 1945 to the Present (Rutland, VT: Charles E. Tuttle Company, 1998), p. 223.

20 末次一郎編「対露政策に関する緊急アピール」『今月の提言』二〇〇一年六月二九日、http://www.ne.jp/asahi/japan/shinjukai/proposal/200107.html。letter from the Council on National Security Problems, 30 August 2001.

21 http://www.ne.jp/asahi/japan/shinjukai/leader/leader_funeral.html.、「人生を一貫して戦後処理に捧げた　総理のご意見番　末次一郎氏　逝く」『週刊文春』二〇〇一年八月九日、文藝春秋、一七〇〜一七一頁。

世界から観る陸軍中野学校の遺産　秘密戦からの系譜
――訳者あとがきに代えて――

秋場　涼太

原著の概要

本書は、米中央情報局（CIA）元情報分析官のスティーブン・C・マルカード著 "The Shadow Warriors of Nakano: A History of The Imperial Japanese Army's Elite Intelligence School"（二〇〇二年）の日本語訳版である。

著者のマルカード氏について紹介する。彼は一九八四年にヴァージニア大学を卒業後、外国語指導助手（ALT）として来日した。その後、政策系大学院として国際安全保障をはじめとする分野で世界的に有名なコロンビア大学国際公共政策大学院（SIPA）で国際関係の修士課程を一九八八年に修了した。また、大学院在学期間中にミドルベリー大学にて日本語を習得している。一九九一年にCIAへ入局し、Open Source Enterprise（オープンソース・エンタープライズ）に二〇一七年まで所属、東アジアならびに公開情報（OSINT：Open Source Intelligence）を専門としていた。彼の功績にOSINTの有用性に関する評論をした "The Japanese Army's Nakano School 1938-45"（一九九五年）、"Sailing the Sea of OSINT in the Information Age"（二〇〇五年）や "Reexamining the Distinction Between Open Information and Secrets"（二〇〇五年）が挙げられ、この他にも数多くの書評を出している。

原著は、陸軍中野学校の戦史や戦時中の日本のインテリジェンス史について、専門家であるマルカード氏が包括的に紐解き、海外向けに出版したものである。著者の冒頭のコメントにもあるように、「陸軍中野学校」の歴史に関する海外向けの出版物は、この原著が出版された二〇〇二年まで存在しなかった。一方で『わがルバン島の30年戦争』（一九七四年）（英語版"No Surrender: My Thirty-Year War" 1999）など、個々の戦記を追った書籍はあった。月日が流れ二〇一九年になり、リチャード・J・サミュエルズ著"Special Duty: A History of the Japanese Intelligence Community"（日本語版、『特務』小谷賢訳、日本経済新聞出版、二〇二〇年）が刊行され、第二次世界大戦期の日本軍のインテリジェンス史について考察がなされる中で陸軍中野学校が取り上げられた。日本のみならず、世界から注目を集める日本のインテリジェンス史や中野学校の戦史だが、整理された書籍は数が極めて少ないのが現状だ。

米戦略情報局（ＯＳＳ）や英特殊作戦執行部（ＳＯＥ）に関する歴史研究やその分野での研究は数多くある。しかし日本にも同様の情報機関や特殊作戦を執行する特務機関があったという過去は、国外ではあまり知られていないことであった。そのため原著は、単なるスパイ史ではなく、帝国陸軍の情報機関、特務機関としての「陸軍中野学校」の活躍を集約した書籍であると高い評価を受けている。

日本では秘密戦の渦中にいた中野学校ＯＢ達の出版物が数多く出回っている。これらの出版物は、中野の精神や戦史を後世へ正しい形で語り継ごうと意図しているものが多い。しかし、彼らの経験は、秘密戦の調査研究や整備が進む中での運用であったため、政治・政策次元、戦略次元、作戦次元というより、戦術次元での語りとなっている。当時、中野学校は秘密戦を諜報、宣伝、防諜、謀略から構成していた。しかしながら、体系的な整理や経験値が蓄積されていたわけではなかったため、これらは概念の域を越えることはなかった。

著者はこうした中野学校に関する断片的情報を網羅的に収集し整理している。日本のインテリジェンス史の変遷を、帝国陸軍中野学校の歴史的、戦史的観点から辿る。また、執筆の過程で体系的な語彙の整理が行われたことで、「秘密戦」への理解を促し、現代への橋渡しという役割を担っている*1。ＯＳＩＮＴの専門家である著者が現存する中野学校に関する公開情報を収集し、その専門性やインテリジェンス・センスを用いて日本のインテリジェンス史を日米双方の視点から再検証したことは、まさに偉業であり、原著の意義と言えよう。

二〇〇二年に発表された原著が今日に至るまで日本語に訳されてこなかったのは、後に述べる理由があると推察するが、不思議なことであり、また、私がその翻訳をする機会を得たことは大変栄誉であると感じている。

陸軍中野学校から何を学ぶか

陸軍中野学校は、一九三八年から一九四五年までの七年間しかその存在や活動が確認されていない。戦時下という極めて流動的な状況下で、秘密戦の研究開発、整備、運用を行っていた機関である。この七年という短期間における戦果や、秘密戦に関する知的基盤は、終戦間際に隠匿や保全のために破棄されてしまった。加えて、一部残った資料は戦後に事故等で消失してしまっている。

物理的な資料が失われた中で、中野学校本校、二俣分校のOB達がそれまでの戦史を『陸軍中野学校』（一九七八年）、『俣一戦史―陸軍中野学校二俣分校第一期生の記録』（一九八一年）にまとめている。この二冊の書籍は公的機関によるものではないものの、戦時中の日本のインテリジェンス史について全体像を紐解くには必読の書である。この二書は原著の中でも随所で参照、引用され、重要な役割を担っている。

一方で、この他にも中野出身者の回想録等が一般向けに出版されている。当時の世界観や、中野学校卒業生の心情や情緒を理解するには大いに有益である。しかし、これらはその人物から見た世界である以上、中野学校の活動の全てを網羅することには制約が付きまとう。後世の役目は、各人の戦記や記憶を追憶に留めることなく、明日の日本の平和を守るために彼らから学び、先に歩みを進めることである。

戦後の日本では、先の大戦に起因する「ある種の忌避感」というのだろうか、安全保障、軍事、国防、戦争の領域について、積極的に学術研究の対象としてこなかった。特に中野学校の秘密戦については、資料の消失、情報の断片化、日本国内の情勢等から学術研究の対象とはなり得なかったのだろうと想像される。さらに、戦後の日本では週刊誌や映画、小説の普及により、影の存在であった中野学校がポップカルチャーの「スパイ史」として大衆に多く消費されるようになった。秘密戦における諜報という一部に焦点が当てられ、また謀略や諜報といった言葉自体の意味からイメージが作られたことからか、戦後七七年に渡り学術的な整理すら行われていない。こうした学術研究の欠如が日本に暗い影を落とすことになる。

今日、ニュースや書籍などで見聞きする、例えば「ハイブリッド戦」や「非正規戦」などについて、どれくらいの人が国際社会と共通の認識や理解を有しているだろうか。そして、なぜ世界水準の理解が必要かを考えたことがあるだろうか。答えを挙げるならば、他国との差異をもとに、「自己位置」とでも言おうか、自国の置かれている環境を精査し、国の行く末を検討しなくてはならないからだ。だが、こうした営みが行われていない以上、表層の問題だけに着目し、そこに向いた政治や政策だけが先行してしまう。

こうした学術研究の不在は議論を生まず、語彙を発達させず、「あいまい」な概念に留め、一定の理解を生まない。語彙、そして共通の理解がなければ、政府と国民が共通の認識を持てず、乖離が生じる。国民国家であり、民主主義国家であるならば、自らの国家の行く末を検討できる状態、すなわち国民が政治に参与できる状態が健全ではないだろうか。

こうした安全保障領域における学術基盤や語彙のギャップから、戦争先進国が使う語彙（外国語）を無理やり日本語に落とし込むことが横行する。この行為においてその言葉の背景や性質を説明しようとする努力は限定的である。そのため、漠然とした概念に留まり、結果として多様な解釈、あるいは都合のいい解釈を生起させてしまう。

だが、著者は中野学校が定義する「謀略」を、その性質や特徴をもとに分析し、Covert Operations と翻訳した。図1について、解説動画からの参照だが、米国において Covert Operations は、特殊作戦（Special Operations）におけるスポンサー（この場合政府）や作戦行為者を秘匿し、作戦結果や効果のみが明るみに出る作戦形態を指す[*2]。こうしたレンズを持って中野学校によるインドやビルマ、マレーにおける対英工作を見てみると、当時の英国側からは現地民が宗主国に反乱しているという構図となり、日本が裏で糸を引いているというのは憶測の域を超えない。結果、戦後の事情聴取で明るみになったことが多い。米国における秘密区分に基づく作戦（図1）は、Title10（軍による機密活動を承認）とTitle50（隠密活動を含む情報活動を承認）によって承認され、同時に議会への報告と承認が必要となる[*3]。一見、イメージや響きだけでは「非合法」のように感じてしまうが、実際には米国の法律上「合法」であり、制度化されている。さらに、米軍ではこうした作戦を遂行する際、国際法と米国の法を遵守することが求められている。後にも解説するが、現在だからこそ特殊作戦におけるこうした整備が進んでいる。

一方、原著から本書への翻訳の際には、特殊戦やそのドクトリンが整備されていない言語（日本語）に訳すわけで、単に中野学校で使われていた言葉を使用するならば、本書の翻訳に価値はなかっただろう。またインテリジェンスに関する言葉も多く登場する。いずれも一般には馴染みがない言葉、または定義について広く共通の認識がないものがほとんどである。訳者はそれぞれ文脈に即して意味付けを行う他なかった。

ところで、私が原著と出会ったのは、ハワイにある米国防大臣室直轄の研究教育機関で特殊作戦領域の研究をしていたときであった。私は、この前段階として米国のミドルベリー国際大学院で大量破壊兵器不拡散・テロリズム研究という二つの専攻を行き来する課程を修了している。ここでは、特に低強度紛争や特殊作戦、テロリズム、インテリジェンス、大量破壊兵器不拡散（CBRNE: Chemical Biological Radiological Nuclear and Explosives）という文脈における政

	効果	スポンサー/作戦遂行者
公然作戦（Overt Operation）	オープン	オープン
隠密作戦（Covert Operation）	オープン	秘匿
機密作戦（Clandestine Operation）	秘匿	秘匿

図1　特殊作戦における秘密の区分と効果

策を学び、研究していた。課程が修了する頃には、戦争の形態を扱う戦争学により強い関心を寄せていた。その中でも、中心的な関心を置いていた特殊作戦／低強度紛争（SO/LIC: Special Operations/Low Intensity Conflict）領域の整理や理解を探求するため、課程修了後にハワイの国防総省研究教育機関での研修プログラムに参加したのだ。

ここではアジア太平洋地域の安全保障実務家に対する安全保障関連のワークショップやコースが展開されており、アカデミック・フリーダムが徹底されている。研修生として教授陣と共に、演習課目のリードを務めることもあった。この傍らで自主研究のテーマを設定し研究していた。米国における特殊戦を網羅した段階で、日本にも目を向けたのだが、その際に出会ったのがこの原著である。この原著は日本で入手可能な中野学校に関する書籍とは、やはり毛色が異なっていた。時系列に沿って、陸軍中野学校がどのように始まり、変化し、終わりを迎え、戦後を創ったかが整理されており、非常に魅力的な書籍であった。

本書を有意義に活用いただくために、残りの頁を利用して「政治と戦争」、「戦争とドクトリン」、「情報とインテリジェンス」、「秘密戦と特殊戦」といった内容を整理し、「日本へのインプリケーション」を検討する上で、「如何にすれば陸軍中野学校は成功できたのか」という問いに対して答えを紡ぎたいと思う。影の戦いについて理解を深め、この本を読む人が後世のために何ができるか、何を残せるかを考える契機にしていただければ幸いである。

政治と戦争

まず初めに確認したいのは政治と戦争の関係性である。戦争（War）とはプロセインの軍事学者カール・フォン・クラウゼヴィッツ曰く、「相手に自らの意思を強要するための、実力の行使である」という*4。戦争は政治に内包されるが故に政治遂行であり、かつその道具であり、政治交渉の過程であり、外交とは異なる手段を用いると整理される*5。このため、政治は戦争に対して優位なものである*6。つまり、戦争は政治的目的を達成するための営みであって、政治による要請や指導が必須となる。

また、戦争という政治的な営みは、国家の形態にも大きく左右される。一八世紀の戦争は、封建社会を前提に王国や王家の利害関係が目的となるものだった*7。だが、一七八九年のフランス革命をはじめ市民革命が起こると、それまでの絶対王政を中心とした主権国家から、国家主権の中心が国民である国民国家へと移行していった。米国の独立戦争もその性質上、市民革命として考えることができる。国民国家の形成は、国民に帰属意識を生み、ナショナリズムを形成し、国政に参与させた。これまでは王国等の利益のために営まれ、職業軍人により遂行されていた戦争も、国民自ら遂行するものとなった*8。国民国家が誕生したことで、戦争の目的や性質は、国民が自ら国を防衛するものへと変化した。

こうした変化の延長線に、国民を含む国家のあらゆる資源を用いて遂行する「総力戦」の概念が誕生した。この総力戦の様相が最も顕著だったのは、第一次、第二次世界大戦である。総力戦では戦闘員と非戦闘員を区別せず、参戦国の全国民と物的資源を動員して遂行されるものである*9。そのため、銃を持って戦う者に限らず、この戦争という営みを可能にする者も等しく正当な軍事標的となる*10。だが、この総力戦では国民への負担や犠牲も非常に大きいことから、国民を戦争に向かわせるためにイデオロギーが利用されるという*11。総力戦は国家のあらゆる資源が用いられる武力衝突であるため、その被害も甚大なのが特徴でもある。

第二次世界大戦末期の核兵器の登場により、大国間の戦争はエスカレーションを回避すべく、小規模かつ国家間での紛争には及ばない程度の烈度を持った、いわゆる低強度紛争または代理戦争となった。また、国際テロ組織などの非国家主体が政治的思想を強要すべく、国家に対して暴力を行使する時期もあった。いずれの場合も、政治的目的を達するために戦争は遂行され、国のあらゆる資源が投入される。米国を例に見ても、国家政策（国益を維持・追求する目的）を達成するため、外交、情報、軍事、経済（DIME: Diplomatic, Informational, Military, Economic）を、他国への対抗手段とする国力と定義している*12・13。

戦争の本質は変わらず、国家形態の変化や新技術の登場を経ても、未だなお国家の政治的目的を達するための政治行為であると考えられる。

クラウゼヴィッツの戦争や戦略に関する概念を出発点として、現在でも多くの国々が軍事や戦争、戦略の次元に関する考え方を整理している。米軍を例にすると、彼らは戦争を政策（Policy）、戦略（Strategic）、作戦（Operational）、戦術（Tactical）の階層で整理している＊14。戦争という営みは、いずれかの階層だけの話ではなく、全てが相関し、上意下達の仕組みを有し、全てを網羅した総体的な行為である。政治家は戦争の総体的指揮・司令を担い、軍人は戦争という政治行為における軍事行動の指揮・司令を担う。それ故、政治家のリーダーシップや将来図（戦争における End State からそれ以降のフェーズ）の描き方というのは非常に重要である。そして、軍人はこの将来図の実現に向けた創意工夫が求められる。そのためにも戦争形態についての理解は必要だ。

War と Warfare、そしてドクトリン

政治行為である戦争（War）の戦い方における特徴や傾向を体系的に整理したものを、戦争形態（Warfare）と呼ぶ。いわゆる「〇〇戦」と称されるものだ。この戦争形態を緻密に整理分析することで、戦いの原則を見出すことができる＊15。すなわち、戦いの原理原則とすることができるのだ。

この戦争形態から紡ぎ出された戦いの原理原則は、戦争における軍事組織の思考様式、行動様式を指導するドクトリン形成の一助を担う。ドクトリンは、戦争とその戦い方に対して一定の考え方を促し、戦争計画と実行の根幹を担う＊16。米陸軍のドクトリンでは、「何を考えるかではなく、如何に思考するか（how to think-not what to think）」に重きを置いている＊17。ドクトリンは戦争遂行のための手順書やチェックリストではない。政治目的達成のため、政治家や政策家、軍の上級司令官は戦略目標を策定し、国家資源の運用を采配する＊18。さらに、この戦略目標を達成するため、軍人により複数の作戦が立案、実行

される*[19]。最後に、この作戦の一部として各個の戦闘が実行される*[20]。ドクトリンは、戦争次元の考え方に則り、戦争形態を理論化し、さらに反復的な実践と内省により強化するものである。

これまでに政治遂行としての戦争、戦争形態、これらの営みから紡ぎ出されるドクトリンについて確認してきた。そして、これら政治・政策の遂行方法、戦争の進め方、軍事組織の在り方を方向づけるのが「情報」である。

情報（Intelligence）とは何か

情報（Information）と情報（Intelligence）という言葉は、日本語では共通の音を持つが意味が異なる。情報（Information）は平易に表現するならば、未加工の生の情報であり、分析評価を経たインテリジェンス・プロダクトになる前の情報である*[21]。例えば、窓の外を見て「晴れている」、「風が吹いている」といった気象状況は生の情報である。

一方、情報（Intelligence）は、ある目的に向けて加工・生成されたプロダクトである。先の気象状況の例をもとに考えてみたい。気象は生の情報であるのに対して、天気予報はインテリジェンス・プロダクトである*[22]。雲の流れ、湿度、気温などの未加工情報である気象を総体的に収集し、一日の時間帯の天気を予報する。これにより、服装や傘の要否、洗濯物を屋外に干すべきかなど、情報を受け取る人の意思決定を支援する*[23]。

インテリジェンス業界では、インテリジェンス・プロダクトの生成にインテリジェンス・サイクルが用いられる。このサイクルでは、インテリジェンス・コンシューマー（政治家や政策家、司令官から末端の戦闘指揮官など、意思決定に携わる者）からの要請により、①計画、②収集、③処理、④分析・生成、⑤共有の工程を経てインテリジェンス・プロダクトが提供される*[24]。計画の段階では、必要とされるインテリジェンスの要件を決定する*[25]。要件に対して、各情報ソース（SIGINT、IMINT、MASINT、HUMINT、

OSINT、GEOINTなど）から生の情報を収集する*26。そして、各ソースから得た生の情報やデータを下処理し、分析できる状態にする*27。これら下処理された情報やデータをもとに、多角的な分析、評価を行い、情報のピースを全体像や文脈に即して整理し、意思決定者を支援するプロダクトを生成する*28。こうして生成されたインテリジェンス・プロダクトは、要請した者へ共有され、必要に応じてさらに次のサイクルに入ることもある*29。こうした工程を踏んだものをインテリジェンス・プロダクトと呼ぶ。

では、優れたインテリジェンスとは何だろうか。端的に述べるならば、インテリジェンスそれ自体が何かを決定し報告することではなく、意思決定者が判断を下すための材料となることである。しかし、人は物事を認知したいように認知してしまう。このことが優れたインテリジェンスを妨げる*30。例えば、情報を評価する場合、一次情報と二次情報で情報の鮮明さは異なる*31。また、情報が少ない場合、その中の偶発的な一貫性がミスリードを生む可能性もある*32。因果関係への認知もバイアスとなり得る*33。また過去の経験則に基づく推察もバイアスとして機能する*34。そして、情報を分析する上での自らへの過信もバイアスとなる*35。これらは一例だが、生の情報をインテリジェンス・プロダクトにする、分析・生成の過程でいかに認知バイアスを最小限にするかが重要となる。

さらに、インテリジェンス・コンシューマーも、意思決定を行うために、どのような判断材料が必要か、また提供されたインテリジェンス・プロダクトを正しく理解し活用できなくてはならない。大学院時代のＯＳＩＮＴの教官の言葉を借りるならば、インテリジェンス・ユーザーは聡明（インテリジェント）でなければならない。

ところで、インテリジェンスと聞けばスパイという言葉が何を指すか気になる方も多いのではないだろうか。エスピオナージ、いわゆるスパイ行為は、日本語で言えば諜報活動であり、戦線後方に入り込み情報を収集することを指す。だが、エスピオナージや諜報が、すなわちインテリジェンスと誤解、誤訳されるような表現が一般的に見てもかなり多くある。実際にはインテリジェンスが見ているのは敵情だけに限らず、同盟や中立の立場の者も含まれ、意思決定に必要となる事柄を包括する。また、エスピオナージはおおよそＨＵＭＩＮＴに分類され、インテリジェンス活動、ソースの一部であるが、それが全てではない。

現在のインテリジェンスはオールソースインテリジェンスとされ、各情報ソースに加え、ＯＳＩＮＴでも同様の情報活動が可能である（図２）。ＯＳＩＮＴから収集できる各情報ソースには、ラジオ放送（電波情報）、Instagram や TikTok 等にアップロードされる画像や動画（画像情報）、Google Earth で確認できる地形や建造物、また、季節や時間ごとの地理情報などが一例に挙げられる。

こうしたソースを組み合わせたインテリジェンス活動の事例を一つ紹介する。二〇二二年二月の、ロシアによるウクライナ侵攻直前のことだ。米研究グループは、いつ侵攻が始まるか不明な状況下で、ロシアとウクライナの国境にいた民間人が TikTok へ投稿したとされるロシア軍部隊の映像を確認した＊36。この投稿を基に衛星画像で国境周辺を調査すると、ベルゴロド郊外に集結するロシア軍部隊を発見したという＊37。さらにロシア語で「ベルゴロド」と TikTok 上で検索すると、当初タイムラインにあった動画と同一の映像を発見し裏付けとなったという＊38。さらに、該当地域を Google Map で定点観測すると、ウクライナ国境への交通量の増加が確認され、最終的には侵攻日の朝3:15に大渋滞の警報がでる程となった＊39。ロシア軍の移動によ

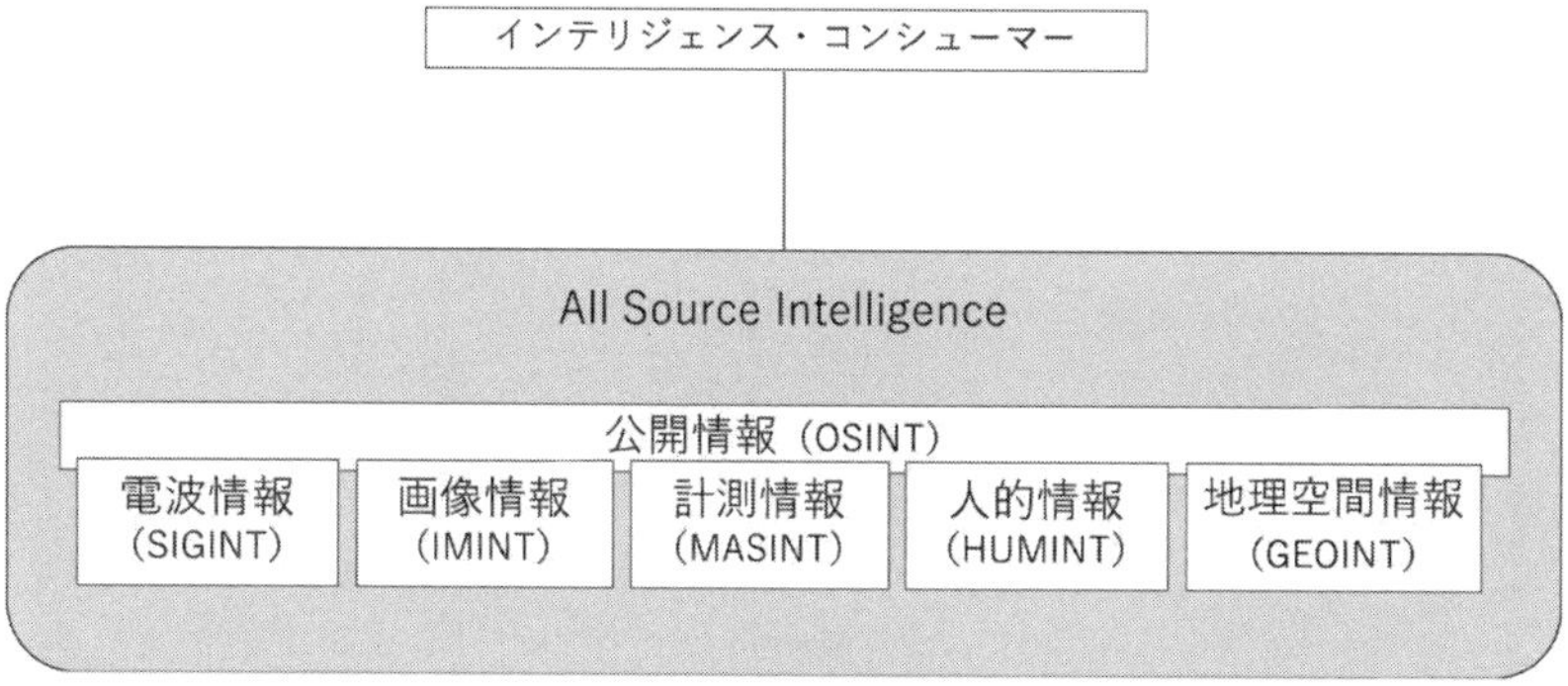

図2　インテリジェンス・コンシューマーとオールソース・インテリジェンス

り一般車両の通行が大規模に規制されていたのだ。

こうした事例からも、秘密を強引にかつ莫大な予算を掛けて探りに行くよりも、オープンソースから情報を収集し、多角的に分析、観察することで、その後の見積もりをかなり低コストで導き出すことができる。現在の「秘密」というのは、デジタル空間上の情報と情報の切れ目に隠されているといえる。つまり、単一のインテリジェンスソースでは、全体像の把握や意思決定に資するには不十分なのだ。

インテリジェンスは政治、政策レベル、戦争における戦略から末端の戦闘活動に至るまで、各次元における意思決定を支援するのが本質的な役割である。しかしながら、こうした政治、軍事的企図を画策した際に「思い通りに行きそうにない」ことも多い。これを解消するのが現在の特殊作戦（特殊戦）である。

秘密戦と特殊戦、そして非正規戦へ

現代の特殊作戦（Special Operations）、特殊戦（Special Warfare）、そして非正規戦（Irregular Warfare）を考察するにあたり、まず陸軍中野学校の秘密戦を振り返る。中野学校では、諜略、宣伝、防諜、諜報の四分野の作戦で秘密戦を構成していた。中野学校をはじめ日本軍における軍事情報活動や秘密戦の能力の整備、強化にあたっては、当時の国際情勢が大きく影響していた*40。対ソ連、中国を睨んだ情報活動、防諜活動を足がかりに強化が始められたのだ。さらに、将来の「大きな戦争」を念頭に工作活動の人脈形成や活動基盤の形成が進められていた。しかしながら、組織的かつ体系的な整備は一九三〇年代後半まで行われていなかった*41。情報活動、工作活動の基盤を持たず、一貫性がないまま活動をしていた帝国陸軍は、自国の利益を損なうリスクを常に孕んでいたのだ。中野学校創設者の一人である岩畔豪雄は『諜報、謀略の科学化』を参謀本部に具申することで、このリスクを乗り越えようとした。そして、一九三八年には陸軍中野学校がこうした特殊な活動を取りまとめる機関として設置されたのだ。

陸軍中野学校ではその特殊な活動の訓練のために、その時代でも最も優れた教育を提供していた。特筆すべき点は、総力戦に基づいて国、国民、政治、戦争を見ることを教えていたことだ＊42。軍人達は、軍では個々の戦闘を戦うためにどのような指揮命令をすべきかを学んできたが、中野学校入校後には政治という文脈における戦争、そして戦いを学んだ。この学びにより、敵の何を、どこで、いつ攻め、また、敵から我の何をどのように守るのかを理解した。すなわち戦争に勝利するには、武力戦闘に限らず敵の政治力を攻撃するために工作を展開する必要性を学んだのだ。戦争は総体的な政治の営みであるため、攻撃すべきは軍人に限らず、また物質的なものに限らない。そして更に注目すべき点が、この文脈におけるインテリジェンスの位置づけとその重要性である。中野学校では、あらゆる戦いに先立ち、情報活動がその後の在り方を決定することを説いていた＊43。この概念の基に、謀略（隠密作戦）や宣伝（プロパガンダ）、イデオロギーを理解し活動することは戦いにおいて優位に立ち続けることに繋がる。中野学校の学生たちは、時代を先駆け批判的思考能力（Critical Thinking）を磨いたのだ。

第二次世界大戦初期において中野学校出身者は戦果を挙げる。開戦当時は天然資源の獲得、植民地解放、領土の獲得、敵国の拠点奪取、敵戦力の解体など、日本の政治における戦争の勝利目標に対して確実な成果を挙げていた。余談だが、藤原岩市少佐による対英印軍へのプロパガンダ工作は「日本人」だからこそできた曲芸であったと言える。藤原は戦後、英国からの取り調べに対し、宗主国から植民地住民への抑圧を逆手に人心掌握し、解放運動を支援したとその秘訣を回答している＊44。こうした人の気持を汲み取る（空気感を読み行動する）ことは、単一民族を背景に皆が同じように考え行動するだろうという社会・文化的な営みの上に成り立つもので、諸外国では説明が困難であり、理解し難い行為である。日本人にしか成し得なかった大業を果たしたのが戦争初期だった。だが明るい話ばかりではない。

中野学校やその卒業生らは時代の犠牲にもなっている。中野学校の学生は世界大戦を目前とする一九三八年にその訓練過程を修了している。学生に与えられた時間はたったの一年だった。時間的な余裕があれば、多くを学び、組織的な後ろ盾を持って任務に臨めただろう＊45。しかし、当時の日本軍は作戦至上主義であり、作戦を極める者こそがエリートとされ、情報軽視の時代にあった*46。日本の政策と中野の作戦目標の不協和により、結果として日本はビルマ人を裏切り、インド人補助部隊を認めなかったことで反乱の種を撒くこととなる*47・48。政治や軍上層部の不理解によるパートナーの離反も後の中野卒業生や日本を苦しめることとなる。

戦況が悪化し日本が窮地に追い込まれると、秘密戦における特異な戦術にだけ焦点が当てられ個々の戦闘へ特化していくこととなる。ニューギニアやフィリピン、沖縄で展開された遊撃作戦は日本が劣勢の状況下で、限られた人員と資源で戦闘を継続し、敵に損耗を与え続け、進行を鈍化させようという試みだった*49。こうした特殊戦力は本土決戦に向けた遊撃戦指導にも応用された*50。だが、このような遊撃戦が展開されても、戦争の勝敗がつくほどの政治的なインパクトは与えられなかった。さらに戦争の勝敗がおおよそ見え始めると、日本の植民地ではこれまでの工作が揺り返しとなって反乱が起きた*51。総じて、陸軍中野学校の秘密戦への貢献はどれも優れていたが、これを有効に扱うことのできる政治や軍事指導者、または政治的、戦略的目標が不在であった。このことが情報の活用と戦争遂行に際しての最大の落ち度である。

ここまでは日本の視点で秘密戦とその成否を確認した。次に米国を事例として、特殊作戦、特殊戦、非正規戦の変遷を整理した上で成功要素を確認し、「如何にすれば陸軍中野学校は成功できたのか」という問いに対して答えを検討したい。

現在の米特殊作戦司令部（U.S.SOCOM）では、そのドクトリンにおいて、次の任務を特殊作戦で遂行するものとしている。「直接行動」、「特殊偵察」、「対大量破壊兵器拡散活動」、「カウンター・テロリズム」、「非通常戦」、「海外国内防衛」、「治安部隊支援」、「人質救出・奪還」、「対反政府活動」、「海外人道支援」、「軍事情報支援作戦」、「民事作戦」といった任務である*52。これらは先の図1の秘密区分に基づいた特殊作戦で実行される。この背景には、敵対的で閉ざされ、政治的かつ、または外交的にセンシティブな環境を前提にしており、米国の関与を公然とすべき場合、そうでない場合など、政治的目的や影響が考慮されている＊[53・54]。

なお、非正規戦（Irregular Warfare）は米陸・海・空軍および海兵隊の各ドクトリンにおいて、共通に定義されるものを指す＊[55]。非通常戦（Unconventional Warfare）は、陸軍種の特殊作戦部隊にのみに付与される任務であり、特定の文脈で実行されるものを指す＊[56]。非正規戦については、より広義で包括的な範囲を指す（図3）。

米陸軍特殊部隊では、「非通常戦」と「海外国内防衛」が主たる任務である。非通常戦では、図3にもあるように、米国の敵対国家や権力に対して、その国の領土内で反発する勢力（市民や反乱勢力）を軍事的に協力・支援（軍事訓練や武器、装備の共有など）し、政権等の正当性を減退させ、不安定な情勢を生むことを目的とする＊[57・58]。もちろん、こうした情勢を直接的に醸成するわけには行かないので、軍事力を隠密または機密作戦の形態で利用する。これらの背景により、米特殊部隊が敵対勢力に対して戦闘することは基本的にないとされる。なぜなら、米国の関与が明るみになると戦争へのエスカレーションが始まってしまうからだ。一方、友好国や同盟国に対して、その国の正当性と社会基盤の安定化を目的とするのが、海外国内防衛（Foreign Internal Defense）である。公然作戦の形態で、かつ直接的に対象の国に協力・支援（現地治安部隊や軍隊の教育、訓練など）し、反政府活動や無法状態を排除し、社会の基盤を保護する＊[59]。こうすることで米国の政治的企図を顕示することができる。つまり

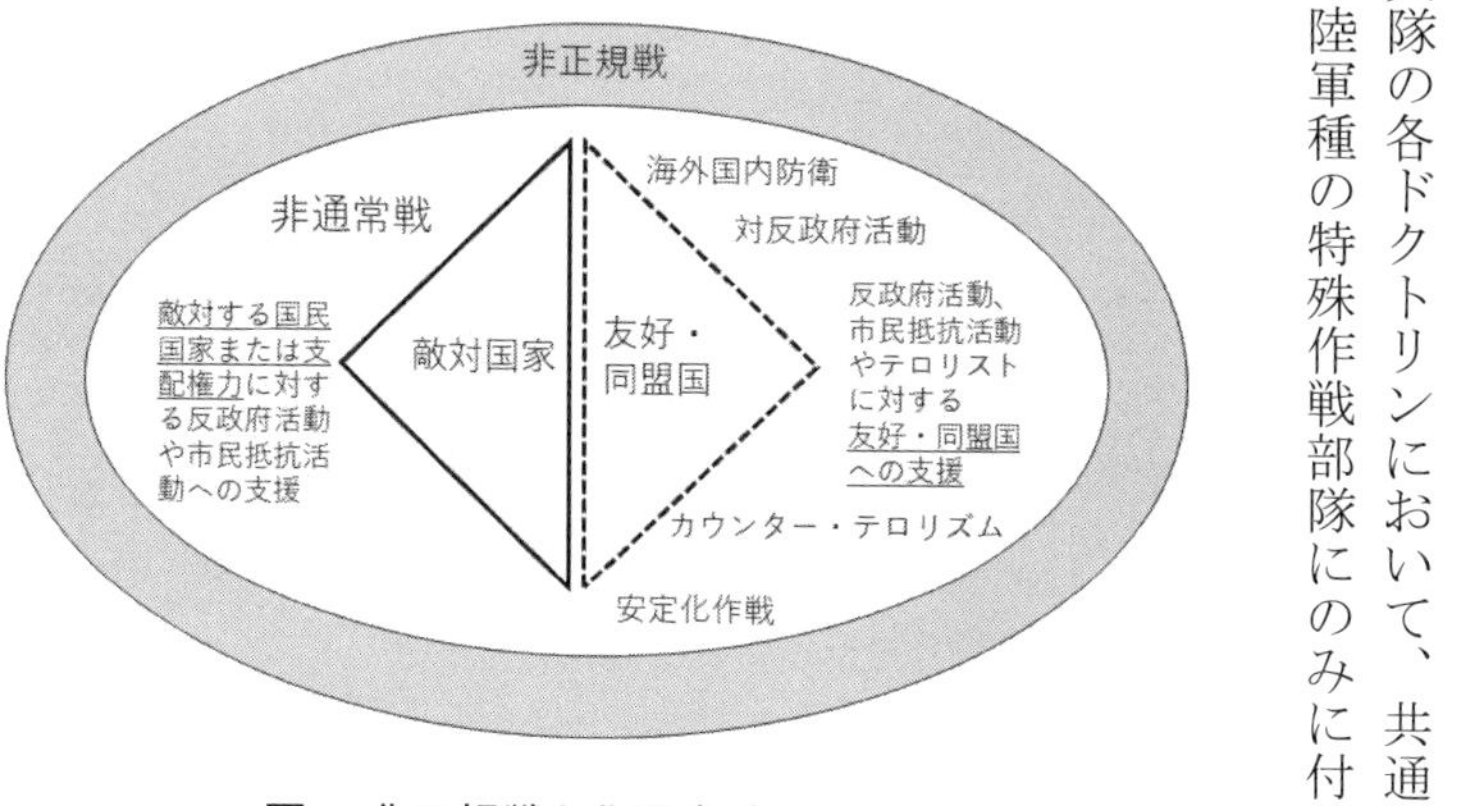

図3 非正規戦と非通常戦の相関図

抑止として機能するのだ。図３でも確認できるように、海外国内防衛は同盟国に対する支援活動の大枠で、その中に対反政府活動やカウンター・テロリズムなどの活動が行われる。敵対国か同盟国かで、軍事のアプローチやその扱われ方は変わる。

　非正規戦、特殊戦、特殊作戦をより大きなスコープでその位置を確認し、理解に繋げたい。図４は、米国防総省ダニエル・K・イノウエ アジア太平洋安全保障研究センターで行われたプレゼンテーションを基に訳者が再構成したものである＊60。本書への掲載にあたり、同センターとプレゼンターの元米陸軍特殊部隊大佐、現U.S. SOCOM上級戦略家のロバート・C・ジョーンズ氏の許可を得ている（＊本資料は米国政府および米国防総省の公式見解を示すものではない）。ジョーンズ氏によれば、平時から有事までをスペクトラムで表し、「競争」、「武力衝突」、「戦争」の段階に区分し整理している＊61。スペクトラムが戦争に向かうほど力の烈度は高くなる。競争においては特殊作戦が米軍の手段となる＊62。一方、武力衝突直前から戦争に至る

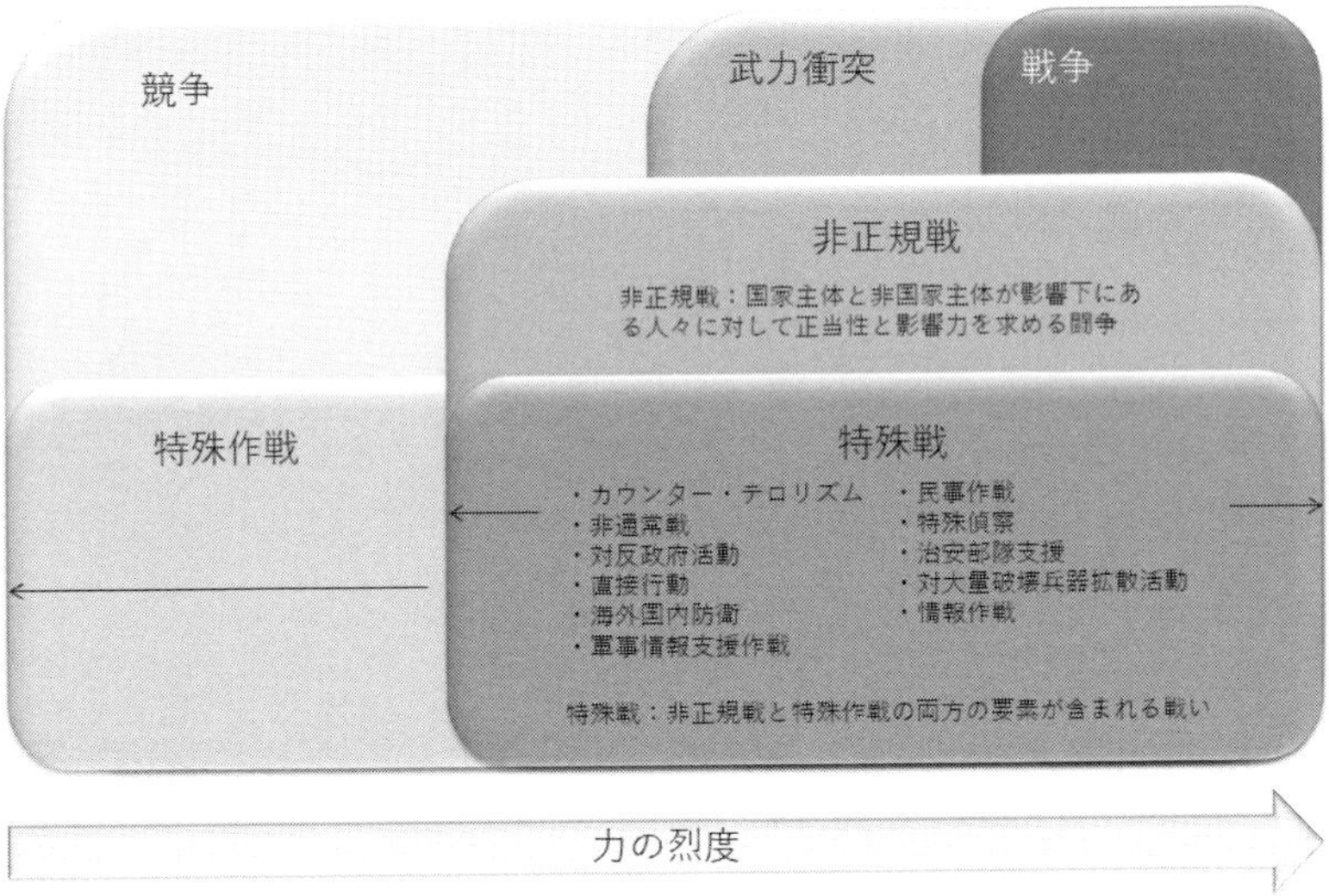

図4　平時から有事までのスペクトラムと各戦争形態の区分
～Global War on Terrorまで

までは、非正規戦やそれと特殊作戦が組み合わされた特殊戦がその戦争形態を司る＊63。ジョーンズ氏はこれがGlobal War on Terror期（対テロ戦争期）までの整理だとしている＊64。後に紹介するが、ポスト対テロ戦争では、「グレーゾーン状態」や「ハイブリッド戦」の台頭により、この概念を再考している。

こうした特殊戦における戦いや組織の在り方、そして任務は、過去の戦争や作戦行動によって紡ぎ出されている。その一つの契機が第二次世界大戦下のフィリピンである。

米国の特殊作戦が本格的に運用されたのがこの時であった。米国は独立戦争時に米先住民の戦士達からゲリラ戦術を学んでいた＊65。当時から、より強大で重武装した敵部隊に対し、少ない損耗で勝利することを目的とする戦術とされていた＊66。ゲリラ戦術は、敵線後方で兵站や指揮系統を撹乱し、敵部隊間や司令部と断絶させ、混乱させることで敵の作戦継続を困難にした＊67。こうしたエッセンスは現代の特殊戦にも生きていると言われる＊68。日本軍が進軍する一九四一年のフィリピンで、少数の米陸軍将校が、命令を受けることなく、現地のゲリラの組織、訓練、物資の提供、指揮をしていた＊69。つまりこれらの米軍将校は、被侵略国の現地住民に対する「民事作戦」を通して遊撃戦術を指導することで日本に対する「非通常戦」を可能にしていた。さらに日本への対抗勢力が組織されると、彼らは米軍の「目」や「耳」となった＊70。日本軍はこのゲリラからの撹乱によりオーストラリア侵攻を諦めざるを得なかったのだ＊71。戦略目標が明示され、それを実現させるためにゲリラ戦術を運用したのだった。

冷戦期には特殊作戦の整備が本格化した。まず朝鮮戦争とソ連の脅威を念頭に、非通常戦の中でも心理的側面をリードする特殊部隊の整備が急がれた＊72。圧制する政権に対して現地民が戦いを遂行する能力を付与する必要があった。これには心理的なアプローチを可能にする必要があったが、先の大戦下これらの能力をリードし、特殊任務にあたっていた部隊や組織は既に解体されていた＊73。朝鮮戦争下で組織された米陸軍の特殊部隊は、各隊員単位でアドバイザーとして朝鮮人パルチザン部隊を訓練し、朝鮮半島北部におけるゲリラ活動を支援した＊74。こうした活動から評価を得た特殊部隊は、総力戦から代理戦争で任務を遂行できるように最適化が行われた。

冷戦は核の抑止により超大国同士での直接的な熱戦が行われず、各陣営の代理戦争化した戦いであった。こうした中で一九六一年に米大統領となったジョン・F・ケネディは特殊作戦部隊の反政府活動対処能力を評価し強化していくこととなる*75。

冷戦は資本主義と共産主義の戦いでもあった。特に共産主義陣営は、自身の主義を拡散するために反植民地運動や独立運動を「国家解放戦争」と呼び、反政府活動や暴力行為を支援した*76。これにより、暴力で主義主張を相手に強要する戦術の「テロリズム」を使用するテロリストが世界各地に出現した。並行して進行中のベトナム戦争では、ベトコンに対抗すべく、米特殊部隊は現地の準軍事組織を編成し、南ベトナム政府の対反政府活動政策を支援した*77。また、共産圏プロパガンダの標的となっていた南ベトナムの少数民族へのベトコンの勧誘を阻止することで、戦略的要所の陥落を防ぐことに注力した*78。こうした取り組みは、朝鮮戦争時に準備された非通常戦とは逆に、友好国や同盟国への「対反政府活動」、「カウンター・テロリズム」への支援協力を中心とした「海外国内防衛」活動であった。冷戦期には共産主義テロリズムや反政府活動が中心だったが、冷戦後にはアル・カイダなどの宗教の解釈に基づくテロリズムが主流となる。こうしたテロや反政府活動と戦うために米国が力を入れたのが特殊作戦の包括的な整備であった。戦争を直接戦う国同士が争えば、図4で確認したとおり、力の烈度は高くなる。だが、代理戦争または低強度紛争である場合、力の烈度を抑えることができる。冷戦を通じて代理戦争を戦うために整備された特殊作戦は、9・11以降、グローバルテロとの戦いに主眼が置かれた。

二〇〇一年九月一一日の米同時多発テロを契機に、米国の特殊作戦は Global War on Terror にシフトしていく。この時期から、代理戦争を戦う現地住民等を支援する活動から、コマンドー（特殊な戦技や戦術、装備品を運用し戦う部隊）としての任務である「直接行動」（Direct Action）により注力していった*79。

また、これまでは敵対政府に対する反政府勢力がパートナーであったのに対し、軍や治安部隊におけるコマンドー部隊を育成しパートナーとすることが増えた＊80。アル・カイダや関連グループによるテロ、また、イスラム教を拡大解釈したイスラム国（the Islamic State）によるテロが中東からグローバル化したことが背景だ。だが、二〇一五年頃には、米国は中国やロシアによる大国間競争を認知している＊81。そして、二〇一八年に発刊の国防戦略文書においてこれらの国による脅威を認めている＊82。

Global War on Terror を経て、戦いの様相は超大国間競争に向けて変革が進んでいる。競争とは、ロシアや中国が米国と同等な戦略目標を掲げ、通常戦の烈度に到達しない戦いである＊83。またロシアや中国は、その軍事力、外交力、経済力を複数の地域で利用し影響力を高めることで、米国の影響力やプレゼンスを減退させ、米国とそのパートナーとの関係を損なわせようとしている＊84。こうした状況を踏まえ二〇一八年に国家防衛戦略文書が公表され、軍事の分野ではこれに伴い二〇二〇年に非正規戦に対する再定義が行われた。図5はジョーンズ氏による整理だが、従来の非正規戦は、国家主体と非国家主体の間で、それぞれの影響下にある人に対する正当性と影響力をめぐる闘

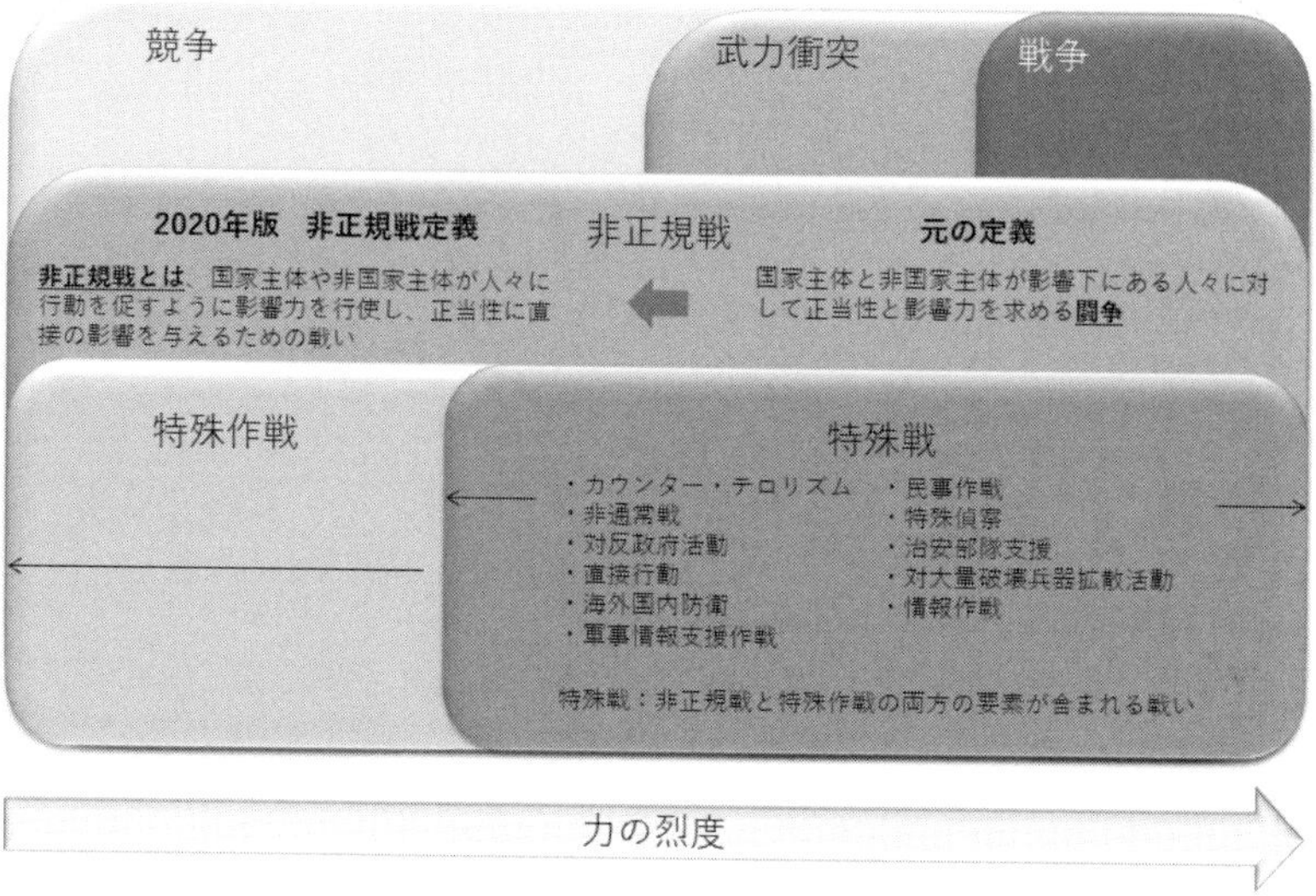

図5　平時から有事までのスペクトラムと各戦争形態の区分～「競争」の時代

争であり、武力衝突や戦争のフェーズにおける戦いだった。つまり、国とそれに反対する勢力がいた時に、どちらの主張がより正当か、もしくは正当と判断できるかをめぐり、武力で戦っていたのだ。敵対する陣営や国の中に協力者を育成し、敵対者に対して不利な環境を醸成することで支持者にとってより優位な環境を構築した。

一方、二〇二〇年版では戦いを定義することへシフトしている。図5にもあるように、非正規戦の範囲が競争のフェーズまで及んでいる。このフェーズでは、国家主体や非国家主体が、直接の影響下にない幅広いオーディエンスに向けて影響を及ぼし、それを行使する主体の正当性を認めさせようとする戦いとなった。具体事例として、ロシアがシリアのアサド政権の続投を支持することで、アサド政権はロシアの息がかかった国となる＊85。また、南シナ海では中国が島を軍事拠点化し、ここを通じて中国海軍や準軍事組織のプレゼンスが常態化している＊86。さらに周辺地域に対して、経済力と外交力をもって中国の影響力を強化している＊87。つまり、既存の認識を影響力によって変え、それを行使する者の正当性を強化する、「グレーゾーン状態」と「ハイブリッド戦」が台頭する。

「ハイブリッド戦」、「グレーゾーン状態」の相関を確認する。図6も米国防総省ダニエル・K・イノウエ アジア太平洋安全保障研究センターで行われたプレゼンテーションを基に訳者が再構成したものである。本書への掲載にあたり、同センターとプレゼンターの国防次官補室特殊作戦・低強度紛争担当内特殊作戦・テロ対策室のプリンシパル・ディレクターのダニエル・ロウ氏の許可を得た（＊本資料は米国政府および米国防総省の公式見解を示すものではない）。ロウ氏の整理によれば、戦争形態として見た場合、敵に対する軍事力（火力等）を中心とする伝統戦と、敵や敵に関連する主体への影響力や正当性を行使する非正規戦の中間地点に「ハイブリッド戦」があると説明している＊88。また、競争と戦争の過渡期にある状態を「グレーゾーン状態」と説明している＊89。この縦と横の交差点を占める努力が継続されている。これが保たれることで、烈度の高い戦争を回避しつつも政治的な目的を達成することが可能となる。烈度のエスカレーションを回避するためにも、正規戦における軍事力を適宜顕示しつつ、特殊作戦で利用される概念や手法、物事の流れを組み込むことで、ある国にとって優位な環境を醸成することが現在の戦いの様相である。こうした戦い方ができるのは、政治目的が明らかで、これをリードできる政治指導力を持つ国のみである。烈度を持った戦いとまでは言えないこのような営みは、単発ではなく、連続的かつ複合的に起こり、それを軍事力やその応用でコントロールする必要があるからだ。

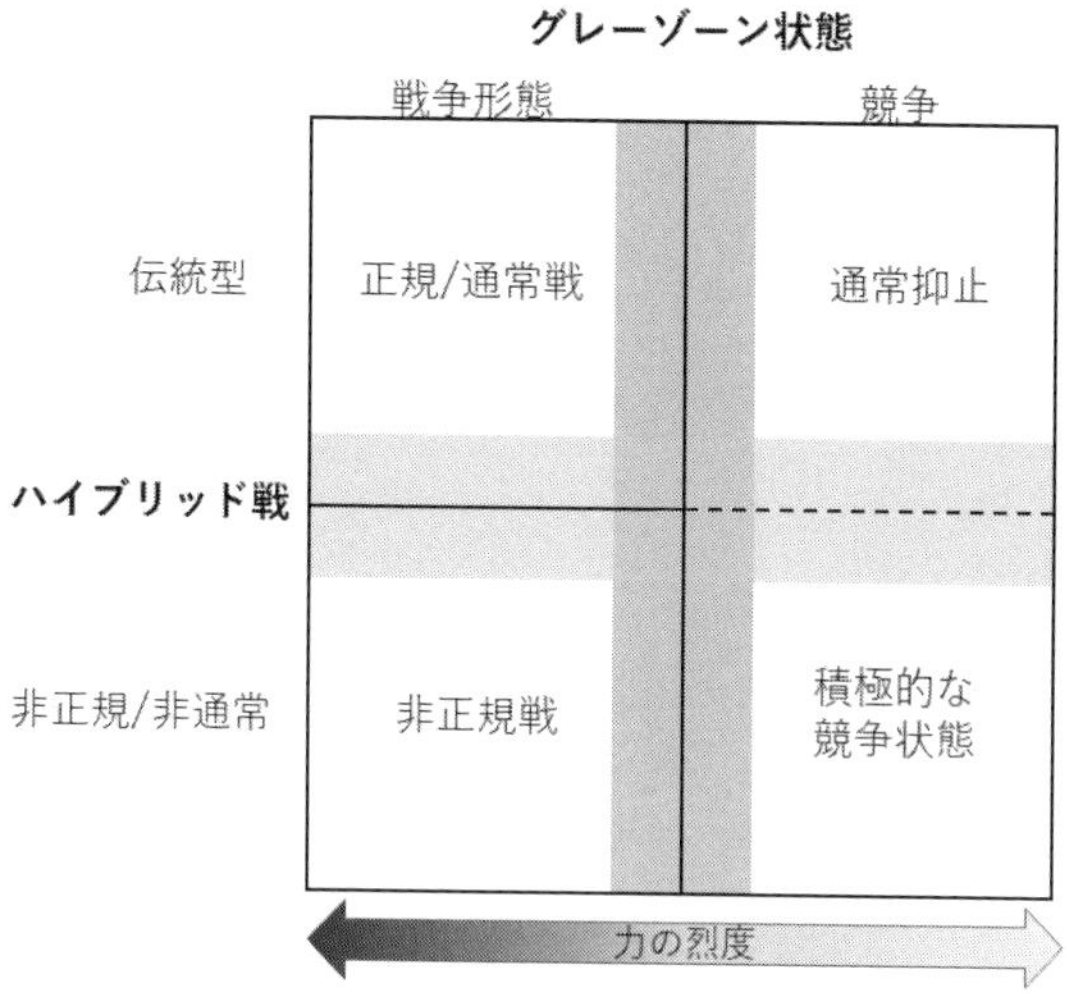

図6「ハイブリッド戦」と「グレーゾーン状態」の相関図

米国の特殊作戦の変遷、現代戦の様相を確認してきたが、彼らがこの特異な戦いを継続できた要素を改めて整理する。特殊戦や非正規戦、また現在の競争におけるグレーゾーン状態でのハイブリッド戦では、①政治指導、②政治、政策とリンクした戦略、作戦、戦術、③優れた知識、専門性、技術と身体を持つ部隊、が必要である。特殊戦は古くて新しい戦いと形容される*90。そして、クラウゼヴィッツが残したように、戦争の本質は変わらない。だが、技術や社会、戦争の形態が変化することで、これまでの戦い方に変革の余地が生まれる。政治におけるステークホルダーはこうした余地を利用して、自国の政治的な企図を達成しようとする。このことから、特殊戦の成功要素は、強い政治的指導力や政治的企図がある国や場所だけに存在することが伺える。

米国のこれまでの非正規戦への取り組みは、陸軍中野学校の秘密戦と大きく通じるものがある。例えば、宗主国に抑圧されたビルマやインドを味方につけ、彼らに戦う術を教え、植民地支配という圧政を乗り越えようとしたように。これは米国の「非通常戦」、「海外国内防衛」への取り組みであり、米陸軍特殊部隊の主要任務である。陸軍中野学校やその卒業生の各工作活動は、植民地解放という目的を達成し、日本の勢力を拡大する上では重要な任務であったはずである。だが、米国と日本との決定的な差は、政治目的を見誤ったことである。

おわりに：日本へのインプリケーション

日本は一九四五年以降、戦争を経験しておらず、戦争や安全保障、軍事、国防といった領域を学問として包括的に捉えてこなかった。一部行われる研究は、戦争における認知できる武力戦や兵器に関する議論が中心である。さらに、日本の防衛戦略は同盟国である米国の存在を前提としている。しかし、果たして見えるものだけを見たいように見るだけで私達の明日は守れるのだろうか。

今回確認した現代戦の主流であり特徴である「ハイブリッド戦」、「グレーゾーン状態」は、戦争という変遷を緻密に追わなかった日本からすると、新しいものなのかもしれない。「グレーゾーン」という言葉は二〇一〇年の『平成二三年度以降に係る防衛計画の大綱について』で初めて用いられた。その際の説明には、「領土や主権、経済権益等をめぐり、武力紛争には至らないような対立や紛争」とある。二〇一八年の『平成三一年度以降に係る防衛計画の大綱について』では、初めて「ハイブリッド戦」という言葉が用いられ、「軍事と非軍事の境界を意図的に曖昧にした現状変更の手法は、相手方に軍事面にとどまらない複雑な対応を強いている」と説明されている。さらに二〇一八年の『平成三〇年版　防衛白書』では、グレーゾーン事態とハイブリッド戦について解釈を述べる試みが行われた。翌二〇一九年の『令和元年版防衛白書』では、この二つについてコラムが設けられ、ついに認識が述べられている。中国やロシアの動向を踏まえ、変遷の中で説明を試みているが、どうしても「突如として現れた戦い」として解釈せざるを得なかったのだろう。諸外国では戦争という政治的営みは進化を経てきているものであり、こうした背景を蔑ろにした理解ではとても太刀打ちできない。白書を書く官僚や自衛官、その上に立つ政治リーダーもこうした学問を抜きに育った日本人だ。

一方でこうした新たな課題に対して、日本は同盟国へ解決策を見出そうとする傾向がある。日本の安全保障の軸としての日米間の防衛協力関係構築への努力は、日米共同訓練を始め随所でみられる。日本の自衛隊のリーダーは、軍事組織として政治遂行の機能を担保させなくてはならない。故に、同盟国軍との信頼構築は非常に重要である。だが同時に彼らのカウンターパートが軍隊であることを認識しておかなくてはならない。どういうことか。どんなに信頼感があっても、彼らの上にいる政治リーダー達が政治介入をしないと宣言すれば米軍は何もできないし、してはならないのだ。米国の政治を見てみると、トランプ大統領のようなリーダーシップそのものが不確実で、バイデン大統領のアフガニスタンやウクライナへのアプローチを見れば、同盟国が望む形での活動や支援は見受けられない。日本の軍事リーダーや政治リーダー、そして国民は、この政治と軍事の不確実性を認識しなくてはならない。だが、依然として日米同盟を過信した風潮がある以上、本稿で確認したような特殊戦を闘うこと、特殊作戦を運用すること、その能力を開発することは不要と認識されているのかもしれない。

学問対象としての戦争の不在、日米同盟を過信しすぎる風潮の上に、現代戦という現実的な課題がある中で、政治や政治リーダーは日本国民や日本のための答えを紡げるのだろうか。そして、日本国民は自ら思考し、これらの課題を乗り越えることができるのだろうか。訳者は、同盟国ありきの政治指導、防衛政策、指針、戦略は極めて危険な状態であると考える。政治と国民がコミュニケーションを図れる共通の言葉を据えることが優先課題ではないだろうか。

なぜ言葉の定義に拘るのかといえば、それは共通の「知的基盤」形成に重要であるからだ。こうした議論は、戦争アレルギーに起因するタブー感に阻害されている。タブーばかりが先行することによって、国民の間で健全な議論ができないのは国家にとって非常に不健全である。さらに、私達は、政治と戦争や、戦争に対する理解が部分的である。そして、こうしたギャップを無視し続ければ戦いには勝てない。なぜなら、戦争は一種の政治行為であり、望まずとも足音を立ててやってくるのだ。日本は自国の政治によって指針を打ち出し、自らの足で国を切り拓いていかなくてはならない時に来ている。

謝辞

本書を読者の皆様にお届けするにあたり、慶應義塾大学ＳＦＣ研究所上席所員の部谷直亮氏に企画案の段階からご協力いただいた。翻訳を進めるにあたっては、国文学研究資料館様より資料の開示をいただいた。また、この出版を実現するにあたり芙蓉書房出版様にご協力いただいた。特段、平澤公裕氏には本企画を全面的に支援いただいた。妻の由佳には原著をいかに日本語で伝えるかについて共に考えを巡らせてもらった。本稿執筆にあたっては、これまでに知り合った実務者にコメントを頂き議論を深めさせていただいた。最後に、著者であるマルカード氏には疑問点の解消や本稿を執筆する上での議論をさせていただいた。

政治家、政策家、安全保障実務者、研究者、学生、また一般の読者にも本書を積極的に読んでいただき、現代の差し迫った脅威に対して、日本の現状をよく見つめる契機として受け止めてほしい。

註

1 戦争経験が戦後にないことから、日本では秘密戦に関係し対応する言葉が生まれず、体系的な整理がなされてこなかった。一方、豊富な戦争経験を有する英語圏では、中野学校で使用されていた言葉に対して丁寧な吟味、解釈が行われる下地があった。この一例に、著者は「謀略」を Covert Operations と訳している。Covert Operations に対する定訳は、未だに英語のように吟味された形では確認できず、本書においては「隠密作戦」としている。

2 Life is a Special Operation, "Clandestine-Covert-Overt-What's the Difference?," Life is a Special Operation, Nov 22, 2019, video, 0:22, https://youtu.be/RZ0EvutWeTw. 「隠密作戦」の上位に来るのが Clandestine Operation（機密作戦）で、スポンサーや作戦行為者およびその作戦

結果や効果も隠匿される。一方、Overt Operation（公然作戦）は、テロリスト等を逮捕する際に現地の治安部隊と支援国の特殊作戦部隊が共に行動するといった例を挙げられる。

3 The Congressional Research Service, "Covert Action and Clandestine Activities of the Intelligence Community: Selected Congressional Notification Requirements in Brief," *The Congressional Research Service*, updated July 2, 2019, https://sgp.fas.org/crs/intel/R45191.pdf, Summary.

4 カール・フォン・クラウゼヴィッツ『縮訳版 戦争論』加藤秀治郎訳、日経ＢＰ、二〇二〇年、三九頁。

5 中島浩貴「近代戦略思想（その１）ナポレオン戦争から第一次世界大戦まで」、石津朋之・永末聡・塚本勝也編『戦略原論 平和と軍事のグランド・ストラテジー』、七四頁。

6 同上、七四頁。

7 同上、六二頁。

8 同上、六五頁。

9 永末聡「近代戦略思想（その２）第一次世界大戦から第二次世界大戦まで」、石津朋之・永末聡・塚本勝也編『戦略原論 平和と軍事のグランド・ストラテジー』、九五頁。

10 同上、九五頁。

11 同上、九六頁。

12 Paul D Lefavor, *US Army Small Unit Tactics Handbook* (North Carolina: Blacksmith LLC, 2015), 168.

13 "The Instruments of National Power," *The Lightning Press*, accessed February 10, 2022, Ihttps://www.thelightningpress.com/the-instruments-of-national-power/.

14 Daniel Sukman, "The Institutional Level of War," May 5, 2016, https://thestrategybridge.org/the-bridge/2016/5/5/the-institutional-level-of-war#:~:text=The%20United%20States%20military%20recognizes,level%20of%20war%20on%20top.

15 Paul D Lefavor, *US Army Small Unit Tactics Handbook*, 174.

16 Ibid, 167.

17 Ibid, 167.

18 Ibid, 172.

19 Ibid, 172.

20 Ibid, 173.

21 小谷賢「インテリジェンス」、石津朋之・永末聡・塚本勝也編『戦略原論 平和と軍事のグランド・ストラテジ一』、三〇六頁。
22 同上、三〇六頁。
23 同上、三〇六頁。
24 "HOW INTELLIGENCE WORKS," U.S. INTELLIGENCEC CAREERS, accessed February 1, 2022, https://www.intelligencecareers.gov/icintelligence.html.
25 Ibid
26 Ibid
27 Ibid
28 Ibid
29 Ibid
30 Richards J. Heuer, Jr. "Psychology of Intelligence Analysis," originally published in 1999, https://www.cia.gov/static/9a5f1162fd0932c29bfed1c030edf4ae/Psychology-of-Intelligence-Analysis.pdf, 111, 115.
31 Ibid, 116.
32 Ibid, 121.
33 Ibid, 127.
34 Ibid, 147.
35 Ibid, 161.
36 Stephen Diehl, "Field Work: What TikTok Can Teach Us about War," *Middlebury Institute of International Studies at Monterey*, April 25, 2022.
37 Ibid
38 Ibid
39 Rachel Lerman, "On Google Maps, tracking the invasion of Ukraine," *The Washington Post*, last modified February 27, 2022, https://www.washingtonpost.com/technology/2022/02/25/google-maps-ukraine-invasion/.
40 本書１章
41 同上。
42 同上。
43 同上。

44 福山隆『陸軍中野学校の教え 日本のインテリジェンスの復活と未来』ダイレクト出版、二〇二一年、一一〇頁。
45 本書1章。
46 本書3章。
47 同上。
48 本書4章。
49 本書5、6、7章。
50 本書7章。
51 本書8章。
52 Joint Chiefs of Staff, “Joint Publication 3-5 Special Operations,” *Joint Chiefs of Staff*, July 16, 2014.
53 Ibid
54 The Congressional Research Service, “Covert Action and Clandestine Activities of the Intelligence Community: Selected Congressional Notification Requirements in Brief,” *The Congressional Research Service*, updated July 2, 2019, https://sgp.fas.org/crs/intel/R45191.pdf.
55 Joint Chiefs of Staff, “Joint Publication 3-5 Special Operations,” *Joint Chiefs of Staff*, July 16, 2014.
56 The United States Army Special Operations Command, “Unconventional Warfare Pocket Guide(The United States Army Special Operations Command : North Carolina, 2016),” https://national-security.info/pubs/USASOC-UW-PocketGuide-Apr2016.pdf. 日本語では一般に「特殊部隊」とされるが、英語の Special Force（特殊部隊）は陸軍種の特殊作戦部隊のみを指す。英語では一般に「特殊作戦部隊」（SOF：Special Operations Force）とされる。
57 Paul D Lefavor, *US Army Small Unit Tactics Handbook*, 185.
58 Ibid, 191.
59 Ibid, 198.
60 Robert C. Jones, “Solving for “Why” To Redefine the “X”, One Must First Form a New Theory of the Case,” Presented at the Daniel. K. Inouye Asia-Pacific Center for Security Studies on March 11, 2021.
61 Ibid
62 Ibid
63 Ibid
64 Global War on Terror 期というのは、二〇〇一年九月一一日の米同時多発テロを契機とした対テロ戦争期から二〇一八年の大国間競争を踏まえた戦略文書（National Defense Strategy 2018）発出までとジョーンズは指摘している。

65 Paul D Lefavor, *US Army Small Unit Tactics Handbook*, 4.
66 Ibid, 14.
67 Ibid, 16.
68 Ibid, 22.
69 Ibid, 22.
70 Ibid, 30.
71 Ibid, 30.
72 Ibid, 59.
73 Ibid, 60.
74 Ibid, 59, 60 61.
75 Ibid, 69, 70.
76 Ibid, 69.こうした時代背景からグリーン・ベレーなど対テロ任務を中心とした部隊が誕生した。
77 Ibid, 73
78 Ibid, 74
79 Barnett S. Koven, Chris Mason, "BACK TO THE FUTURE: GETTING SPECIAL FORCES READY FOR GREAT-POWER COMPETITION," *War On the Rocks*, May 4, 2021, https://warontherocks.com/2021/05/back-to-the-future-getting-special-forces-ready-for-great-power-competition/.
80 Ibid
81 The Congressional Research Service, "Renewed Great Power Competition: Implications for Defense?Issues for Congress," *The Congressional Research Service*, updated March 10, 2022, https://sgp.fas.org/crs/natsec/R43838.pdf, 4.
82 Ibid, 2.
83 Tim Nichols, "Sending Special Operations Forces into the Great-Power Competition," *Small Wars Journal*, August 2, 2020, https://smallwarsjournal.com/jrnl/art/sending-special-operations-forces-great-power-competition.　通常戦とはいわゆる武力を用いた戦争

84 Ibid

85 Ibid

86 Ibid

87 Ibid

88 Daniel Roh, "What is Irregular Warfare," Presented at the Daniel. K. Inouye Asia-Pacific Center for Security Studies on March 8, 2021.

89 Ibid

90 Paul D Lefavor, *US Army Small Unit Tactics Handbook*, 185.

【特別寄稿】陸軍中野学校の成功と限界に通底する謀略とインテリジェンスの本質

慶應義塾大学ＳＦＣ研究所上席所員
部谷　直亮

本書は数多くの物語やノンフィクションで語られてきた中野学校の誕生から戦後における〝戦い〟の活動までを総合的に学術的に纏めた好著である。これまで中野学校に関する邦書は多いが、総合的な観点から学術的に論じたものは管見の限りない。

その画期的な著作を、ミドルベリー国際大学院モントレー校大量破壊兵器不拡散・テロリズム研究修士課程や米国防総省シンクタンクで、同様に総合的・学術的に特殊戦、インテリジェンス―中野学校が本来行おうとしていたこと―を研究してきた訳者が翻訳した。

これほど、期待のかかることはない。さて、本稿ではこのような著作の意義―特に現代的な意味での―について論じたい。

本書を通じて明らかになるのは、第二次大戦時における日本の情報活動が戦術や戦闘レベルにおける貢献という面では傑出したレベルに達していたという点だ。

ラジオや映画といった新しいメディアを存分に活用しプロパガンダ作戦を展開した中野学校出身者。また、事前に現地に浸透し、協力者を獲得し、それを組織化し、緒戦における破竹の進撃に大きく貢献した中野学校出身者。

これらの姿は中野学校の成功を意味している。中野学校は、米ＯＳＳや英ＳＯＥに引けを取ることないとの著者マルカード氏の評価は正しい。しかし、一方でなぜアジア太平洋の全域において輝かしい成果をもたらした中野学校が存在したにもかかわらず、日本は悲惨な形での惨敗に終わったのかとの疑問も生起する。

現に日露戦争でも明石工作に代表される謀略が勝利に貢献したではないか、と。

ここで本書での言及を戦術よりも高次の作戦や戦略、そして政治の視点から眺めてみよう。その場合、作戦や戦略における功績は疑わしくなる。なるほど、確かに中野学校の成果は傑出している。しかし、戦争の階層が戦術から作戦へ、作戦から戦略へと駆け上がるにつれ、その光は薄らいでいくのである。確かに緒戦の各地の制圧では貢献した。

しかし、それが作戦レベルやそれよりも上位である戦略や政治のレベルでは、活用されなかった、もしくは活動が乏しかったと本書からは読み取れる。南方作戦で行われた作戦次元に手が届くレベルの活動でさえ持続されずに緒戦だけで終わってしまい、その後の占領地での住民感情の離反を招いた。クラウゼヴィッツが指摘したように、戦争という暴力行為を通じた政治的行為を遂行していた政府ないし高級軍部が政治性を発揮しなかったことと指摘できる。

これは日露戦争と比較すればより明確になる。戦史研究家の長南政義氏は、『児玉源太郎』（作品社、二〇一九年）において、児玉源太郎の構想した対露戦略とは、①奉天会戦に至るまでの連戦による極東のロシアの軍事力の無効化と要地占領、②明石工作によるロシア国内の不安定化、③満州における後方破壊活動、④同地域における馬賊の活動の四本柱によって、ロシアの平和への衝動を高め、和平に持ち込むものだったと指摘する。

注目すべきは、明治期の日本軍は戦略や作戦目標を実現するための謀略を持続的、しかも軍事作戦と連動させつつ行っていたことだ。特に、児玉源太郎は戦争目的達成のための目標を政略目標と兵略目標に分類し、それらを軍事攻勢で実現したのちは、外交交渉や謀略などの政略によって戦争終結を図る―もし政略が失敗した場合は、守勢に転じ敵の疲弊を待つ―とした。まさしく謀略が軍事行動と相まって、また政治と連携することで政治目的を達成する推進力になるシナジー効果を生んだのだ。

本書で明らかにされる昭和期の謀略は、一時的な戦術支援にほとんどとどまっており、せいぜい一方面の作戦に活用されるのみであったことがうかがえる。かろうじて作戦レベルに手が届いた緒戦ですら、それも一部の作戦に限定され、政治や戦略との連携は意識すらされなかった。

そもそも昭和期の日本は、戦争終結を図るための手段は児玉の表現に従えば「兵略目標」のみであり、謀略はそれに奉仕するためだったと評しても過言ではなかった。広い意味での戦略や政治とは、ついぞ無縁に終わってしまった。

中野学校の活動は、明治期の陸軍よりも洗練され、高度であり、大規模であったことは間違いない。それは本書が詳細に描いているように戦術や戦闘レベルでは、上層部の無理解や錯誤を超えてなお概ね成功した。

稲葉千晴『明石工作―謀略の日露戦争』（丸善ライブラリー、一九九五年）が詳らかにしているが、いわゆる明石元二郎が行った「明石工作」は、幾度も反政府勢力の武装蜂起を狙ったものの失敗の連続だった。それに比べれば、格段の〝成功〟と評価できなくもない。

しかし、中野学校が関与した活動は、児玉源太郎が構想したような日本にとって有利な講和を成就する為ではなかった。開戦時は占領地獲得、戦争半ば以降は要所の防衛に貢献する為―すべては目前の戦闘や戦術を成功させるための工作―だった。その芸術的な工作は、本来用いられるべき戦略や作戦、そして政治に奉仕しなかった。本書を読了すれば分かるように軍上層部も政治指導者も、その価値を理解せず、活用しなかったからだ。本書では軍上層部や政治指導者の姿や意志がほとんど見えてこない。

一方、明石工作は稲葉氏が指摘するように直接的な工作には失敗したものの、長南氏が示唆するように間接的な効果もなかったと断じることはできない。医術と同様に直接的な効果だけで評価できないのが謀略であり、今後の研究が俟たれるところだ。

このように中野学校の謀略は戦略や作戦レベルに対する貢献は、特に前者では少なく、戦争末期にはますます戦術や戦闘レベルにばかり集中していく。これは小谷賢『日本軍のインテリジェンス』（講談社選書メチエ、二〇〇七年）でも、昭和期のインテリジェンス機関は戦術レベルでの効果的な情報収集と運用は成功したものの、戦略レベルでは大きな失敗だったと指摘されていることと近似している。

本書から伺える戦略レベルでの謀略は、米国の隣国であるメキシコでの工作活動を開戦直前に模索したものの失敗している程度だ。米国内の黒人運動を扇動した中根中のような存在もあるが、果たして日本陸軍が背後にいたかは不明であり、仮にそうであっても他の動きと連携したものではなかった。ほとんど失敗だった。

昭和期の日本の軍首脳部は、中野学校の本来活用すべき戦略や作戦への奉仕ではなく、目前の戦術や戦闘ばかりに活用してしまった。これは現代のみならず将来の日本の戦争指導や情報活動が銘記すべき教訓であり、その愚を繰り返してはならない。同時に優れた情報機関を持つためには優れた指導者やリーダーシップ、そして政治性が必要だ。

次に本書が明らかにするのは、謀略工作の普遍性だ。本書では、国内向けプロパガンダとして中野学校関係者の工作に協力した〝ハリマオ〟の映画上映に尽力したこと、また戦地での活動として、シンガポールとラングーンでラジオ放送局を占領するや否やプロパガンダ作戦の拠点として活用し、アジア人の人心掌握（Hearts and Minds）を図ったことなど中野学校の主要な情報工作が取り上げられている。

これはインターネット、特にＳＮＳを主要な戦場とする〝認知領域の戦い〟が主流になりつつある現代こそ再評価し、研究されるべき事象だ。当時のラジオも映画も本来の意図とは異なった使われ方がされた。現在のSNSも同様だ。先端テクノロジーは常に開発された本旨とは異なる形で使われその効果を生んでいる。グーテンベルクの活版印刷は当時一億円する聖書を安価に量産する為であったが、それから数百年後に日本の漫画が印刷されるとはグーテンベルクが予想もしなかったのと同じだ。しかし、当時のラジオも映画も今のSNSも謀略の本質はなんら変わりがない。

特に興味深いのは、対外的なプロパガンダを展開すると、それが自国内にまで悪影響を与えてしまった事例だ。本書ではバンドン放送の偽放送を、日本の通信社が真に受けて報じてしまったことが紹介されているが、これはロシアが欧米で行ったとされる反ワクチンプロパガンダがロシア国内にまで波及してしまい、ワクチン接種率が伸び悩んだ例と相通じるものがある。ロシア・ウクライナ戦争でもこうしたロシアにおけるプロパガンダの自家中毒の兆候が見て取れる。

謀略工作は電子戦やNBC兵器と同様の性質―自分に跳ね返ってくる―ことを前提に、その対策を用意しておかねばならないことを示唆している。これはラジオからインターネットと媒体は代われども普遍的な法則だ。

また謀略工作が単独では成り立たず、他の領域における作戦と共同しなければ意味がないことも本書が示す貴重な教訓だ。本書では、日本軍の暴政と無理解が、中野学校関係者の巧みなプロパガンダや工作活動で心をつかんだアジア各地の独立の志士たちや民衆を絶望させたことを紹介しているが、それは典型だ。

マルチドメイン作戦が複数の時空と空間における優勢を結合させて敵にジレンマを強要し、それにより敵を打倒する目論見で成立しているように、謀略という活動は、政治レベルでの動きと連動していなければ、単なる詐術に堕してしまうのである。

こうしてみると本書から導き出される謀略の教訓とは、戦略や作戦レベルにおける活用にこそ本領があり、それがもっとも難しいことがわかる。その副作用を心得たうえで対策を施し、政治やそのほかの領域での整合性が必要なことも同様だ。

これらの視点は、現在の戦争指導を預かり、また実行する防衛省・自衛隊、それらに付託する納税者にとっても重要な示唆を与える。近年の防衛政策の論議は、ミサイル防衛や離島防衛のように目前の戦術や、下手をすればより低次の戦闘レベルに集中してしまいがちである。

果たしてそうした防衛論議を続けることは、防衛省・自衛隊の有為の人材を活用することにつながるのだろうか。日本が不幸にも直面する戦争において有効な戦争指導を実現するのだろうか。かつて中野学校を活用できず〝無駄遣い〟してしまった先の大戦の悲劇を繰り返すことになるのではないか。戦略やそれと戦術を繋げる作戦術に資するための情報組織や工作のあり方や予算・法的基盤を議論すべきだ。併せてこれを指導できる政治、軍事、外交分野のリーダーシップや人材育成も必要だ。

また最近の防衛省内では〝戦略コミュニケーション〟が重視される一方、内実はTwitter投稿の文面をキャリア官僚が長時間の会議で論議し、「いいね」数を効果測定にするという本質からほど遠い皮相の取り組みに堕している。本書から読み取れる本質的な情報活動を行うべきだ。

それらの営為こそが、将来の不幸な戦争を阻止し、仮に発生したとしても早期に政治的勝利を日本にもたらすだろう。中野学校の創設者や構成員が希求したように。

最後になるが、本書では日本では再評価が進んでいない末次一郎氏を最後の中野学校戦士として死までの活躍を描いていることは注目に値する。戦後の中野学校に関する言及のほとんどは末次氏で占められている。本書では触れていないが、末次氏は、日本・米国・ロシアの枢要の地位にある人物を日本に招き、「日米ロ三極会議」と題する国際会議を主催していた。

日米、日中、日ロのこうした会議は現在でも存在するが、当時の超大国の日本、米国、ロシアの三か国会議を実現していたところに末次氏の凄みがある。中野学校出身者が政治指導の地位につけばどうなっていたかのＩＦを実現したのが、末次氏なのだ。しかも彼はそれをほとんど独力で成し遂げた。

本書の刊行を契機に、末次一郎氏という知られざる知行合一の巨人の再評価や実態の研究が進むことを期待したい。

余談だが、本稿筆者は末次一郎氏の謦咳に接したことはないが、今もなお活動している弟子筋を知っている。末次氏の団体の事務局長を務めた吹浦忠正氏（特定非営利活動法人 ユーラシア21研究所理事長）は、対人地雷問題で活躍したほか、北方領土問題では末次氏の後継者となっている。

米国保守派と深い関係を持ち、米国政治のアナリストや日本における減税運動のソートリーダーとして著名な渡瀬裕哉氏もまた学生時代に末次氏の最晩年に彼の事務所に出入りしていた経験を持つ。彼は末次氏を無私の巨人と評し、その対米関係における衣鉢をまた受け継いでいる。

中野の遺産は、今もなお伏流水のように活動を続けている。この伏流水を先細りさせて自然消滅にまかせるか、国運を担う大河にするかもまた現在の私たちに問われている。

著者

スティーブン・C・マルカード（Stephen C. Mercado）
元 CIA 情報分析官。
1984年バージニア大学を卒業後、1988年コロンビア大学国際公共政策大学院（SIPA）国際関係修士課程を修了。大学院在学期間中にミドルベリー大学にて日本語を習得。1991年に米中央情報局（CIA）に入局。2017年までかつてのForeign Broadcast Information Service（外国放送情報局）に所属。公開情報（OSINT）、東アジア情勢の専門家として、この分野の評論や書評、研究活動を数多く行っている。インテリジェンスや国家安全保障史を中心とした論文や書評を、*Intelligence and National Security*、*International Journal of Intelligence and CounterIntelligence*、*Studies in Intelligence* をはじめとする学術雑誌に掲載。また、CIA の学術雑誌である *Studies in Intelligence* で、2001年に Studies in Intelligence Award を受賞。現在はこうした経験に基づき翻訳家として活動している。

訳者
秋場涼太（あきば りょうた）
1989年生まれ。特殊作戦・低強度紛争（SO/LIC）個人研究家。
米ミドルベリー国際大学院モントレー校大量破壊兵器不拡散・テロリズム研究修士課程修了。
米国防総省ダニエル. K. イノウエアジア太平洋安全保障研究センターにて研修生として特殊作戦領域の研究等に従事。防衛省陸上自衛隊情報科勤務を経て、個人にて研究を継続中。
論文："The Development of a Special Operations Command for Japan," 米海軍大学院機関誌 CTX, Volume 9, No.1, 2019.

The Shadow Warriors of Nakano:
A History of the Imperial Japanese Army's Elite Intelligence School
by Stephen C. Mercado

陸軍中野学校の光と影
――インテリジェンス・スクール全史――

2022年8月15日　第1刷発行
2022年9月27日　第2刷発行

著　者
スティーブン・C・マルカード

訳　者
秋場《あきば》 涼太《りょうた》

発行所
㈱芙蓉書房出版
（代表 平澤公裕）
〒113-0033東京都文京区本郷3-3-13
TEL 03-3813-4466　FAX 03-3813-4615
http://www.fuyoshobo.co.jp

印刷・製本／モリモト印刷

ISBN978-4-8295-0841-1

朝鮮戦争休戦交渉の実像と虚像

北朝鮮と韓国に翻弄されたアメリカ

本多巍耀著　本体2,400円

1953年7月の朝鮮戦争休戦協定調印に至るまでの想像を絶する“駆け引き”を再現したドキュメント。

誰がどのような発言をしたのか。休戦交渉に立ち会ったバッチャー国連軍顧問の証言とアメリカの外交文書を克明に分析。北朝鮮軍の南日中将と李相朝少将、韓国政府の李承晩大統領と卞栄泰外交部長。この４人に焦点を当て、《罵詈雑言》《論点ずらし》《嘘言》《歪曲》という交渉技術を駆使して超大国アメリカを手玉にとっていく姿を再現する。

インド太平洋戦略の地政学

中国はなぜ覇権をとれないのか

ローリー・メドカーフ著　奥山真司・平山茂敏監訳

本体 2,800円

“自由で開かれたインド太平洋”の未来像は…強大な経済力を背景に影響力を拡大する中国にどう向き合うのか。

コロナウィルスが世界中に蔓延し始めた2020年初頭に出版された *INDO-PACIFIC EMPIRE: China, America and the Contest for the World Pivotal Region* の全訳版

太平洋戦争と冷戦の真実

飯倉章・森雅雄著　本体 2,000円

開戦80年！　太平洋戦争の「通説」にあえて挑戦し、冷戦の本質を独自の視点で深掘りする。「日本海軍は大艦巨砲主義に固執して航空主力とするのに遅れた」という説は本当か？“パールハーバーの記憶”は米国社会でどのように利用されたか？